AF524346

Günter Steiniger

Mühlen im Weidatal

Eine Wanderung durch die Geschichte im sächsisch-thüringischen Vogtland

Impressum

Umschlaggestaltung: Günter Steiniger und Harald Rockstuhl

Titelbild: Blick vom Teufelsberg zur Sichelmühle, Foto: W. Kittelmann

Umschlagrückseite: Sichelmühle und Starkenmühle, Foto: W. Schuricht

Bisherige Auflagen:
1. Auflage 2001 – 2. überarbeitete Auflage 2006 – 3. überarbeitete Auflage 2009 – 4. leicht bearbeitete Auflage 2010 (ISBN der 1.–4. Auflage ISBN 978-3-934748-59-0); 5. überarbeitete und ergänzte Auflage 2019 (ISBN 978-3-95966-449-3)

6. ergänzte Auflage 2024
ISBN 978-3-95966-449-3

Innenlayout: Harald Rockstuhl, Bad Langensalza

Lektorat: Uta Steiniger, Zeulenroda

Druck und Bindearbeit: Digital Print Group Oliver Schimek GmbH, Nürnberg/Mittelfranken

Gedruckt auf alterungsbeständigem Papier nach ISO 9706

Die Deutsche Nationalbibliothek verzeichnet diese Publikation in der Deutschen Nationalbibliografie. Detaillierte bibliografische Daten sind im Internet über *http://dnb.d-nb.de* abrufbar.

Inhaber: Harald Rockstuhl
Mitglied des Börsenvereins des Deutschen Buchhandels e.V.
Lange Brüdergasse 12 in D-99947 Bad Langensalza/Thüringen
Telefon: 03603 / 81 22 46 Telefax: 03603 / 81 22 47
www.verlag-rockstuhl.de

Inhalt

Das Weidatal und seine Mühlen

Zeichnung: G. Steiniger / Zeulenroda

Vorwort

Seit hunderten von Jahren drehten sich im Weidatal des sächsisch-thüringischen Vogtlandes Wasserräder und trieben zahlreiche Mühlen an. Hauptsächlich Mahl- und Schneidemühlen, aber auch Knochen-, Öl-, Loh- und Walkmühlen sowie Hammer- und Papiermühlen erfüllten das Tal mit Leben. Über 30 Wassermühlen lassen sich im Weidatal nachweisen, darunter Amts- und Stadtmühlen, Kloster- und Rittergutsmühlen, Mühlen, die von Generation zu Generation vererbt worden sind, schließlich Landwirtschaftlichen Produktionsgenossenschaften angehörten oder vorübergehend volkseigen wurden. Inzwischen sind hier die Geräusche der Müllereimaschinen verstummt.

Im gesamten Einzugsgebiet der Weida, wozu ihre kleinen Nebenflüsschen Auma, Gülde, Leuba und die Triebes mit den beiden Zeulenrodaer Mühlen gehören, fanden wir einst über 100 Mühlen, die in unseren zwei Mühlenbänden genannt werden. Sie gaben den Menschen Arbeit und Brot, fielen aber größtenteils dem sogenannten „Mühlensterben" zum Opfer. Dazu zählen auch zehn Mühlen, die dem Bau der Weidatalsperre und der Talsperre Zeulenroda weichen mussten. Allesamt sind sie es wert, der Nachwelt in guter Erinnerung zu bleiben. Hier und da noch vorhandene Mühlentechnik gilt es zu schützen und zu erhalten!

Schon in den ältesten Zeiten mussten Körner in Mörsern und Reibmühlen zerkleinert werden. Im Weidatal lassen sich mittelalterliche Wassermühlen urkundlich bis ins 13. Jahrhundert zurückverfolgen. Die Matthäusmühle in Weida kann auf eine Ersterwähnung des Jahres 1209 verweisen. Die Döhlenmühle, neben der Urpfarrei in Döhlen gelegen, wurde 1260 genannt.

Wasserrad der Stelzenmühle.

Jahrelange Recherchen in Archiven und Kirchenbüchern, bei Müllern und deren Nachkommen, die mit privaten Familienchroniken, Urkunden und Bildmaterial aufwarten konnten, trugen dazu bei, altes Brauchtum neu zu entdecken, bereits Bekanntes durch weitere Erkenntnisse beträchtlich zu ergänzen, zu aktualisieren und somit eine für jedermann verständliche Mühlenchronik zu schaffen. Kulturhistorische Fakten, verknüpft mit Angaben der hiesigen Regionalgeschichte, Fachbegriffen und Redewendungen aus dem Müllergewerbe lassen das Leben der Müllerfamilien jeder einzelnen Mühle mit ihren Schicksalen, Sorgen und Nöten, Freuden und Leiden an uns vorüberziehen. Eine Reihe von Mitstreitern sorgte für eine wertvolle Sammlung von Daten und Dokumenten, die aber keinen Anspruch auf Vollständigkeit erhebt. Es war nicht immer leicht, sich in den alten Überlieferungen zurechtzufinden. Viele der

Balkeninschrift der Bermichsmühle.

Müllersleute, ob Vater oder Sohn, hatten die gleichen Vornamen, die oft kaum zu entziffern waren. Fehlende Berufsangaben erschwerten die richtige Einordnung. Heimatfreunde aus Auma, Pausa und Weida unterstützten das Vorhaben. Als besonders hilfreich erwies sich das Ortsfamilienbuch des Kirchspiels Göhren/Döhlen. Allen gilt mein besonderer Dank!
Die erwähnten Wanderwege im Weidatal mit seinen Nebentälern wurden durch die Zeulenrodaer Wanderfreunde von der Quelle bis zur Mündung erkundet. Dabei entstandene Fotos konnten durch historische Aufnahmen ergänzt werden. Einige leider schon verstorbene Heimat- und Hobbyfotofreunde haben damit ihre verdiente Würdigung erfahren.

Verehrte Leser!
Ob als Mühlen- oder Wanderfreund, durchstreifen Sie das schöne Weidatal, rasten Sie an den alten Mühlenstandorten und halten Sie Rückblicke in die Geschichte der Mühlen. Verbinden Sie diese Besinnung mit der heutigen Zeit und erholen Sie sich auf dem Talsperrenweg an der entstandenen Seenlandschaft. Dazu soll die nun vorliegende neue Auflage, die einige bisher nicht entdeckte Fakten enthält, Anstöße geben, gleichzeitig kultur- und wirtschaftsfördernd wirken und eine Lücke in der Heimatliteratur dieser Region schließen.
Der Autor, der selbst mit der Müllerei nichts zu tun hat, sondern in seiner Geburtsstadt Zeulenroda über 30 Jahre lang als Lehrer tätig war und den Zeulenrodaer Wanderfreunden (e.V.) angehört, wünscht seinen Lesern viel Freude und Entspannung bei der Lektüre und den Erkundungen im Weidatal!

Glück zu! Frischauf!

Zeulenroda, im Juni 2024 *Günter Steiniger*

Das Quellgebiet der Weida

„Die Weida entspringt eine Stunde östlich von Pausa auf reußischem Gebiet und hat eine Länge von 6 ½ Meilen“, schrieb Rektor Friedrich Kronfeld 1879 in seiner *„Landeskunde des Großherzogtums Sachsen-Weimar-Eisenach“.* Die Stadt Pausa ist sächsisch, ja sie gehörte seit 1806 sogar zum Königreich Sachsen, dessen letzter Monarch Friedrich August III. 1918 abdankte. 1890 beschrieb der Pausaer Lehrer Robert Hiller im Auftrag des Vereins für Ortskunde in seinem Werk „Die Stadt Pausa und ihre nächste Umgebung“ das Weidaquellgebiet als in einer Höhe von 490 m über der Ostsee am Walde zwischen Wolfshain und Schönbrunn oberhalb des Schönbrunner Kirchsteiges gelegen. Auch heute, über 100 Jahre später, fragen wir uns, wo die Weida, die inzwischen einige Talsperren füllt, eigentlich herkommt. Die Bernsgrüner Hochfläche mit der Schönbrunner Höhe (512 m), dem Allrichberg (533 m) und dem Kulm (530 m) begrenzt ein Feuchtwiesengebiet, das sich in einer typischen Quellmulde befindet. Oben am Waldesrand lag noch um 1970 der Schulzenteich, dessen Abfluss als Weidawasser galt. Im Zuge der Melioration wurde der Teich eingeebnet.

Unweit davon findet man unter Steinen versteckt ein Rohr hervorlugen, aus dem das erste Weidawasser kaum sichtbar in fast 500 m Höhe über dem Meeresspiegel herausläuft. Wenig später ist das Rinnsal unterirdisch verrohrt, bis sich das Wasser in einem Bassin sammelt, das die Aufschrift „Weidaquelle“ trug. Unmittelbar daneben entstand gegen 1970 eine gemauerte Einfassung auf Schönbrunner Flur im damaligen Kreis Zeulenroda, zur Zeit wieder Landkreis Greiz in Thüringen. Seit 1995 erleichtert eine Beschilderung die Suche nach dem Ursprung der Weida. In Zusammenarbeit benachbarter Wander- und Fremdenverkehrsvereine konnte im Herbst 2010 ein gut markierter Rastplatz mit Schautafel und holzverkleideter Weidaquelle am Beginn des Weidatalweges übergeben werden. Von Schönbrunner Seite ist der Abzweig zum Quellgebiet nicht zu verfehlen. Allerdings sollte man auch mit feuchten Bodenverhältnissen rechnen. Der Untergrund ist nasser, kaum wasserdurchlässiger Tonboden auf Tonschiefer. Durch Wiesen- und Waldlandschaft in südwestlicher Richtung fließend, unterquert das Bächlein die Bahnlinie Gera-Hof, welche hier ein kurzes Stück gleichzeitig die thüringisch-sächsische Grenze bildet. Aus den linksseitigen Wald- und Teichgebieten verstärken kleine Zuflüsse den Weidabach. „In der Weide“ wird der Landstrich bis hinunter zum Butterberg seit alters her genannt. Gelbe Schilder mit der Eule machen auf ein Naturschutzgebiet aufmerksam. Vielseitig sind Flora und Fauna in dieser Gegend. Erlen und Weiden wachsen am Ufer. Bedrohte Pflanzen, Wasservögel aller Art, Schmetterlinge in großer Zahl, Lurche und Kriechtiere gehören zum Bestand, den es zu schützen und bewahren gilt. Ein rot markierter Gebietswanderweg, aus Richtung Schönbrunn kommend, kreuzt das Naturschutzgebiet und verläuft als Weidatalwanderweg bis hinunter zur Stadt Weida. Ein größerer Quellarm der Weida ist der Pirker Bach, auch Peintenbach genannt, der südlich von Oberpirk aus den Wiesen des Brüchicht kommt und sich unterwegs in Unterpirk durch den Holzbach verstärkt. Von links kommend, mündet er neben dem Pausaer Freibad in das Weidabett und bringt etwa gleich großen Wasserreichtum mit. Deshalb ist er wohl auch auf manchen Landkarten fälschlich als Oberlauf der Weida eingezeichnet. Die nunmehr verdoppelte Wassermenge wird nach wenigen hundert Metern zeigen müssen, ob der Mensch ihre Wasserkraft bändigen und nutzen kann.

Quellen und Literaturangaben: siehe Verzeichnis Nr. 4, 88, 66, 68, 163

Die Mühle Oberreichenau – Haasenmühle

Begleiten wir nun eine Wandergruppe, die über den Schönbrunner Kirchsteig vom Quellgebiet kommend der ersten Mühle an der Weida in Oberreichenau zustrebt. Über 50 km lang ist der Weg bis zur Mündung in die Weiße Elster, der auf dieser Mühlenwanderung zurückgelegt werden muss. Neben der Straße verläuft der Bach in Richtung des Ortes hin. Zwischen Oberreichenau und Pausa erreichen wir rechtsseitig unser erstes Wanderziel, die ehemalige Wassermühle Oberreichenau, in den letzten 100 Jahren als Haasenmühle bekannt. So wie hier, wollen wir an allen anderen noch erreichbaren Mühlen des Weidatales rasten, kurze Erklärungen hören und die harte Arbeit der Müllersleute achten und anerkennen, die sie seit Jahrhunderten von früh bis abends verrichteten. Aus kleinen ersten Begegnungen entwickelte sich schon bald eine ernsthafte Forschung, so dass mehr oder weniger umfangreiche Mühlenchroniken entstanden sind. Sie sollen hier dargeboten werden, damit diese Epoche der Heimatgeschichte nicht in Vergessenheit gerät und der Nachwelt erhalten bleibt.

Beinahe hätten wir das Gebäude nicht als Mühle erkannt, wäre da nicht eine hohe Böschung gewesen, hinter der sich bis 1967/68 Mühlgraben und Mühlteich versteckten. Auch ein Mauervorsprung, der einst das Wasserrad beherbergte und deshalb Radstube genannt wird, macht uns auf den früheren Mühlenbetrieb aufmerksam. Im Kellergeschoss befinden sich Reste der alten Transmission. Das Haus insgesamt ist sehr gut ausgebaut und modernisiert worden. Es wird derzeit in dritter Generation von der Familie Haase bewohnt. Unsere Weidamühlen hatten meist oberschlächtige Wasserräder, die es ermöglichten, auch bei wenig schnell fließenden Wassermengen den Betrieb aufrechtzuerhalten. Über den Mühlgraben erreichte das Wasser die nötige Fallhöhe, um zusätzlich mit seinem Gewicht wirken zu können. Bereits im Jahre 1506, als das Amt Pausa im Kammergut Oberreichenau untergebracht war, wurde im Erbbuch die Mühle wie folgt aufgeführt: *„Die mülh zcinst 1 Scheffel haffern michaelis, die lehen und fron hat der pfarrer und hilft zcum mulstein, 2 huner.“* 1546 verzeichnete ein Fronverzeichnis den ersten Müller namentlich. *„Martin Schlotter von seiner Mühl muß 4 Tage lang mit der Sichel schneiden, wann es der Pfarrer begehret.“* Das Sterberegister der Kirchgemeinde Pausa nannte Caspar Undeutsch, Müller und Zimmermann in Oberreichenau, gestorben am 1. August 1620, als ersten in der Oberreichenauer Mühle ansässigen und im oberen Weidatal verzweigten Müllergeschlecht der „Undeutsche“, gefolgt von Hans Undeutsch (1589-1657), der aus Wallengrün stammte. Die Mühle wurde für die so genannten Handfröner als halber Hof bei Fronleistungen gerechnet, die er mit seinem Teilhaber Simon Hadlich abgalt. Als Eigentümer der Mühle Oberreichenau begegneten wir einem weiteren Hans Undeutsch (1621-1686) bei einer anstehenden Mühlenrevision. Als nach dem 30-jährigen Krieg der sächsische Kurfürst Johann Georg III. ständig in Geldnöten war, sann er über weitere Abgaben nach. Jeder Scheffel Getreide wurde mit einem „Mahlgroschen“ belegt. Mühlenkommissionen waren zu bilden. Die unterschiedlich gebräuchlichen Hohlmaße sollten auf Dresdner Scheffel umgerechnet werden. Jede Mühle erhielt eine versiegelte Büchse, in die der Müller die neuen Steuern entrichten musste. Das Amt Plauen hatte 1683 im Vogtland 121 Mühlen zu kontrollieren, darunter die sächsischen Mühlen an der Weida. Die Protokolle darüber sind erhalten geblieben und geben Auskunft über Besitzer und Einrichtungen der Mühlen. Wir erfuhren folgendes daraus: *„Die Mühle Oberreichenau hat zween Gänge. Mählt aus der Weyde. Das ambt Pausa ist Gerichtsherr. Hanns Undeutzsch Eigenthumbsbesitzer. Gebraucht Paußner Maas. Hält an Dreßdner 1 Scheffel 2 Viertel 1 ½ Metze, thut 1 Groschen 7 Pf Mahlgeld.“* In der Mühle wurden zwei Mahlgänge gezählt, also auch ein Schrotgang. Hans Undeutsch (1640-1709), Sohn des Hans Undeutsch (1621-1686), der Agnisa Hadlich geheiratet hatte, war wohl der Nachfolger in der Mühle.

1720/21 gab es laut einer *„General-Tabelle über die in nachgesetzten Aembtern befindlichen Wind-, Schiff- und Wassermühlen“* im Amt Pausa vier Wassermühlen mit neun Gängen, die in Oberreichenau, Pausa und Unterreichenau lagen. In der Mühle Oberreichenau saß in den folgenden Jahren die Familie Günther. Glasermeister Georg Ernst Günther (1754-1804) war der Besitzer. Auch ein Georg Ernst Günther (1766–1809), Mühlenbesitzer und königlicher Amtsschulze in Oberreichenau, wurde von marodierenden österreichischen Soldaten erschossen, als er seine Frau beschützen wollte. Müller und Amtsschulze wurde nun Carl Friedrich Günther (1769–1826). Dessen Sohn, auch Carl Friedrich Günther genannt (1799–1854) und letzter gewesener Besitzer der Mühle Oberreichenau aus der Familie Günther, wurde in der Unterpirker Flur tot aufgefunden, ohne Spuren von Gewalt feststellen zu können. Das Mühlengeschäft schien allerdings nicht gerade gut gegangen zu sein, denn laut Urkunde des Stadtgerichtes Pausa musste Günther einige Grundstücke, so seine beiden Wiesen in der Weide, 1848 schuldenhalber versteigern lassen.
Der aus der Zebaothsmühle in Unterreichenau stammende Friedrich Wilhelm Herold (1833-1886) übernahm die Mühle und brachte es bis zum Obermeister der Bäcker- und Müllerinnung. Schneidemühle und Bäckerei kamen inzwischen dazu. Zwei Monate nach dem Tod des Müllers veräußerte seine Witwe Caroline Herold das Gehöft. Über die damalige Ausstattung der Mühle wissen wir dank einer Zeitungsannonce vom 28. Oktober 1886 im „Zeulenrodaer Tageblatt“ genau Bescheid. Immerhin gehörten zu den zwei Mahlgängen noch ein Spitzgang und eine Malzquetsche. Somit verbesserte sich die Vorreinigung des Mahlgutes und zum anderen konnte angekeimtes Getreide verarbeitet werden.

Mühlen-Verkauf.

Durch Ableben des bisherigen Besitzers der Mühle zu Oberreichenau bei Pausa i. V. soll das Mühlengrundstück, bestehend aus 2 Mahlgängen, Spitzgang, Malzquetsche, Schneidemühle mit Bundgatter, eingerichteter Bäckerei und schöner Oekonomie mit 15 Scheffel Feld und Wiese unter günstigen Bedingungen sofort verkauft werden.

Hierauf Reflectirende wollen sich gefl. an Frau Caroline verw. Herold in Pausa wenden.

Mühlen-Verkauf

Hermann Haase (1865–1940), Sohn des Strumpfwirkermeisters Karl Franz Haase aus Pausa, kaufte das Anwesen. Mehrere Standbeine, wie Landwirtschaft, Mühle und Bäckerei, sicherten die Existenz. Somit wurden alle Arten der Brotherstellung von der Aussaat des Getreides bis zum fertig gebackenen Brot getätigt. Die Schneidemühle kam ab dem 1. Weltkrieg hauptsächlich für den eigenen Bedarf zum Einsatz. 1917 beabsichtigte Hermann Haase seine Mühle elektrisch zu betreiben und ersuchte um Ermäßigung des Strompreises. Gleichzeitig kaufte er eine Lokomobile, die in einem Anbau im Innenhof aufgestellt wurde und bei Wassermangel den Antrieb verstärkte. Wahrscheinlich wurde vorerst auf elektrischen Anschluss für Kraftstrom verzichtet. Schließlich ersetzte er 1920 das alte Wasserrad durch ein Turbinenlaufrad, welches etwa neun PS Leistung erbrachte und die geringen Wasserkräfte besser ausnutzte. Die Firma Wetzig, Wittenberg, bot Laufräder im Durchmesser von 3,20 m an, die alte Wasserradanlagen ohne große bauliche Veränderungen in neuzeitliche umwandeln. Täglich konnten bis zu zwei Tonnen Getreide gemahlen werden. 1932 übernahm in nächster Generation der Müller und Bäcker Walter Haase (1895–1969) das Geschäft. Wohlschmeckendes Bauernbrot nach altem Rezept beim „Mielhoos“ gebacken, war vielen Einheimischen in bester Erinnerung. Gutes Brot benötigte abgelagertes, ausgereiftes Mehl. Aber auch zu alt durfte es nicht sein, denn Schimmelbildung oder Schädlingsbefall waren unerwünscht. Sohn Eberhard Haase (1934-2011), Bäcker und umgeschulter Müller, stand meist am Backofen und unterstützte den Vater. Bis 1963 wurde der Betrieb aufrechterhalten. Große Industriemühlen übernahmen die Produktion. Mühlgraben und Teich sind eingeebnet. Das Turbinenlaufrad verschwand 1971. In der Radstube ist es still geworden. Die zirka 450-jährige Geschichte der Mühle Oberreichenau ging zu Ende.

Die Müller/Mühlenbesitzer in Oberreichenau

Martin Schlotter		1546	lt. Fronverzeichnis nach Robert Hiller
Caspar Undeutsch		gest. 01.08.1620	lt. Sterberegister Pausa
Hans Undeutsch	geb. 1589	gest. 1657	lt. ebenda
Hans Undeutsch	geb. 1621	gest. 1686	lt. ebenda
Hans Undeutsch	geb. 1640	gest. 1709	lt. Fam.-chronik Oertel
Georg Ernst Günther	geb. 1754	gest. 1804	lt. Sterberegister Pausa
Georg Ernst Günther	geb. 1766	gest. 1809	lt. ebenda
Carl Friedrich Günther	geb. 1769	gest. 1826	lt. ebenda
Carl Friedrich Günther	geb. 1799	gest. 1854	lt. ebenda
Friedrich Wilhelm Herold	geb. 1833	gest. 1886	lt. ebenda
Max Hermann Haase	geb. 1865	gest. 1940	lt. ebenda
Hermann Walter Haase	geb. 1895	gest. 1969	lt. ebenda
Eberhard Haase	geb. 1934	gest. 2011	lt. ebenda

Quellen und Literaturangaben: siehe Verzeichnis Nr. 11, 12, 29, 55, 94, 126, 150, 162, 168 sowie Auskünfte durch persönliche Gespräche mit Eberhard Haase, Mühle Oberreichenau

Die Stadtmühle Pausa – frühere Amtsmühle

Wir setzen unsere Wanderung in Richtung Pausaer Vorstadt fort und empfehlen, die „Erdachsendeckelscharnier-schmiernippelcommission“ am „Mittelpunkt der Erde“ bei einem der nächsten Pausaer Wandertage aufzusuchen. Selbst die kleinen Nebenbächlein, die hier der Weida zufließen, betrieben einst Wassermühlen. So stand oben in Ranspach an der Ranspe am Dorfteich bis 1914 eine Mühle, die aber abbrannte. Vermutet wird auch, dass vor langer Zeit im Dorf Linda eine Mühle gewesen sein könnte. Im Einzugsgebiet des Ebersgrüner Baches gab es bis 1868 die so genannte Hahnmühle und talabwärts beim Bäckermeister Sachs eine weitere Kleinmühle.

Inzwischen sind wir am ehemaligen Standort der Pausaer Stadtmühle angekommen. Rechts am Hang, vom Kirchturm überragt, liegen die Häuser der Vorstadt. Die Weida fließt dahin, als ob hier niemals eine Mühle gestanden hätte. Als Pausa im Jahre 1393 erstmals als Stadt erwähnt wurde, dauerte es auch nicht lange, und man hörte von einer Mühle. Vogt Heinrich von Plauen hatte wieder einmal das Gebiet um Pausa an den Markgrafen Wilhelm den Reichen verpfänden müssen. Der meißnische Amtmann Hans von der Heyde, Vogt in Voigtsberg und Mühltroff, gab 1403 in seinen Abrechnungen Ausgaben für Pausa von 5 Schock und 25 ½ Groschen für den Bau in der Mühle an und sorgte damit für deren erste urkundliche Erwähnung. Kurfürst Friedrich II. von Sachsen kaufte 1460 das Gebiet um Pausa und richtete ein Verwaltungsamt ein, zu dem Ebersgrün, Linda, Oberreichenau, Unterreichenau und Unterpirk gehörten. Das Amt Pausa besaß als *„eigenthümliches Gut“* die Amtsmühle zu Pausa, die 1475 für 4 Schock Groschen noch durch eine Schlag- oder Ölmühle erweitert worden war. Aus dem *„Erbbuch über das ampt Pausen“* vom Jahre 1506 ging hervor, dass *„ein mull mit zcweyen wasser raden“* einem Müller gegen die dritte Metze überlassen wurde. *„Dor bey ist eine wise, do von man die esel enthelth.“*

Weidaquellgebiet.

Markierte Weidaquelle.

Mühle Oberreichenau, rechts im Bild.

Mühlgraben der Haasenmühle in Oberreichenau – zugeschüttet 1968.

Stadtmühle Pausa – abgerissen 1988.

Also gehörte zur Mühle, die zwei Wasserräder hatte, auch eine Wiese, worauf er die Esel halten konnte. Die Metze war eine bestimmte Menge Getreide, etwa 1/16 des Mahlgutes, die als Mahllohn einbehalten wurde. Wenn wegen Wassermangels die Mühle nicht gangbar war, durften die Pausaer auch *„wo sie hyn wollen und malen."* Die 1546 aufgestellten Matrikel der Frondienste für Pausa legten eine Reihe von Arbeiten fest, die Vorteile für die Amtsmühle erbrachten. Es war der Mühlgraben auszubessern und sauber zu halten, das Gras auf den Amtsmühlwiesen zu mähen, dürr zu machen und in die Mühle zu schicken. Besonders benannte Bürger hatten *„die Mühlsteine zur ambtmühle helfen bezahlen"*, das heißt, Mühlsteingeld abzugeben. 1557 beschrieb Amtmann Georg von Schönberg das Amt Pausa und erwähnte *„eine Mule hat zwo genge..., die wießen, so an der muhlen liegen, müssen die burger bestellen..., mestet 3 schweine, 2 ins ampt, das dritte ist des mullers."* Viel Vieh durfte sich der Müller nicht halten, *„damit er nicht in Verdacht kommt, übermäßig viel Staubmehl für sich gutzumachen."* Der erste namentlich bekannte Müller in der Amtsmühle war der 1587 erwähnte Hans Schlotter. Ihm folgten Lorenz Schlotter (1590), Martin Schlotter (1595), Kilian Glück (1608), der später Stadtmüller in Plauen wurde, Hans Schlotter (1611), Simon Meser (1629), nachfolgend Pächter in der „Zotzmühle" Unterreichenau, Hans Schlotter (1635) und Thomas Gerpitz (1640). Welche Schicksale mögen sich hinter diesen Müllergeschlechtern verbergen? Im 30-jährigen Krieg wurde Pausa mehrmals von beiden Kriegsparteien ausgeplündert. Im Städtchen herrschten Not und Armut. 1633 raffte die Pest ¼ der Bevölkerung dahin.

In den Stadtstatuten von 1657, die festlegten, dass brauberechtigte Bürger ihr Malz in der Stadtmühle mahlen lassen mussten, wurde die Mühle erstmals mit diesem Namen bedacht. Die uns schon aus der Mühle Oberreichenau bekannten Undeutsche, nunmehr auch Pachtmüller der Stadtmühle, sorgten tatkräftig für die weitere Entwicklung ihrer Mühle. Hans Undeutsch (1621–1686) ließ 1667 eine Lohmühle einbauen, damit den einheimischen Lohgerbern genügend zerkleinerte Baumrinde als Gerbmittel zur Verfügung stand. In diesen Jahrzehnten wirkten fünf Undeutschsmüller in der Stadtmühle. Staatliche Steuereinnehmer blieben im *„Protokoll über die Begehung der vogtländischen Mühlen"* 1683 noch bei der ursprünglichen Bezeichnung „Amtsmühle". Niedergeschrieben wurde: *„Paußner Ambtsmühle. Hat zween Gänge. Mahlt aus der Weyde. Das Ambt Pausa ist Gerichts- und Eigenthumbsherr. Hanns Freund Pachtmüller. Hat Paußner Maas."* 1692 pachtete Meister Caspar Undeutsch jun. (1645–1711), Müller in der Oberen Mühle zu Unterreichenau, die Stadtmühle für 100 Gulden. Der Plauener Amtmann Heinrich Hickmann beschrieb 1703 das Amt Pausa auf landesherrlichen Befehl, darunter recht ausführlich eine Mahlmühle, die Stadtmühle genannt: *„Das Gebäude ist im unteren Stock ins Geviert außen herum mit einer steinernen Mauer aufgeführet, auf welchem auch ein Säulwerk (Fachwerk) gebauet...; bestehet in zwei Mahlgängen und einer Lohmühle, so aber wegen Mangel des Wassers Sommerszeit nicht allezeit gangbar, desgleichen ist dabei einige Stallung zu etlichen Rindvieh, nebst einem Holzschuppen und Backofen... Dazu die dabei gelegene Mühlwiese, ungefähr auf 2 Fuder Heu..., ein Viertel mit Feld an dieser Wiese, welches die Amtsfröner ihm zwar ackern, die übrige Arbeit der Müller aber selbst bestellen muß, und ein Teichlein, an der Mühle gelegen, 80 Schritt im Umfang."* Den Frönern hatte der Müller *„einen Trunk Bier, 1 Mandel Käse und 1 Laib Brot"* zu geben. Zur Erinnerung sei gesagt, ein Mandel ist ein altes Zählmaß zu 15 Stück. Der Mühlenpächter hatte es nicht leicht. Alles Getreide, das im Amt für Gesinde und Fröner gebraucht wurde, war von dort abzuholen, ohne Metzen (Lohn) zu mahlen und als Mehl wieder ins Amt zu schaffen. Die Pächter wechselten ziemlich oft. Aus der Kranichmühle in Saalburg kam 1738 Johann Peter Schorler in die Stadtmühle. Nun kam Beständigkeit auf. Die nächsten 200 Jahre war der Name Schorler aus der Stadtmühle nicht mehr wegzudenken. Kürzere Unterbrechungen traten nur durch Johann Georg Undeutsch (1740), Hans Michael Querfeldt (1742) aus Dölau und Jahre später mit Georg Ernst Günther (1699–1753) auf, dessen Nachfahren bis 1854 Müller in Oberreichenau waren. 1775 wurde Johann Georg Schorler (1740–1800) Erbpachtmüller, das bedeutete, dass sein Nutzungseigentum vererbbar war. Dafür musste ein jährlicher Erbzins bezahlt werden. Auf eigene Kosten waren die Instandhaltungen von Haus und Hof zu begleichen, darunter Mühleneinrichtung und Wehr. Meister Schorler durfte andererseits ab 1775 Schwarzbrot backen und verkaufen. Laut Innungsstatuten konnte der Stadtmüller auch alles Getreide in den Häusern abholen und das Mehl dorthin ausfahren. Andere Müller mussten warten, bis ihnen Mahlgut ins Haus gebracht worden war. Sohn Johann Georg Schorler verstarb schon 1802, erst 28-jährig, sodass kurzzeitig 1805 Johann Friedrich Eisenschmidt als Zwischenpächter einsprang. 1811 war mit Christian Georg Schorler die Nachfolge wieder gesichert und durch die 1826 erbaute Schneidemühle ein weiterer Aufschwung zu verzeichnen. Sogar eine Konzession zum Schnapsbrennen wurde 1829 erteilt, die zehn Jahre lang im Gange war. 1831 wurde das Königreich Sachsen konstitutionelle Monarchie. Das mittelalterliche Lehenswesen, die Frondienste und der Mahlzwang wurden schon innerhalb weniger Jahre abgebaut. Erbpachtgrundstücke konnten in Eigentum umgewandelt werden, doch war dann der jährliche Grundzins höher als die bisherige Erbpacht. Die Hillersche Chronik führte Christian Georg Schorler ab 1846 als Besitzer der Stadtmühle. 1850 folgte Christian Friedrich Schorler. Nachdem 1857 ein Blitz in die Mühle einschlug, ließ der Müller 1861 die alte Mühle abreißen und jenes Gebäude errichten, welches in den nächsten 125 Jahren seine unterschiedlichsten Dienste tat. Die alte Lohmühle wurde nicht wieder eingebaut, sondern an den Windmüller Gottfried Schlott verkauft. Ob den Wassermüllern zur Freude oder auch nicht, muss noch erwähnt werden, dass in der Region Pausa/Oberreichenau seinerzeit auch noch fünf Windmühlen ihre Kundschaft suchten. Recht und schlecht hatte sich jede Mühle im Konkurrenzkampf zu behaupten. Das „Einwohnerverzeichnis Pausa" von 1906 hielt mit Bruno Schorler als Besitzer, Paul Schorler als Lehrling und Gertrud Schorler als Wirtschaftsgehilfin nochmals eine typische Besetzung eines Familienbetriebes fest. Schließlich ging 1912 erst einmal der gesamte Mühlenkomplex an die Stadt über. Der „Sächsische Grenzbote" meldete 1913, dass es Pläne gäbe, die Mühle in der Vorstadt in einen öffentlichen Schlachthof umzuwandeln. Dieses Vorhaben scheiterte aber wegen der dringlicheren städtischen Kläranlage, die auf Teilen des Mühlengrundstückes errichtet werden sollte.

Während des 1. Weltkrieges (1914–1918) gab es wenig zu mahlen und wenig zu schlachten. *„Regelungen des Verkehrs mit Brot und Mehl"* sind 1915 von der Königlichen Amtshauptmannschaft Plauen angeordnet worden. Ab 1. Februar 1915 galten alle Vorräte an Getreide und Mehl als beschlagnahmt. Wer mehr als 5 kg in Besitz hatte, musste mittels Vordruck Meldung machen. Brot wurde auf Brotkarten verkauft. Trotz dieser Verordnung durften Mühlen Getreide mahlen, aber das gewonnene Mehl galt als beschlagnahmt. In der Pausaer Stadtmühle ließ sich vorübergehend der Fuhrwerksbetrieb der Ascheabfuhr für einige Jahre nieder. Die Mühlen in Ober-, Unterreichenau und Wallengrün überstanden die Krise, wie der Zeitungstext zeigt.

Unterzeichnete Müller kaufen beschlagnahmten

Roggen

als Beauftragte der Königl. Amtshauptmannschaft Plauen fortgesetzt zu festgelegten Höchstpreisen.

Werte Angebote erwünschen

Hermann Haase, Oberreichenau,
Osw. Oertel, Enno Schlott, Unterreichenau,
Otto Milzer, Wallengrün.

Foto oben: Mühle Oberreichenau / Haasenmühle um 1910
Foto unten: Stadtmühle Pausa um 1935

Nach dieser schweren Zeit ließ es sich Bruno Schorler 1926 nicht nehmen, sein früheres Anwesen noch einmal zu erwerben. Bis 1934 wirkte er als Getreide- und Sägemüller. Die Wasserkraft der Weida unterstützte ein 3,5-PS-Motor. Etwa 20 Zentner Getreide konnten für eine Tagesarbeit aufgeschüttet werden. Einheimische Bäckereien bezogen ihr Mehl und auch die Lohnmüllerei für die Kundschaft, die ihr Getreide brachte und Mehl abholte, florierte. In der Schneidemühle erklang das Sägeblatt. Starke Pfosten und Balken kamen zur Auslieferung. Altershalber verpachtete Bruno Schorler seine Mühle ab 1934 an den Plauener Müllermeister Hermann Dürbeck. Durch die Stadtgemeinde, die die Wasserrechte innehatte, ist 1941/42 der Mühlgraben zugeschüttet worden. Somit hatte das Wasserrad keine Lebensgrundlage mehr und wurde beseitigt. Das Mühlenwerk bestand mittlerweile aus zwei Walzenstühlen mit den zur Mehlgewinnung erforderlichen Maschinen sowie einem Schrotgang und musste nun endgültig durch einen 7,5-PS-Motor auf Elektroantrieb umgestellt werden. Fotos dieser Inneneinrichtung sind uns erhalten geblieben. Unter Walzenstühlen versteht man Müllereimaschinen, die die alten Mahlgänge mit den beiden Mühlsteinen ablösten. Altbesitzer Bruno Schorler starb hochbetagt 1943 und vererbte seinem Sohn Paul, Mühlenbau-Ingenieur in Erfurt, das Anwesen, das weiterhin durch Müllermeister Dürbeck bewirtschaftet wurde.
Die letzten Jahrzehnte der Mühlengeschichte der Pausaer Stadtmühle soll uns Heimatforscher Siegfried Gläser/Pausa als Zeitzeuge darbieten:
„Während des 2. Weltkrieges (1939–1945) war auch der Müllermeister Dürbeck zum Militär verpflichtet, so dass das Gewerbe vom April 1943 bis 1945 ruhte. Zusammen mit dem Einzug der amerikanischen Truppen am 16. April 1945 kam ein in Amerika lebender Herr Bauer nach Bad Linda zurück und drängte Frau Wella Dürbeck , die Mühle in Gang zu setzen, um Grütze für die im amerikanischen Gefangenenlager in Straßberg befindlichen deutschen Soldaten zu produzieren. Die Mühle war aber mit ausgelagertem Tütenverpackungsmaterial der Firma Edeka, Plauen vollgestopft. Unter Regie von Bauer ist die Mühle mit Soldaten des Lagers geräumt und wieder funktionsfähig gemacht worden. Zwei Müller und zwei Bäcker des Lagers setzten sie für sechs Wochen in Gang. Mit der Verlegung der Demarkationslinie ab 1. Juli 1945, dem Abzug der Amerikaner und dem Einzug der sowjetischen Besatzungskommission, kam es wieder zum Mühlenstillstand; das gefangene Müllerfachpersonal hatte sich abgesetzt, u.a. der Eislebener Karl Hoffmann. Auf Grund der katastrophalen Versorgungslage der Bevölkerung drängten die Bäcker auf ein erneutes Betreiben der Mühle. Wella, zwar ständig mithelfende Müller-Ehefrau, aber kein Müller, wandte sich schließlich an den Eislebener Karl Hoffmann, sie wenigstens einigermaßen in die Müllerei einzuarbeiten. Ab 17. November 1945 kam er für sechs Wochen und unterwies Wella und ihren Bruder Kurt, so dass sie das Gewerbe mit Handelsmüllerei in den Typen 405, 620 und 997 bis zur Rückkehr von Hermann Dürbeck aus der französischen Gefangenschaft 1947 betrieben – eine hoch einzuschätzende und nicht risikofreie Initiative dieser Müllersfrau. Hermann Dürbeck betrieb die Mühle noch bis Ende 1975, dem Eintritt in sein Rentenalter und zog dann in eine Stadtwohnung um. Nach dem inzwischen auch verstorbenen Paul Schorler ging das Anwesen an seine im künstlerischen Bereich tätige Tochter über, welche es dann der Stadt Pausa übereignete. Der Rat der Stadt verpachtete den Mühlenkomplex an den Textilproduktionsbetrieb VEB Spitze und Bekleidung als Lager. Der Betrieb, der nur an der Lagerraumkapazität interessiert war, weniger am Gemäuerzustand, ließ den Verfall des Gebäudes herbeiführen, indem die

Mühle Unterreichenau / Oertelsmühle um 1910

Stadtmühle Pausa um 1955

Walter Haase – „Mielhoos“

Stadtmühle Pausa / Schrotgang 1944

Abwässer der Bergsiedlung der oberen Vorstadt, dazu deren Anstau im mehr und mehr verschlammten unteren Mühlgrabenauslauf ins Mauerwerk der hinteren Lehmwand eindrangen, wodurch sich die hintere Giebelseite herausdrückte und schließlich die Bauaufsicht die Nutzung sperrte. Mit dem im Winter 1988 erfolgten Abriss des einst stattlichen Mühlengebäudes sind die Spuren der Stadtmühle beseitigt. In Dankbarkeit soll hiermit den fleißigen Stadtmühl-Müllergenerationen eine bleibende Erinnerung für die Nachwelt erhalten bleiben."

Der rührige Pausaer Heimatverein (e.V.) veranstaltete im Juni 1996 in Unterreichenau ein Mühlenfest mit sehenswerter Ausstellung über die Mühlen der Umgebung. Auf einer Anschauungstafel wurde der Bestand der Pausaer Stadtmühle aufgelistet und für die zahlreichen Besucher als Rückblick in die Vergangenheit festgehalten:

Bestand: 2 Mahlgänge, 1 Spitzgang, 1 Malzquetsche, 1 Lohmühle, 1 Ölmühle, 1 Schneidemühle und 1 Bäckerei.

Solche Veranstaltungen dienen aber auch dazu, den Menschen bewusst zu machen, noch bestehende Mühlen zu erhalten und als Kulturerbe zu pflegen.

Quellen und Literaturangaben:
siehe Verzeichnis Nr. 3, 12, 30, 55, 94, 150, 162 sowie Auskünfte durch persönliche Gespräche mit Siegfried Gläser, Pausa und Peter Stolzenberger, Pausaer Heimatverein e.V.

Die Müller in der Pausaer Amts- / Stadtmühle

Hans Schlotter	erwähnt 1587	lt. Verein für Ortskunde 1890; Robert Hiller, Pausa
Lorenz Schlotter	erwähnt 1590	lt. ebenda
Martin Schlotter	erwähnt 1595	lt. ebenda
Kilian Glück	erwähnt 1608	lt. ebenda
Hans Schlotter	erwähnt 1611	lt. ebenda
Simon Meser	erwähnt 1629	lt. ebenda
Hans Schlotte	erwähnt 1635	lt. ebenda
Thomas Gerpitz	erwähnt 1640	lt. ebenda
Hans Undeutsch	geb. 1589 gest. 1657	lt. Sterberegister Pausa
Hans Undeutsch	geb. 1621 gest. 1686	lt. ebenda
Simon Undeutsch	erwähnt 1651	lt. R. Hiller, Pausa
Hans Freund	erwähnt 1678–1683	lt. ebenda
Caspar Undeutsch	geb. 1645 gest. 1711	lt. Sterberegister Pausa
Johann Peter Schorler	erwähnt 1738	lt. Robert Hiller, Pausa
Johann Georg Undeutsch	erwähnt 1740	lt. ebenda
Hans Michael Querfeldt	erwähnt 1742	lt. Staatsarchiv Greiz
Johann Wilhelm Schorler	gest. 1745	lt. Robert Hiller, Pausa Georg
Ernst Günther	geb. 1699 gest. 1753	lt. Sterberegister Pausa
Johann Georg Schorler	geb. 1740 gest. 1800	lt. Robert Hiller, Pausa
Johann Georg Schorler	geb. 1774 gest. 1802	lt. ebenda
Johann Friedrich Eisenschmidt	erwähnt 1805	lt. ebenda
Christian Georg Schorler	erwähnt 1811–1846	lt. ebenda
Christian Friedrich Schorler	erwähnt 1850	lt. ebenda
Bruno Schorler	erwähnt 1906–1912	lt. Siegfried Gläser, Pausa
Stadt Pausa, Fuhrpark	erwähnt 1912–1926	lt. ebenda
Bruno Schorler	erwähnt 1926–1934	lt. ebenda
Hermann Dürbeck	erwähnt 1934–1975	lt. ebenda
Paul Schorler u. Tochter	erwähnt 1943–1980	lt. ebenda
VEB Spitze u. Bekleidung Pausa	etwa 1980–1986	lt. ebenda
Abriss des Areals	1988	lt. ebenda

Die Obere Mühle in Unterreichenau – Oertelsmühle

Die Pausaer Vorstadt zieht sich bis nach Unterreichenau hin. Auf schmaler Straße im Weidagrund dauert unsere Wanderung bis zur nächsten Mühle nur eine Viertelstunde. Gleich am Ortseingang links neben der kleinen Brücke tauchen Nebengebäude und Wohnhaus des Mühlenkomplexes auf. Ein großes Hinweisschild mit der Aufschrift „Mühle Oertel / Futtermittel – Kleintierbedarf" verriet uns damals, dass sich hier noch etwas dreht und bewegt. Und richtig, scharf links um die Ecke führt der Weg direkt zur Getreideannahme, wo gerade eine Lkw-Fuhre in die Schüttgosse entladen wird. Am Eingang werden wir vom Müllermeister Hartmut Oertel erwartet, denn wir hatten uns zu einer Führung durch seine Mühle angemeldet. Die Ursprünglichkeit und Vielfalt der Einrichtung ist für uns eine Überraschung. Besonders ins Auge sticht der Schrotgang mit seinem hölzernen Aufschütttrichter und dem Rüttelschuh, der die richtige Menge Körner zuführt. Wittenberger Walzenstühle (Bj. 1952) tun daneben ihre Dienste. Schrotstuhl und Plansichter haben gar schon 70 Jahre auf dem Buckel. Der Plansichter ist ein mächtiger Siebkasten, der freischwingend an Rohrstäben hängt, sich kreisförmig bewegt und dabei das Mahlgut sichtet und sortiert. Meist sind 8 bis 12 Siebsätze übereinander. Solche feinen Gazesiebe stellte auch eine Zeulenrodaer Drahtweberei her. Für den Transport innerhalb der Mühle sorgen Förderrohre. Müssen Zwischenprodukte noch einmal nach oben, helfen Elevatoren. Aber bevor die Körner durch die zwei Walzen des Walzenstuhles zerkleinert werden, passieren sie zahlreiche Reinigungsmaschinen. Fremd klingende Namen, wie Aspirateur und Trieur, drangen uns Wanderfreunden an die Ohren. Doch Erdklumpen, Steine, Spreu, Sämereien aller Art usw. müssen vom Getreide getrennt werden. Selbst ein Magnetabscheider liest Eisenteile, Nägel, Schrauben und Muttern, die im Getreide vorkommen, heraus. „Gut gereinigt ist halb gemahlen", sagt der Müller. Recht beeindruckt bedanken wir uns für die Erläuterungen mit dem Müllergruß „Glück zu!"

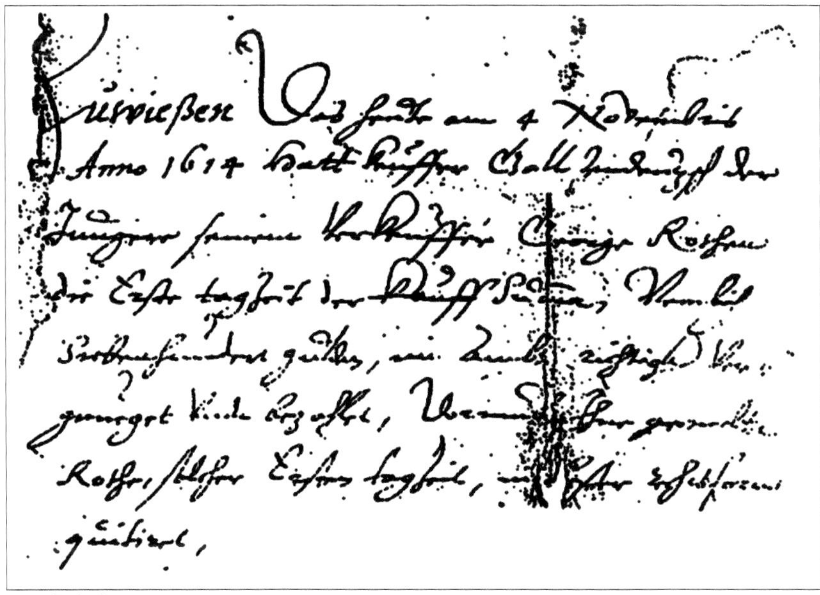

Kaufbrief, 1614

Im Rückblick zu dieser Mühle werden wir auf außerordentlich lange Traditionslinien des Familienbesitzes stoßen. Im *„Historischen Ortsverzeichnis von Sachsen"* und in Berthold Schmidts *„Urkundenbuch der Vögte 1892"* wurde Unterreichenau bereits 1402 als *„Nieder Reychenau"* bei der Bestätigung von Zinsen für die Kirche von Pausa genannt. Vergeblich sucht man allerdings im alten *„Erbbuch von 1506"* nach den Unterreichenauer Mühlen. Wann die Mühle, deren Grundmauern auf großen Baumstämmen aufsaßen, die den weichen Untergrund befestigten, erbaut worden ist, wissen wir nicht. Als erste urkundliche Erwähnung seiner Mühle kann Hartmut Oertel einen Kaufbrief vom Jahre 1614 vorweisen. In dieses seltene Dokument dürfen wir einen kleinen Einblick nehmen:
Aus diesen wenigen Zeilen wurde erkennbar, dass am 4. November 1614 Gall Undeutsch der Jüngere für die Mühle eine Rate von 700 Gulden an Georg Rothe bezahlte. Nach dem recht gut erhaltenen Kaufbrief verkaufte *„genandter Roth… aus wolbedachtem Muth,… seine zu Undterreichenau gelegene Mühle… nach seines lieben Vaters Paul Rothens seeligen absterben,… mit dreyen Mahl: einem Schneide- undt einem Schlaggangk,… undt deroselben pertinenzien (= zugehörige Grundstücke, Zubehör etc.) … die beniembte Kaufsumme… nehmlich siebenhundert fl. (= Gulden) innerhalb dreyer Wochen nach dato,… ferner achthundert Gulden uf Walburgis des mit Gott erhoffenden 1615 und dan achthundert Gulden uf Martini… jedesmal an guter gangkhaftiger Landeswehrunge und Münze…"*
Der Käufer erhielt auch *„alle zur Muhlen gehörige Documenta und briefliche Urkunde getreulich ausgehändigt."*
Mit dem Empfang der zweiten Zahlungsrate hatte der Müller Georg Rothe mit Weib und Kindern seinen Auszug aus der Mühle vorzunehmen. Der neue Eigentümer war ein Sohn des *„Gall Undeuzschen des Eltern zu Wellengruhn"* (Wallengrün), dessen Vater Jobst Undeutsch bereits vor 1583 der Müller von Wallengrün war. Nach dem Kauf der Mühle durch Gallus Undeutsch lässt sich die Besitzerkette in 12 weiteren Generationen verfolgen. Amtlich festgehalten stand im Erbbuch von 1619 *„Gallus Undeutsch hat eine Mühle, lehnet dem Ambt und zinset Walpurgis und Michaelis je 3 Groschen, gibt 2 Fastnachtshühner und 1 ½ Scheffel 3 Napf Zollhafer."*
Über die Mühle des Kaspar Undeutsch sen. (1617–1678), dem Nachfolger des Gallus Undeutsch jun. (1584–1641), wurde in der Brenig'schen und Hiller'schen Chronik ebenfalls eine Beschreibung notiert: *„1 Mühle zu Unterreichenau, zu einem Schneide- und 3 Mahlgängen, vor ½ Hof gerechnet, frohnfrei, die Kaspar Unteutsch sen. besitzt."* Meister Kaspar Undeutsch pachtete um 1660 den oberhalb der Mühle gelegenen Mühlteich, damit er für den Antrieb der Wasserräder einen gewissen Vorrat hatte. Als im Jahre 1683 die Mühlenkontrolleure des Amtes Plauen zur Revision im Lande unterwegs waren, hielten sie protokollarisch als *„Eigenthumbsbesitzer Caspar Unteutsch jun."* (1645–1711) fest. Nach ihm, der auch Pachtmüller in der Pausaer Stadtmühle war, traten in der Erbfolge Adam Undeutsch (1684–1729) und Johann Georg Undeutsch (1717–1757) in Erscheinung.
1758 heiratete Johann Jakob Liebold, wohl ein Sohn des Leitlitzmüllers Hans Jakob Liebold, die Müllerstochter Johanna Christiana Undeutsch und zog in die Mühle ein. Als Nachwuchs stellten sich drei Töchter ein. Dieser Umstand führte dazu, dass *„Christian Friedrich Oertel, Müller aus der Keßelmühle bey Lebitz (Kesselmühle bei Läwitz) die Obere Mühle zu Unterreichenau mit 4 Mahlgängen, einem Schneidgang und Schlagmühle von der Maria Christina Lippoldtin erb- und eigenthümlich erwarb und selbige am 25. November 1794 ehelichte."*
Christian Friedrich Oertel (1766–1825) stammte aus einem uralten Müllergeschlecht. Seine Vorfahren lebten schon seit vier Generationen als Müller in der Kesselmühle zu Läwitz. Bis zurück zu Jobst Oertel (erw. 1526), welcher Müller in der am Waldbach gelegenen Obermühle Weckersdorf gewesen ist, lässt sich die Reihe der Ahnen verfolgen. Immerhin führten

die Mühle sechs Generationen männlicher Sprosse der Oertelsfamilie. Alles in allem wurde die Mühle nach dem Kauf durch Gallus Undeutsch ab 1614 in 12 Generationen der Verwandtschaftslinie Undeutsch, Liebold und Oertel weiter vererbt. Letztere Familie gab der Mühle seit 200 Jahren den Namen Oertelsmühle.

Christian Friedrich Oertel ließ 1818 ein neues Schneidmühlengebäude errichten. An einem Dachbodendielenbalken war diese Jahreszahl vermerkt. In der Nacht vom 12. zum 13. November 1825 starb der Oertelsmüller durch einen Fall ins Wasser. Das Kirchenbuch vermerkte, dass er ordnungsliebend, still und ehrbar gewesen wäre. Carl August Oertel (1803–1866) ließ 1859 die alte Mühle abtragen und das jetzige Wohn- und Mühlenhaus in entsprechend größerer Form aufbauen. Die Mühle wurde mit dem Stand der damaligen Technik neu eingerichtet. Zwei Wasserräder mit einem Durchmesser von vier Metern trieben vier Mahlgänge und Zubehör an. Ein weiteres Wasserrad setzte das Gatter der Schneidemühle in Bewegung. Durch Vorstau im Mühlgraben wurde die Wassermenge reguliert. Über ein Gerinne lief das Wasser von oben auf die Wasserräder. Solch ein Mühlgraben konnte deshalb nur mit ganz geringem Gefälle angelegt werden, um den oberschlächtigen Antrieb zu gewährleisten. Jedes Wasserrad brachte etwa 10 PS Leistung. Nach dem Tod von Carl August Oertel übernahm dessen Sohn Franz (1837–1910) das Anwesen. Es herrschte ständig Betrieb in der Oertelsmühle. Die Kundschaft kam zum Mahlen und Holzschneiden von weit her. Für Bauern, die die An- und Rückfahrt nicht an einem Tag schafften, waren Übernachtungsmöglichkeiten vorhanden und für die Pferde war ein Stall eingerichtet. Die zur Mühle gehörende Landwirtschaft wurde um die Jahrhundertwende durch Zukauf landwirtschaftlicher Nutzflächen erweitert. 1904 ist die Fachwerkscheune an der Weida erbaut und 1908 seitwärts vergrößert worden. Dort wurden die geernteten Getreidegarben eingelagert und im Winter gedroschen. Ein endloses Drahtseil von der Schneidemühle zur Scheune sicherte die Kraftverbindung. Nachfolger Oswin Oertel (1876–1953) führte die Mühle durch die schwere Zeit des 1. Weltkrieges und der Inflation. Umfangreiche Buchführung, Mahlkarten für Bauern und ständige Revisionen standen auf der Tagesordnung. Aber auch der technische Fortschritt hielt Einzug. 1920 wurde ein Elektromotor eingebaut, der zur konstanten Drehzahl der Maschinerie und Überbrückung wasserarmer Zeiten beitrug. Ein Generator, der vom Wasserrad angetrieben wurde, sorgte für die Lichtstromerzeugung und war bis um 1955 betriebsfähig. Der Stromanschluss erlaubte die Erneuerung der Mühleneinrichtung. Die Mahlgänge zur Mehlherstellung wurden durch Walzenstühle ersetzt und der Plansichter ist 1925 eingebaut worden. Ein Fahrstuhl beförderte die Säcke von oben nach unten. Hermann Dürbeck, der spätere Stadtmühlenpächter zu Pausa, arbeitete von 1928 bis 1932 als Müller in der Oertelsmühle. Mitte der 30er Jahre war Gerhard Oertel (1916–1957) altersmäßig soweit, dass er mit in das Geschäft einsteigen konnte. Einen sehr harten Schicksalsschlag musste er während des 2. Weltkrieges (1939–1945) erleiden. Eine schwere Verwundung brachte ihm den Verlust eines Beines. Als nach Kriegsende unser hiesiges Gebiet der sowjetischen Besatzungszone angehörte, entstand 1948 hinter der Schneidemühle ein neues Kreissägengebäude. Um 1950 hatte die Mühle wieder voll zu tun. In den Anfangszeiten der DDR belieferte sie etwa 35 Bäckereien in Pausa und Umgebung, verschiedene Lebensmittelverkaufsstellen und den Großhandel mit Mehl. Bis 1952 war die Mühle Oertel als Handwerksbetrieb Mitglied der Einkaufs- und Liefergenossenschaft des Bäcker- und Müllerhandwerks Plauen. Die Verwaltungsreform der DDR beseitigte 1952 u.a. die Länder Sachsen und Thüringen. Das Gebiet um Pausa kam zum neu gebildeten Kreis Zeulenroda/Bezirk Gera. Jetzt wurde der Mühlenbetrieb Oertel Mitglied der ELG Schleiz und belieferte den Raum Zeulenroda. Neben der Handelsmüllerei wurde auch das Mahlen von Roggen und Weizen für die Bauern bis um 1955 als Lohnmüllerei erledigt. Mittlerweile trat die Landwirtschaft Oertel der 1953 gegründeten LPG „Philipp Müller“ bei, die 1958 zur LPG „Spitzenburg“ wurde.

Am 10. Juli 1954 erlebte das Weidatal nach langanhaltender Regenperiode ein ziemlich großes Hochwasser. Im Wohnhaus der Oertels betrug der Wasserstand 70 cm, sodass er fast Fensterstockhöhe erreichte. Rinder und Schweine konnten durch Hausflur und Stallfenster gerettet werden. 1956 sind die letzten Baumstämme im Lohnschnitt in der alten Schneidemühle verarbeitet worden. Danach wurde das Wasserrad abmontiert. Viel zu zeitig verstarb Gerhard Oertel 1957 an den Spätfolgen seiner Kriegsverletzung. Die Landwirtschaft von rund 12 ha musste verpachtet werden. Seine Witwe, Käthe Oertel, überbrückte die Zeit, bis Sohn Hartmut einsteigen konnte. Nach der Stilllegung des letzten Wasserrades 1958 an der Mahlmühle wurde ausschließlich mit Strom gearbeitet. Leider verschwand auch dieses Wasserrad 1962 und die Wassermüllerei gehörte der Vergangenheit an. Seit 1960 wurden Schneidemühle, Kreissäge und Scheune von der LPG „Spitzenburg" genutzt.
Hartmut Oertel (1944–2005) erlernte traditionsgemäß den Müllerberuf nicht in der elterlichen Mühle, sondern bei Müllermeister Weiß in Mühltroff. Weitere praktische Erfahrung sammelte er in der Kuxmühle Langenwetzendorf, bis er 1964 seine Meisterprüfung ablegte. Der Straßenbau in Unterreichenau führte zum Abriss von Nebengebäuden und Ställen, der 1970/71 durch einen Erweiterungsbau ausgeglichen wurde. Eine Annahme für den losen Getreidetransport, ein Getreidelager mit anschließender Reinigung wurde eingerichtet, sodass alles Getreide zur Mehlherstellung und das Schrotgetreide der LPG maschinell bis zur Verarbeitung kam. Der eingebaute Elevator stammte aus der Starkenmühle bei Kleinwolschendorf. Roggengetreide für die Handelsmüllerei wurde vom Getreideerfassungsbetrieb nach einem Kontingent abgekauft und das Mehl an die Bäckereien der umliegenden Gemeinden geliefert. Drei Tonnen je 24 Stunden betrug die Leistung bei der Mehlherstellung. Als Lohnmüllerei wurde noch geschrotet. Große Industriemühlen konnten das 100fache an Leistung bringen und verstärkten den Druck auf die kleinen Handwerksbetriebe. Mit der politischen Wende und dem Beitritt der DDR zur Bundesrepublik Deutschland 1990 wurde der Landstrich um Pausa bis hinunter nach Wallengrün wieder sächsisch. Nach und nach verschwanden auch die Landwirtschaftlichen Produktionsgenossenschaften von der Bildfläche. Allerdings gingen damit leider die Aufträge für die Mühle stark zurück. Im kleinen Rahmen wurde Roggenmehl für die Bäckereien produziert und die Mühle klapperte noch. Getreide für Futterzwecke wurde geschrotet und gequetscht. Ein gutes Angebot an Futtermitteln stand zum Verkauf. Hartmut Oertel wusste jedoch, dass er mit Massenproduktion und Großmärkten starke Konkurrenz hatte.
Im Video „Pausa – Die Stadt am Mittelpunkt der Erde" (1996) wurde Müllermeister Hartmut Oertel bei der Arbeit in seiner traditionsreichen und bewahrenswerten Mühle für immer festgehalten. Etwa 200 Besucher bestaunten die Oertelsmühle anlässlich eines Mühlenfestes am 2. Juni 1996. Im jährlich zu Pfingsten stattfindenden Deutschen Mühlentag hieß es in einer Würdigung: *„Wer für das tägliche Brot sorgte, hatte eine zentrale Stellung inne... Heutzutage gehört der Anblick einer Mühle nicht mehr zum Alltäglichen... Und wenngleich viele der historischen Mühlen noch ihre ursprüngliche Funktion erfüllen, haben sie zugleich einen musealen Charakter..."*
So musste auch Meister Oertel im Jahre 2002 den harten Entschluss fassen, den Mahlbetrieb für Roggenmehl aufzugeben und sich auf die Herstellung und den Handel mit Futtermitteln zu beschränken. – Müllermeister Hartmut Oertel verstarb nach schwerer Krankheit im Alter von 61 Jahren am 25. Oktober 2005. Er hinterließ seine Witwe Irene und zwei erwachsene Kinder. Die Geräusche der Walzenstühle verstummten und die lange Geschichte des Familienbetriebes der Oertelsmühle zu Unterreichenau ging zu Ende.

Quellen und Literaturangaben:
siehe Verzeichnis Nr. 12, 31, 55, 75, 84, 89, 92, 150, 162 sowie Auskünfte durch persönliche Gespräche mit Hartmut Oertel, Oertelsmühle Untereichenau

Antriebswellenstumpf im Hof der Zebaothsmühle

Müllermeister Hartmut Oertel 1995 links am Schrotgang und rechts der Walzenstuhl

Zebaothsmühle Unterreichenau um 1965

Hellmut Schlott (1920–1996) – der letzte Schlottenmüller

Die Mühlenbesitzer der Oberen Mühle von Unterreichenau aus der Familienchronik Oertel

Paul Rothe	erwähnt	1600	
Georg Rothe	erwähnt	1614	
Gallus Undeutsch	geb.	05.05.1584	Wallengrün
	gest.	1641	
Caspar Undeutsch	geb.	09.03.1617	
Unterreichenau	gest.	05.06.1678	
Caspar Undeutsch	geb.	01.08.1645	Unterreichenau
	gest.	07.10.1711	
Adam Undeutsch	geb.	26.02.1684	Unterreichenau
	gest.	11.03.1729	
Johann Georg Undeutsch	geb.	02.11.1717	Unterreichenau
	gest.	30.04.1757	
Johann Jakob Lippold/Liebold	geb.		Leitlitz
	gest.	29.01.1782	Unterreichenau
Johanna Christina Undeutsch	geb.	30.11.1741	Unterreichenau
	gest.	02.01.1824	
Christian Friedrich Oertel	geb.	1766	Läwitz
	gest.	12.11.1825	Pausa
Maria Christina Lippoldtin	geb.	09.12.1768	Unterreichenau
	gest.	15.01.1803	
Carl August Oertel	geb.	02.09.1803	Unterreichenau
	gest.	30.07.1866	
Franz Ferdinand Oertel	geb.	04.08.1837	Unterreichenau
	gest.	15.03.1910	
Oswin Oertel	geb.	28.05.1876	Unterreichenau
	gest.	24.04.1953	
Gerhard Oertel	geb.	24.05.1916	Unterreichenau
	gest.	18.11.1957	Plauen
Hartmut Oertel	geb.	10.04.1944	Unterreichenau
	gest.	25.10.2005	

Die Zebaothsmühle in Unterreichenau – Schlottenmühle

Ein rot markierter Wanderweg verlässt an der Oertelsmühle das Weidatal, um über die Höhen des Pöhlberges (500 m) und des Jahnberges (484 m) die Weida in Wallengrün wieder zu erreichen. Wir bleiben aber unten im Dorf auf der Hauptstraße. Die nächste Mühle liegt am anderen Ende des Ortes. Erstaunlich eng standen sie bereits am Oberlauf beieinander. An der linken Straßenseite liegt der Sitz der Agrargenossenschaft „Weidagrund", die aus der ehemaligen LPG hervorging. Wöchentlich werden zur Zeit etwa 40 Schweine und 3 Rinder zu Fleisch- und Wurstwaren verarbeitet. Nahe am Ortsausgang rechts treffen wir auf die Gebäude der früheren Zebaothsmühle, in den letzten 50 Jahren als Schlottenmühle bekannt. Etwa gegenüber arbeitete von 1897 bis 1961 eine Dampfziegelei. Das Areal übernahm 1974 die LPG „Spitzenburg", die dort ein großes Kartoffelhaus errichtete. Hellmut Schlott, der letzte Schlottenmüller, zeigte uns in seinem Hof zwei große Mühlsteine und daneben eine senkrecht aufgestellte Antriebswelle als Erinnerung an seine einstige Mühle, die 1968 ihren Dienst einstellte.

Die alte Zothsmühle, wie sie damals genannt wurde, soll zwar schon 1606 im Kirchenbuch gestanden haben, ist aber im Erbbuch 1619 nicht aufgeführt worden. Eine Mühlenkommission, die im Frühjahr 1683 die Steuersammelbüchsen für den Mahlgroschen überprüfte, hinterließ uns als Protokoll somit die erste urkundliche Erwähnung der *„Zotzmühle zu Unterreichenau"*. Es hieß dort: *„Hat zween Gänge. Mählt aus der Weyde. Das Ambt Pausa ist Gerichtsherr. Simon Unteutsch Eigenthumbsbesitzer. Gebraucht Paußner Maas."* Simon Undeutsch (1622-1683) war ein Sohn des Gall Undeutsch (1584-1641), dem wir schon in der Oberen Mühle des Ortes begegneten. Er verstarb laut Sterberegister der Kirchgemeinde Pausa am 29. März 1683. Für eine gewisse Zeit musste die Mühle nun verpachtet werden. Erwähnt wurden Simon Meser aus der Pausaer Amtsmühle und Christoph Hadlich, geb. 1642, später Müller auf der Kesselmühle am Triebitzbach bei Arnsgrün. 20 Jahre nach dem Tod von Simon Undeutsch, dem ersten namentlich genannten Zotzmüller, gab es nach einer Übersicht des Amtes Pausa von 1703 *„eine ausgebaute Mühle mit 2 Mahlgängen, frohnfrei, die Zots-Mühle genannt, so Kaspar Unteutsch jun. besitzt."* Jener Kaspar Undeutsch jun. (1645–1711) kannte sich in etlichen Mühlen der Umgebung aus. Wir begegneten ihm 1683 als Eigentumsbesitzer in der Oberen Mühle (Oertelsmühle). Kurz vor der Jahrhundertwende war er auch Pächter der Pausaer und Plauener Stadtmühle. Schließlich gab es laut Pausaer Sterberegister noch einen Johann Siemon Undeutsch (1744–1797), Bürger und Tischler, auch Zebaothsmüller, der am 29.08.1797 verstarb und eine Witwe mit vier Kindern hinterließ.

Der Name *„Zothsmühle"* könnte von einem früheren Besitzer aus der Zeit vor den Undeutschen stammen. Zebaoth ist aber nach alttestamentlichen Anschauungen als Kriegsgott benannt. Chronist Robert Hiller sprach von frommer, aber falscher Umdeutung des Namens.

Als auch in dieser Mühle der Fortbestand des Müllergeschlechts Undeutsch beendet war, tauchte anlässlich der Taufe seines 8. Kindes der Eintrag *„Meister Friedrich Wilhelm Preller, Bürger in Pausa und Besitzer der Zebaothsmühle in Untere Reichenau"* 1811 im Register auf. Wahrscheinlich kamen die Prellers aus der Weidaer Katschmühle. Der Täufling namens Carl August Preller kam in späteren Jahren in die im Zeitzgrund gelegene Bockmühle, bevor er 1864 den Fuhrmannsgasthof „Zu den grauen Ziegenböcken" übernahm. Nachfolgend war über drei Generationen die Familie Herold Besitzer der Zebaothsmühle. Zunächst erwarb Christian Friedrich Herold (1772–1828) die Mühle, um sie an seinen Sohn Johann Chr. Friedr. Herold (1801–1876) abzutreten. Des Weiteren nannten die Pausaer Akten August Gotthilf Herold (1842–1881) als Mühlenbesitzer. Am 22. Juni 1884 brannten zwischen 1 und 2 Uhr nachts das Wohn- und Mühlenhaus ab. Die übrigen Gebäude, wie Schneidemühle, Scheune, Schuppen und Stall, wurden durch die Pausaer Feuerwehr und die Spritzen aus Thierbach und Ranspach gerettet. Noch in demselben Jahr erfolgte der Neuaufbau. Die Mühle bekam zwei Wasserräder. Eine große Esse verriet eine Dampfmaschine, die bei Wassernot den Antrieb verstärkte. 1890 ließ der Müller einen Naphtalinmotor mit einer Leistung von 18 PS einbauen. Der damalige Besitzer war die Plauener Eisengießerei Beyer & Zetzsche, die verschiedene Pächter, wie Schaller und Brensge, einsetzte. 1905 gab es einen Rückschlag, als der Blitz in die Scheune einschlug und sie in Schutt und Asche legte. Diese Jahre unterbrachen die langen, erfolgreichen Zeiten des Familienbesitzes und mögen nicht die glücklichsten gewesen sein. Ab 1. November 1905 schloss Richard Neuparth, dessen Vorfahren in Wallengrün und Pöllwitz zu suchen waren, einen Pachtvertrag mit der Plauener Firma ab. Reichlich sieben Jahre lang schwerer körperlicher Arbeit kennzeichneten den Weg der sechsköpfigen Familie in dieser Mühle.

Am 1. März 1913 begann die Ära Schlott in der Zebaothsmühle. Heinrich Schlott (1850–1927), bisher Pächter der Unteren Stadtmühle in Plauen, kaufte das Anwesen. Im „Sächsischen Grenzboten" vom 13.09.1913 war zu lesen: *„Geschäftsempfehlung – Nachdem ich meine Mühle der Neuzeit entsprechend mit modernsten Maschinen und mit Motorbetrieb eingerichtet habe, bin ich in der Lage, jeden Posten für Mahl- und Sägewerk, auch den kleinsten, selbst bei Wassermangel zu übernehmen und sofort zu erledigen. Ich bitte das verehrte Publikum von Stadt und Land um Übertragung von Bestellungen und empfehle mich bestens. Hochachtungsvoll Heinrich Schlott Mühle Unterreichenau."* Diesen modernisierten Mühlenbetrieb übergab er altershalber schon ein Jahr später an seinen Sohn Enno Schlott (1887–1923), wohl auch hoffend, dass dieser deshalb nicht mit in den 1. Weltkrieg ziehen müsste. Die an der Schneidemühle angegliederte alte Lohmühle wurde nicht mehr benötigt. Etwa eine Tonne Mahlgut konnte täglich verarbeitet werden. Die Lichtstromversorgung lieferte ein Generator. Unerwartet starb am 13. Mai 1923 der erst 36-jährige Müllermeister Enno Schlott und hinterließ seine Frau Ella mit drei kleinen Kindern. Der schon betagte Vater Heinrich Schlott sprang in die Bresche und führte die Mühle bis zu seinem 77. Geburtstag, an dem er während eines Geburtstagsständchens vor Rührung gestorben ist. Die junge Witwe Ella Schlott heiratete 1925 Richard Kaiser aus Förthen. Heinrich Schlott hatte ihn in seinen letzten Lebensjahren noch als Müller angelernt. In den nächsten 20 Jahren, bis in die Nachkriegszeit des 2. Weltkrieges hinein, wurde der Betrieb mit Kundenmüllerei aufrechterhalten. Hellmut Schlott (1920–1996), Sohn des so zeitig verstorbenen Enno Schlott, war inzwischen Müllermeister geworden. Als junger Soldat überstand er den 2. Weltkrieg und kehrte 1946 aus der Kriegsgefangenschaft zurück. In dieser schweren Epoche konnte ein 14-PS-Elektromotor angeschafft werden, der den Antrieb unterstützte. Ab 1949 bekam Hellmut Schlott das Gewerbe übertragen. Es gelang dem rührigen Besitzer, 1953 den Mühlenbetrieb umfassend zu modernisieren und auf pneumatische Mahlgutbeförderung umzustellen. Diese Leistungssteigerung ließ eine recht gute Handelsmüllerei zu. In der DDR gab es seinerzeit noch Lebensmittelkarten, die erst 1958 restlos abgeschafft worden waren. Die Kundschaft in der Schneidemühle ging allmählich zurück, sodass es 1959 zum Stillstand des Sägegatters kam. Hellmut Schlott widmete sich nun verstärkt der Landwirtschaft, besonders der Zuchtviehhaltung. Seine Sachkenntnis brachte ihm den Titel „Meisterbauer" ein. Unter seinem Vorsitz schlossen sich im Ort mehrere Genossenschaften zusammen, sodass Unterreichenau 1960 „vollgenossenschaftliches Dorf" wurde. In der Mühle wurde jede Menge Futterschrot für die LPG produziert. Jedoch erwischte es 1968 auch diesen Betrieb. Hellmut Schlott musste einsehen, dass Industriemühlen mit ihrer Großproduktion den Bedarf kostengünstiger deckten.

Das Müllergewerbe in der Zebaoths- bzw. Schlottenmühle ruhte. Die beiden Wasserräder wurden abgebaut, der Mühlgraben zugeschüttet, das Wehr geschleift. Die gesamte Mühleneinrichtung musste weichen und die Schneidemühle wurde abgerissen. 1972 entstanden drei Wohnungen im ehemaligen Mühlengebäude. Hellmut Schlott schied 1975 als LPG-Vorsitzender aus. Nachdem wir die Geschichte der Zebaothsmühle kennen, sehen wir die beiden Mühlsteine im Hof und den Stumpf der Antriebswelle, auf dem der letzte Schlottenmüller noch 1995 seine Sense dengelte, mit ganz anderen Augen. Ein Jahr später, am 9. Mai 1996, riss ihn der plötzliche Tod 75-jährig aus seinem schaffensreichen Leben.
Siegfried Gläser/Pausa schrieb in einer Würdigung, dass der Verstorbene große Sympathie, Dankbarkeit und Verehrung genoss. Am 8. Mai 1996, einen Tag vor seinem Tod, hatte Hellmut Schlott im Gedenken an die Unterreichenauer Kriegsopfer das Ehrenmal gesäubert und mit Blumen geschmückt und bekundete so seine Verbundenheit mit jenen Menschen, die nie vergessen werden sollen.

Quellen und Literaturangaben:
siehe Verzeichnis Nr. 12, 31, 55, 127, 150, 162
sowie Auskünfte durch persönliche Gespräche mit Hellmut Schlott, Schlottenmühle und Siegfried Gläser, Pausa

Die Müller in der Zebaothsmühle Unterreichenau

Simon Undeutsch	geb. 1622	gest. 1683	lt. Sterberegister Pausa
Simon Meser / Pächter	erw. um 1685		lt. Verein für Ortskunde
1890;			Robert Hiller, Pausa
Christoph Hadlich / Pächter	geb. 1642 erw. um 1700		lt. Siegfried Gläser, Pausa
Caspar Undeutsch jun.	geb. 1645	gest. 1711	lt. Sterberegister Pausa
Johann Siemon Undeutsch	geb. 1744	gest. 1797	lt. ebenda
Friedrich Wilhelm Preller	erw. 1811		lt. Taufregister Pausa
Christian Friedr. Herold	geb. 1772	gest. 1828	lt. Sterberegister Pausa
Joh. Chr. Friedr. Herold	geb. 1801	gest. 1876	lt. ebenda
August Gotthilf Herold	geb. 1842	gest. 1881	lt. ebenda
Schaller / Pächter	erw. um 1885		lt. Siegfried Gläser, Pausa
Wilhelm Brensge	erw. um 1895 lt. ebenda		
Richard Neuparth / Pächter	erw. 1905–1913		lt. Siegfried Neuparth, Pößneck
Heinrich Schlott	geb. 1850	gest. 1927	lt. Siegfried Gläser, Pausa
Enno Schlott	geb. 1887	gest. 1923	lt. ebenda
Ella Schlott, verh. Kaiser	erw. 1925–1949		lt. ebenda
Hellmut Schlott	geb. 1920	gest. 09.05.1996	lt. ebenda

Schnitt durch eine dörfliche Kleinmühle

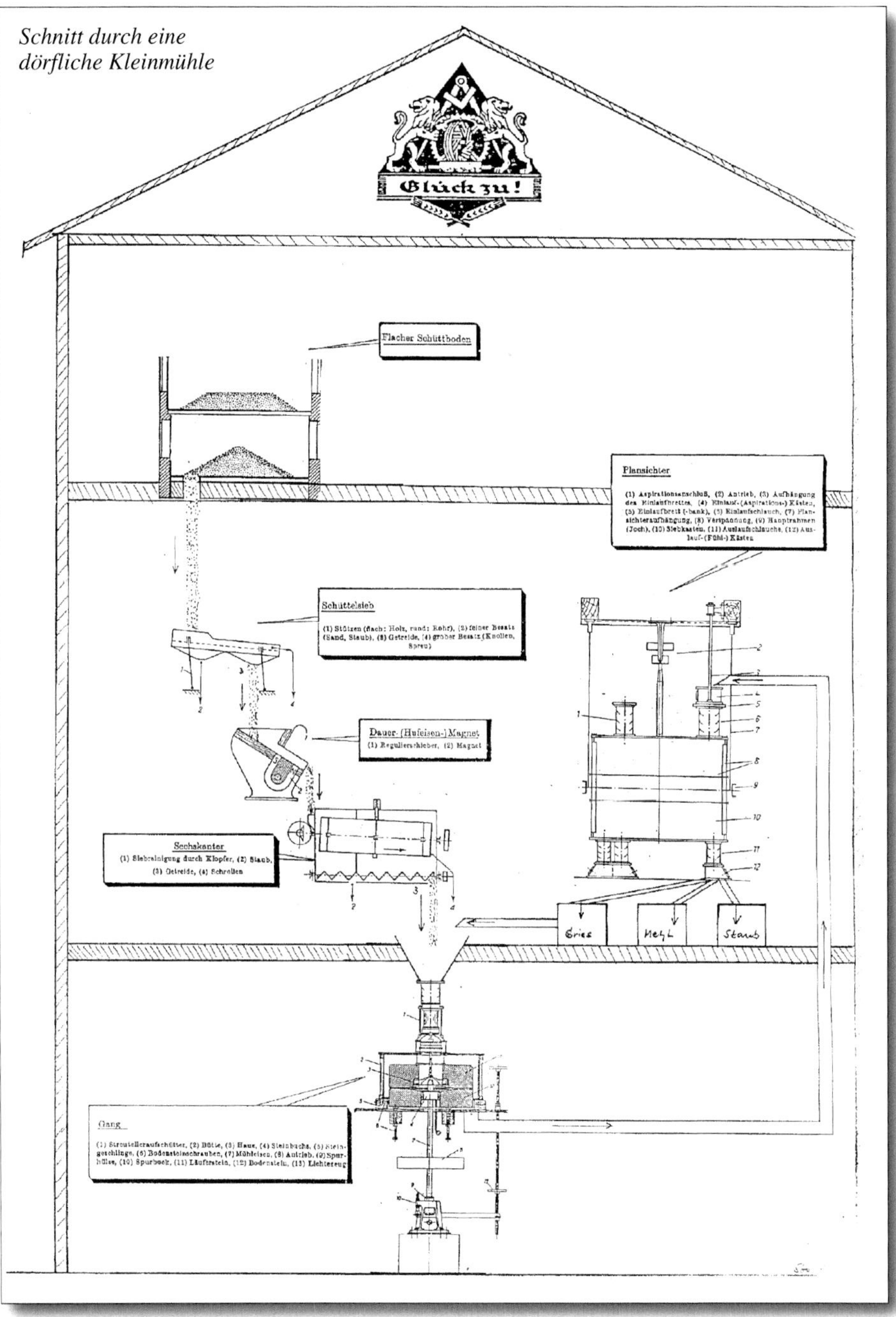

Die Wallengrüner Mühle

Nur ein reichlicher Kilometer trennt uns von der nächsten Mühle, der Wallengrüner Mühle. Wir folgen der Landstraße talwärts und überqueren nach einer Rechtskurve die Weida. Zurückblickend sehen wir noch einmal inmitten grüner Wiesen die Gebäude der ehemaligen Zebaothsmühle liegen. Nun halten wir uns links und bleiben im Weidatal. Mischwald begleitet uns bis Wallengrün. Die hohe Dampfesse der Mühle, auf der in luftiger Höhe des Öfteren Weißstörche brüten, haben wir längst entdeckt. Noch einmal müssen wir über den Bach, dann stehen wir linker Hand unmittelbar vor dem Hofeingang der Mühle. Unterwegs stießen wir bei unserer 1995 durchgeführten Wanderung nahe der Gaststätte „Spitzenburg“ auf eine neue Hinweistafel, die uns auf Mühle und Sägewerk Neuparth aufmerksam machte. Im Mühlengehöft entdecken wir über der Haustür im Torbogen den Namen des einstigen Besitzers H. Könitzer. Die stark verwitterte Jahreszahl könnte 1881 heißen. Darunter, noch gut lesbar, sind nachfolgende Besitzer verewigt, nämlich Otto Milzer (1902) und Franz Gläser (1931). Auf weitere, direkt über der Haustür angebrachte Jahreszahlen, kommen wir noch zurück. Aus dem rechten Gebäude, der eigentlichen Mühle, hören wir das Rattern der Walzenstühle. In Vorbereitung dieser Wanderung traf ich dort Günther Neuparth und seine Frau bei der Arbeit. Zwei Walzenstühle und ein Schrotgang sind noch voll einsatzbereit. Futtermittel und kleinere Mengen Roggenmehl werden produziert. Im Sägewerk kann geschnitten und gehobelt werden. Also auch in der Wallengrüner Mühle war die alte Technik noch zu bestaunen. Zunächst wird das Getreide zu Schrot zerkleinert und in weiteren Arbeitsgängen in Kleie und Mehl getrennt. Außerdem arbeitet ein Grießstuhl. Einen scheinbaren Wirrwarr bildet die Riementransmission, die für den Antrieb der Walzenstühle und Plansichter sorgt. Ein Fahrstuhl befördert die Säcke nach unten. Die Gebäude könnten zwar eine Auffrischung vertragen, doch erfüllen sie noch ihren Zweck. Beim Unterreichenauer Mühlenfest im Juni 1996 trafen wir auch Müllermeister Günther Neuparth. Er stellte dort die Wallengrüner Mühle wie folgt vor:
„Erste urkundliche Erwähnung: 1542 / Bestand: 1 Mahlmühle, 1 Ölmühle, 1 Schneidemühle, 1 Bäckerei / Besitzer: S. Gläser / Pächter: G. Neuparth.“
Somit versetzen wir uns wieder zurück in die Vergangenheit und lassen die Geschichte dieser Mühle vorüberziehen. Als sich 1377 der Markgraf von Meißen mit dem Herrn von Gera wegen des Köthenwaldes, der im Grenzgebiet ihrer Herrschaften lag, ins Gehege kamen, wurde *„Waldengrune“* urkundlich erwähnt. Name und Anlage als Waldhufendorf beweisen die deutsche Gründung des Dorfes. Der Ort gehörte damals zur Herrschaft Mühltroff, deren Schloss 1348 erstmals genannt wurde. Eingepfarrt war nach Thierbach. Dank einer Türkensteuerliste der Stadt Mühltroff erfuhren wir, dass der Familienname *„Undeuczs“* schon 1531 in Wallengrün bekannt war. Übrigens sollten mit Hilfe dieser Steuereinnahmen die Türken, die 1529 Wien belagerten, wieder zurückgeschlagen werden. Eine weitere Steuerliste aus dem Jahr 1542 war für unsere Mühlenforschung äußerst wichtig. In ihr wurde erstmals die Mühle in Verbindung mit dem Namen Jobst Undeuczs (Undeutsch) gebracht. Daraus lässt sich ableiten, dass das an der oberen Weida bekannte Müllergeschlecht Undeutsch zwischen 1531 und 1542 in Wallengrün seine erste Mühle gründete. Das Kirchenbuch Thierbach, angelegt 1579, vermerkte als Todesjahr des Müllers Jobst Undeuczs 1583. Sein Sohn und Nachfolger Gallus U., Vater des Gall U., welcher 1614 die Obere Mühle (Oertelsmühle) kaufte, wurde am 1. Februar 1619 begraben. Dabei ist interessant zu wissen, dass dieser mit Catharina Kemnitz, der Tochter des am 11.04.1590 gestorbenen *„alten Müllers von Wallengrün, Nickel Kemnitz“* verheiratet war, der wohl ein Mitbesitzer war. Der verstorbene Gallus U. hinterließ außer dem Sohn gleichen Namens noch vier Töchter und als Hoferben seinen taubstummen jüngsten Sohn Thomas (1588–1634). Nach Bedenken der adligen Herrschaft erbten beide Brüder je eine

halbe Mühle. Thomas U. bewirtschaftete das mit drei Mahlgängen, einer Schneide- und Schlagmühle ausgestattete Gut, während die andere Hälfte 1626 an *„Domas Gerpitz von Unter Böhmesdorf"* verpachtet wurde. Als 1634 der stumme Thomas U. starb, führte Gerpitz diesen Anteil *„in Mangelung eines Knechtes"* mit der Witwe Catharina weiter. Beim Tod des älteren Bruders Gallus U. war 1641 dessen halbe Wallengrüner Mühle *„bei itzo anhaltenden schweren Kriegsleufften ... mit vielen Schulden beschweret."* Nach der Liquidation wurde die Mühle 1643 dem Schwager Christoph Hadlich zugeschlagen. Die Söhne des Gallus U. (1584-1641) saßen inzwischen in den Mühlen zu Oberreichenau, Pausa und Unterreichenau. Das Schicksal Hans Undeutschs, Sohn des sprachlosen Thomas U. und seiner Frau Catharina, ist nicht bekannt. Damit verlosch für Wallengrün die Spur der Undeutschs-Müller. Christoph Hadlich verkaufte 1645 eine halbe Mühle an Martin Teubner aus Wolfshain.

Während oder nach den lang anhaltenden Glaubenskämpfen der Jahre 1618–1648 soll in Wallengrün der legendäre Müllergeselle Martin Pumphut aufgetaucht sein. Er war von kleiner, verwachsener Gestalt und trug einen breitkrämpigen, spitzen Hut. Angeblich wurde er in Spohla bei Hoyerswerda *„Anno Tobak"* geboren. Über ihn wurde erzählt, dass er Geizkragen und Habgierige bestrafe, den kleinen Mann belohne und sich in der Zauberei auskenne. Überhaupt wurden früher dem Müller allerlei geheime Kräfte angedichtet. Wenn es nachts in der abgelegenen Mühle knisterte und rumorte, glaubten die Dorfbewohner, dass der Teufel dort hausen würde. Tatsächlich gab es nach uraltem Brauch, der sich auf das „Mühlenregal" Kaiser Barbarossas stützte, ein besonderes Asylrecht in der Mühle, allerdings nicht für den Teufel. Der sogenannte Mühlenfrieden gewährte einen verstärkten Schutz für die Mühle und seine Bewohner. Absichtliche Zerstörungen von Mühlen wurden strengstens bestraft. Die Kehrseite der Medaille war, dass dieser Zufluchtsort auch von verdächtigen, lichtscheuen Elementen ausgenutzt werden konnte, die dort Unterschlupf suchten. Dazu zählte Martin Pumphut nicht, der als sagenhafte Gestalt geheimnisvoll umwittert war. Urkundliche Überlieferungen gibt es nicht. Manche merkwürdige Begebenheit wurde ihm in die Schuhe geschoben.

Nach Beendigung des 30-jährigen Krieges gelangte um 1650 ein Sohn der Müllerfamilie Hopf aus Rodau bei Mühltroff in die Wallengrüner Mühle. Sein Vater, Georg Hopf, war derzeit Eigentumsmüller der Mühle zu Rodau. Noch einmal trafen wir die Mühlenkommission des sächsischen Kurfürsten im oberen Weidatal 1683 an. Zu Protokoll stand geschrieben: *„Wallengrühn. Hat zween Gänge. Mahlt aus der kleinen Weyde. Freyherr von Bodenhaußen ist Gerichtsherr. Balthasar Hopf Eigenthumbsbesitzer. Gebraucht Schlaizer Maas laut der Abeignung. Hält an Dreßdner ein Scheffel 3 Viertel. Beträgt an Mahlgeld 1 Groschen 9 Pf."* Die alten Maße wurden in den Herrschaftsbereichen sehr verschieden gehandhabt. Der in Schleiz gebräuchliche Scheffel fasste 192,6 Liter, der Dresdner Scheffel aber nur 103,8 Liter. Hatte der Müller das Maß gestrichen voll oder gehäuft, traten weitere Unterschiede auf. Darüber wachten die von Bodenhausens, die von 1603 bis 1775 auf Schloss Mühltroff saßen. In einem 1687 aufgesetzten Testament des Besitzers der Wallengrüner Mühle Balzer Hopf nannte dieser seine zwei Söhne Nikodemus und Balzer, wobei die Mühle an Nikodemus fallen sollte. Ein im Stall eingemauerter Stein erinnerte mit *„Balthasar Hopf 1738"* an die spätere Generation und ihren Neubau. 1767 hatte Nikodemus Hopf durch Kauf des benachbarten Gutes das Mühlenareal beträchtlich vergrößert. Doch auch diese Familie blieb von schweren Schicksalsschlägen nicht verschont. 1776 ertrank im Mühlgraben der unverheiratete Mühlenbesitzer Nikodemus Hopf, nachdem er schon während des Siebenjährigen Krieges (1756–1763) im von Preußen eroberten Sachsen zum Militär gezwungen wurde. Mit ihm starb der Hopf'sche Stamm aus, der die Mühle 125 Jahre lang betrieb. Christina Lippoldt, geb. Hopf, aus der Weißmühle bei Leubnitz, einzige Schwester des Verunglückten, erbte die Wallengrüner Mühle.

Mühle Wallengrün, 1995

Hochbetrieb in der Schneidemühle, um 1960

Müllereimaschinen in der Wallengrüner Mühle, 1995

Müllermeister Günther Neuparth

Etwa um 1800 kam durch Einheirat die Familie Könitzer zur Mühle. Nach einem Umbau entstanden in den Jahren 1801 bis 1803 drei Mahlgänge und eine Ölmühle. Die über der Haustür angebrachte Jahreszahl 1803 weist darauf hin, während die Zahl 1844 den Bau des Wohnhauses festhielt. Vorher war das Mühlwerk mit im alten Wohngebäude untergebracht. Scheune und Stall folgten als Neubau. Die Schneidemühle war rechts daneben. Doch wurde alles mit Mühe Geschaffene durch Feuer wieder zunichte gemacht. Robert Hiller hielt in seiner Chronik fest: *„In der 1. Stunde des 28. Juli 1880 brannten die Wohn-, Mühlen-, Wirtschafts-, Stall- und Scheunengebäude der Mühle bis auf die Umfassungsmauern nieder; nur die Schneidemühle wurde gerettet. Zur Hälfte waren die Feuerwehren von Pausa und Zeulenroda und die Spritzmannschaften von Ebersgrün und Ranspach herbeigeeilt. Das Feuer war auf noch ungeklärte Weise auf dem Boden über dem Stalle entstanden und hatte rasch um sich gegriffen...“* H. Könitzer begann 1880/81 mit dem Wiederaufbau. Seinen Namen fanden wir im Torbogenschlussstein eingemeißelt. *„Die Mühle mit ihrer hohen Dampfesse hat jetzt ein sehr stattliches Aussehen und gehört zu den schönsten Gebäuden des Ortes. Auch das Innere ist auf das zweckmäßigste eingerichtet. Das Mühlenwerk treibt eine kräftige Turbine, die Schneidemühle bei Wassermangel eine in einem Maschinenhaus untergebrachte Lokomobile“,* setzte der Chronist R. Hiller 1890 fort. Gegenüber dem Wasserradantrieb brachte die Turbine mehr Leistung und Sicherheit. Sie war auf einem großen Gussrahmen angebracht und gut gelagert. Eine Spritzwasserhaube deckte das Laufrad ab. In der Verwandtschaftslinie Könitzer folgte 1902 als Besitzer Otto Milzer. Er steuerte den Mühlenbetrieb durch die Notzeit des 1. Weltkrieges. Kurze Zeit wirkte Alex Schönherr in der Mühle, bis 1931 sein Schwager Franz Gläser, Bäcker- und Konditormeister in Plauen, in ihren Besitz kam. Er setzte im gleichen Jahr den Müller und Bäcker Willy Neuparth als Pächter ein. Aus einem altdeutschen Backofen gab es nunmehr in der Mühlenbäckerei frisches Bauernbrot. Beinahe hätte der 2. Weltkrieg das Aus für die Mühle Wallengrün gebracht. Durch den Flugzeugabsturz einer Me 109 Anfang 1945 brannte das nur 100 m von der Mühle entfernte Schönherr‘sche Haus nahe der Spitzenburg ab. Die Bäckerei Gläser erwischte es am 10. April 1945 beim letzten Großangriff amerikanischer Bomberverbände auf Plauen voll. Total ausgebombt fand Franz Gläser in der Wallengrüner Mühle, die sein Besitz war, Zuflucht und neben dem Pächter ein neues Zuhause. Er übernahm bis 1959 die Mühlenbäckerei und verstarb 1962. Sein Sohn Siegfried Gläser, Franzmühle Elsterberg, erbte das Anwesen. Doch schon 1951 verursachte ein Sturz vom Getreidewagen den Tod Willy Neuparths. Fortan betrieb die Witwe mit dem erst 15-jährigen Sohn Günther N. das Gewerbe. Günther Neuparth, geb. 1936, erlernte den Müllerberuf, der zu DDR-Zeiten die langatmige Bezeichnung „Facharbeiter für die Be- und Verarbeitung von Körnerfrüchten“ hatte. Als 19-jähriger Müllermeister leitete er ab 1955 den Mühlenbetrieb, der mit einer Leistung von täglich zwei Tonnen auf einem Mahlgang und zwei Walzenstühlen mit Handelsprodukten des Roggenmehltyps 997 die Landbäckereien der Kreise Zeulenroda und Schleiz versorgte. Die ebenfalls verpachtete Landwirtschaft der Mühle hatte mittlerweile die LPG übernommen. Als 1965 in Vorbereitung des Baues der Talsperre Zeulenroda der Verlauf der Weida reguliert wurde, kam es zum Abbau der großen 15-PS-Turbine. Ein 11-Kilowatt-Elektromotor versah seither diese Aufgabe. Der Mühlgraben wurde verrohrt. 1977 erneuerte Neuparth das alte Schneidemühlengebäude. Älteste Maschinen darin waren das Sägegatter von 1920 und die Hobelmaschine, Baujahr 1930. Doppelsäumer und Ablängsäge stammten aus der Nachkriegsproduktion. Hanna Neuparth stand als mithelfende Ehefrau voll ihren „Mann“ in der Mahl- und Schneidemühle. 1981 wurde die Witwe Christa Gläser Mühlenbesitzerin. Der Kaninchenschlachtbetrieb Simon nutzte ab 1991 den Stall der Mühle zur Vorratshaltung. Christa Gläser überschrieb 1992 das Mühlengut ihrem Sohn Sigurd Gläser/Pirna. Nach der Wende gelang bei Mühlenpächter G. Neuparth noch einige Jahre lang vorwiegend Schrotbetrieb für Futtermittel, aber auch Roggenmehl wurde ausgeliefert. Bei der Verabschiedung in der Mühle Wallengrün ahnten wir noch nicht, dass im Juni 1997 der

Betrieb eingestellt werden sollte. Von 1542 bis 1997 drehten sich hier die Räder und sorgten für Arbeit und Brot. Heute bewohnt Sigurd Gläser mit seiner Familie die Gebäude. Die Kleinmühle rentierte sich nicht mehr. Auf dem hohen Schornstein nistet nach wie vor ein Storchenpaar und ist seinem Standort treu geblieben.

Quellen und Literaturangaben:
siehe Verzeichnis Nr. 12, 32, 55, 92, 109, 147, 150, 162, 168 sowie Auskünfte durch persönliche Gespräche mit Mühlenpächter Günther Neuparth, Chronist Siegfried Gläser, Pausa und Fam. Gläser, Wallengrün

Besitzer und Pächter der Wallengrüner Mühle

Jobst Undeutsch	erw. 1542 gest. 1583	lt. Türkensteuerliste und Kirchenbuch Thierbach
Nickel Kemnitz	gest. 11.04.1590	lt. Kirchenbuch Thierbach
Gall Undeutsch	gest. 01.02.1619	lt. ebenda
Thomas Undeutsch	geb. 1588 gest. 1634	lt. ebenda
Gallus Undeutsch	geb. 1584 gest. 1641	lt. ebenda
Thomas Gerpitz	erw. 1626–1640	lt. Gerichtshandelsbuch Pausa
Christoph Hadlich	erw. 1643–1645	lt. ebenda
Martin Teubner	erw. 1645	lt. ebenda
Balthasar Hopf	erw. 1650–1687	lt. Robert Hiller, Pausa
Nikodemus Hopf	erw. 1687	lt. ebenda
Balthasar Hopf	erw. 1738	lt. ebenda
Nikodemus Hopf	erw. 1756 gest. 1776	lt. ebenda
Christiane Hopf, verh. Lippoldt	erw. 1776	lt. ebenda
Könitzer sen.	um 1800	lt. ebenda
H. Könitzer	erw. 1880	lt. Siegfr. Gläser, Pausa
Otto Milzer	erw. 1902–1915	lt. ebenda
Alex Schönherr	erw. –1931	lt. ebenda
Franz Gläser	erw. 1931 gest. 1962	lt. ebenda
Willy Neuparth, Pächter	erw. 1931 gest. 1951	lt. ebenda
Witwe Neuparth	erw. 1951–1955	lt. ebenda
Günther Neuparth, Pächter	geb. 1936–1997	lt. Günther Neuparth
Siegfried Gläser, Besitzer	erw. 1962–1981	lt. Gläser, Wallengrün
Christa Gläser, Besitzer	erw. 1981–1992	lt. ebenda
Sigurd Gläser, Besitzer	erw. 1992	lt. ebenda

Das Müllergeschlecht **Undeutsch** im oberen Weidatal

Oberreichenauer Mühle	Pausa Amts-/Stadtmühle	Unterreichenau Obere Mühle	Unterreichenau Zebaothsmühle	Wallengrüner Mühle
				1 Jobst Undeutsch +1583 Th.
2.1 Caspar Undeutsch +1620 Sohn von 1 (?) P.				2 Gallus Undeutsch +1619 Sohn von 1 Th.
3.2 Hans Undeutsch *1589 +1657 Sohn von 2.1 (?) P.	3.2 Hans Undeutsch *1589 +1657 (Pächter) dto. P.	3 Gallus Undeutsch *1584 +1641 Sohn von 2 P.		3.1 Thomas Undeutsch *1588 +1634 Sohn von 2 Oe.
4.1 Hans Undeutsch *1621 +1686 Sohn von 3 P.	4.1 Hans Undeutsch *1621 +1686 (Pächter) dto. P./Hi.	4 Caspar Undeutsch *1617 +1678 Sohn von 3 Hi./Oe.	4.2 Simon Undeutsch *1622 +1683 Sohn von 3 P.	
5 Hans Undeutsch *1640 +1709 Sohn von 4.1 Oe.	5.1 Caspar Undeutsch *1645 +1711 (Pächter) dto. Hi.	5.1 Caspar Undeutsch +1645 +1711 Sohn von 4 P.	5.1 Caspar Undeutsch +1645 +1711 Sohn von 4 dto. P.	
		6 Adam Undeutsch *1684 +1729 Sohn von 5.1 Oe.		
	7 Joh. Georg Undeutsch *1717 +1757 (Pächter) dto. Hi.	7 Joh. Georg Undeutsch *1717 +1757 Sohn von 6 Oe.		
		8 Johanna Christina Undeutsch +1741 +1824 Tochter von 7 verh. Liebold Oe.	8.1 Johann Siemon Undeutsch *1744 +1797 Sohn von 7 (?) P.	

Quellen:
- P. = Pausa / Sterberegister / Pausaer Heimatverein e.V./ Peter Stolzenberger
- Th. = Thierbach / Kirchenbuch / Siegfried Gläser
- Hi. = Hiller: Die Stadt Pausa und ihre nächste Umgebung
- Oe. = Oertel, Hartmut / Familienchronik

Das Müllergeschlecht **Oertel** im oberen Weidatal

Unterreichenau Obere Mühle Oertelsmühle	Weckersdorf Obere Mühle	Weckersdorf Untere Mühle	Läwitz Kesselmühle
	1 Stammvater Jobst Oertel erw. 1526 WO.		
	2 Jobst Oertel *1585 +1637 Oe.		
	3.1 Urban Oertel *1617 +1696 Sohn von 2 Sch.	3 Jobst Oertel erw. um 1640 Sohn von 2 Sch.	3.2 Thomas Oertel *1629 +1712 Sohn von 2 Oe.
			4 Jobst Oertel *1659 +1722 Sohn von 3.2 Oe.
			5 Jobst Oertel *1696 +1754 Sohn von 4 Oe.
			6 Jobst Albinus Oertel *1735 +1808 Sohn von 5 KFL.
7 Christian Friedrich Oertel *1766 +1825 Sohn von 6 Oe.			7.1 Johann August Oertel erw.1798 KP. Johann Georg Oertel *1768 +1844 Sohn von 6(?) AK.
8.1 Carl August Oertel *1803 +1866 Sohn von 7 Oe.			8 Christian Heinrich Oertel *1795 +1868 Sohn von 7 Oe.
9 Franz Ferdinand Oertel *1837 +1910 Sohn von 8.1 Oe.			
10 Oswin Oertel *1876 +1953 Sohn von 9 Oe.			
11 Gerhard Oertel *1916 +1957 Sohn von 10 Oe.			
12 Hartmut Oertel *1944 +2005 Sohn von 11 Oe.			

Quellen:
WO. = Weckersdorf / Ortschronik Heinrich Oertel
Oe. = Hartmut Oertel / Familienchronik
KP. = Kirchenbuch Pahren
AK. = Ahnentafel Kesselmühle / bei Zimmermann
Sch. = Schlegel / Dragensdorf
KFL. = Kirchenbuch Förthen / Läwitz

Die Leitlitzmühle

Ab Wallengrün führt rechts des Weidatales ein rot markierter Höhenweg nach Leitlitz. Am Grenzbach überschreiten wir die sächsisch-thüringische Grenze, also die frühere sächsisch-reußische. Etwas unterhalb bildet als linker Zufluss der Rogisbach die Landesgrenze. Von hier aus fließt die Weida noch zirka 45 km durch Thüringer Land bis zu ihrer Mündung in die Weiße Elster. Leitlitz ist ein kleines Dorf in einem Nebental, dem Lohbachtal, gelegen. Der alte Ortsname *„Leutlitz"*, der seit 1407 bekannt ist, schließt auf eine frühe slawische Siedlung. Nahe am Ziel überqueren wir die Weida auf einer mittelalterlichen, gewölbten Bruchsteinbrücke, die im Jahr 2000 erneuert wurde. Den Blick auf die Wohn- und Wirtschaftsgebäude der Leitlitzmühle haben wir hier nach einer knappen Wegstunde erreicht. Eine Richtungsänderung der Weida bot die günstige Gelegenheit zur Errichtung eines Mühlgrabens und somit zum Bau der Mühle. Nachdem sie 550 Jahre lang ratterte, liegt sie seit 1954 still. Schon 1448 hat sie hier gestanden, denn *„die Gebrüder Roder zu Kirschkau verkaufen eine Wiese zu Leitlitz vor der Mühle an der Weida gelegen."* Seinerzeit waren die Vögte von Gera Herrscher im Reußenland. Während des Deutschen Bauernkrieges kam es auch in Leitlitz und Weckersdorf 1525 zum Zusammenschluss von Bauernhaufen und sozialen Erhebungen. *„Erhard Pesserer zu Leuthlitz"* beschwerte sich beim Schleizer Amtmann Oberländer, dass ihm seine beste Kuh, 10 Eimer Bier und 2 Scheffel Korn entwendet worden seien. Aus der Familie Pesserer gingen die ersten namentlich genannten Müller der Leitlitzmühle hervor. Eine Gerichtsakte zeigte auf, dass dem Müller Hans Pesserer 1559 *„ein topf mith behr unter dass angesicht geworffen...und er mith der handt geschlagen"* wurde. Im Türkensteuerregister des Amtes Schleiz von 1592 änderte sich die Schreibweise des Namens, denn der Müller war als Hans Besser eingetragen. Zeulenrodaer Akten verzeichneten ihn letztmalig zwei Jahre später wieder als Hans Pesserer, den Leutlitzmüller.

Um 1600 begann der 200 Jahre anhaltende Familienbesitz der Liebolde in der Leitlitzmühle. Hans Liebold, ein Sohn des Starkenmüllers Thomas Liebold, war der erste von noch fünf folgenden Generationen. Die Herrschaft Schleiz vermerkte 1604 unter den 26 Steuerpflichtigen auch den Müller *„Hans Lieboldt"*. 1613 gelang es ihm sogar, zusammen mit seinem Bruder Caspar Liebold, der die Starkenmühle geerbt hatte, die Mühle seiner Vorfahren, die spätere Büchersmühle, wieder für das Lieboldsgeschlecht zu erkaufen. Die dabei entstandenen Schulden waren 12 Jahre später erst zur Hälfte zurückgezahlt. Als Pfand mussten sie ihre beiden Mühlen einsetzen. Aus der Landsteuerliste ließ sich der Viehbestand des Müllers Hans Liebold ermitteln, der mit einem Pferd und vier Kühen zu Buche stand. In all den Jahren wurde bei Liebolds auch Bier gebraut und deshalb Tranksteuer fällig. Sie benötigten dazu z.B. 1627 vier Scheffel Gerste. Im 30-jährigen Krieg (1618-1648) schnellte die Zahl der Todesfälle durch Mord und Seuchen sehr in die Höhe. Pfarrer Wendler kam 1633 durch die Gewehrkugel eines Soldaten um. Im Leitlitzer Kirchenbuch hielt sein Nachfolger fest, dass am 7. Juni 1640 *„dem Leutlitz Müller Hannßen Lubolt sein Weib"* verstarb. Eine Schilderung aus diesen Tagen finden wir in den Heimblättern 1937, Beilage zum „Reußischen Anzeiger":

„In der Leitlitz-Mühle tobte sich die Furie der Soldaten besonders aus. Wenn es eindeutig festgelegt ist, daß sie den alten Müller -man lese immer Liebold- erschlagen haben, so liegt nahe, daß auch der kurz nach dem des alten Lieboldn Tod seiner Frau und seiner Schwiegertochter die Folge von Mißhandlungen sind... Das Pfarrhaus war verwüstet und der Pfarrer mit Weib und Kindern geflohen. Erst nach seiner Rückkehr im November

konnte den Toten der Leitlitz- Mühle vom Mai und Juni die Leichenrede gehalten werden." Am Kriegsende 1648 waren von 29 Herdstätten nur 14 übriggeblieben. Trotz dieser Drangsale hielt sich die Familie Liebold noch weitere 150 Jahre lang auf der Mühle. Nun sicherte den Fortbestand laut Findbuch (1656–1670) der Leutlitzmüller Thomas Liebold ab. Heimatforscher Karl Feustel/Langenwolschendorf nannte *„Thomas Liebold, der die Mühle 1690 an seinen Sohn Jakob Liebold vererbte. Nach ihm folgten als Söhne und Erben Hans Jakob Liebold 1710, Johann Gottfried Liebold 1764 und Johann Jakob Liebold 1799. Dieser J. J. Liebold konnte seinen Besitz nicht an männliche Erben weitergeben, so dass der Name Liebold einem anderen Platz machen musste. Johann Gottlieb Marx aus der Thomasmühle bei Schleiz hatte bereits 1781 eingeheiratet... Er hatte noch zwei Brüder. Einer übernahm die Katschmühle in Weida und der andere blieb auf der Thomasmühle. Dieser wurde aber nicht alt, vererbte seinen Besitz seinem Bruder Johann Gottlieb, dem Besitzer der Leitlitzmühle. Dadurch siedelte Johann Gottlieb Marx wieder zur Thomasmühle, wo er auch starb, übergab aber vorher seinem Sohn Johann Gottlieb um 1804 die Leitlitzmühle. Sein Nachfolger war wieder ein Johann Gottlieb Marx, der 'im Flurbuch Leitlitz 1851 als Mühlenbesitzer, zu der auch eine Schneide- und Ölmühle sowie Ländereien, Wälder und Teiche gehörten, eingetragen war'. Ihm folgte Emil Gustav Marx. 1887 heiratete in die Leitlitzmühle Wilhelm Albin Streit (geb. 1865) ein. Dadurch kam der Name Streit auf die Leitlitzmühle. Albin Streit stammte aus der Riedelmühle/Kleinwolschendorf."* Er heiratete Lina Marx (1868–1923). Und wieder wurde die Leitlitzmühle von einem großen Unglück heimgesucht. Im *„Reußischen Anzeiger"* vom 20. März 1905 war nachzulesen: *„Gestern Abend in der 11. Stunde wurden unsere Anwohner durch Feuersignale erschreckt... In der Leitlitzmühle entstand auf dem oberen Boden des Wohnhauses ein Brand, welcher mit einer kolossalen Geschwindigkeit um sich griff und ehe jemand zu Hilfe eilen konnte, standen sämtliche angebauten Gebäude in Flammen. Leider waren außer den Kindern des Besitzers und einer älteren Frau niemand zu Hause und es ist als Glücksumstand zu bezeichnen, daß ein gerade vorbeigehender Mann das Feuer bemerkte und durch starkes Klopfen die betreffenden Personen aus dem Schlafe weckte... Vieh, die Schneidemühle sowie die auf der anderen Seite des Weges stehende neuerbaute Scheune konnten gerettet werden. Außer der Leitlitzer Spritzengemeinschaft waren noch diejenigen von Langenwolschendorf und Weckersdorf erschienen..."*
Bereits zwei Tage danach überführte die Polizei den unbekannten Helfer und besorgten Retter von Wertgegenständen und konnte dazu am 25. März melden: *„Es ist gelungen,... den Brandstifter der Leitlitzmühle in der Person des in Pausa wohnhaften, am 8.3. aus dem Zuchthaus entlassenen Müllers Prager aus St. Gangloff zu ermitteln. Er ist die Person gewesen, die die in der Mühle schlafenden Personen geweckt hat und sich dann am Retten beteiligte, wahrscheinlich aber, um im geeigneten Moment stehlen zu können."* Der 45-jährige Müllerbursche Prager war mehrfach vorbestraft. Er wurde mit 15 Jahren erstmals straffällig und am 9. November 1905 wegen Diebstahls und der Brandstiftung in der Leitlitzmühle zu 5 Jahren Zuchthaus verurteilt. Der Vater des Täters saß wegen einer anderen Brandstiftung ebenfalls im Zuchthaus.
Der jetzige Dreiseithof ist das Ergebnis des Wiederaufbaus von 1905/06. Links befanden sich Schneidemühle, Mahlmühle und Wohnhaus. Hinten und gegenüber lagen Stallungen und Scheunen. Der Mühlgraben kam von links erst zur Schneide- und dann zur Mahlmühle, die je ein Wasserrad mit 8 PS Leistung besaßen, floss quer über den Hof und unter der Scheune durch wieder dem Weidabett zu. Er ist heute größtenteils zugeschüttet und könnte für die Brauchwasserversorgung wieder zugänglich gemacht werden. Zur Ausrüstung der Mahlmühle gehörten ein Walzenstuhl, ein Mahl- und Schrotgang sowie die notwendigen Reinigungsgeräte. Sohn Richard Streit (1899–1953) heiratete 1922 Frieda Lätzer

(1899–1964) aus Leitlitz und übernahm die Mühle. Der als Nachfolger gedachte Sohn Alwin Streit (1923-1944) ist als junger Soldat im 2. Weltkrieg gefallen und konnte die Müllergeneration Streit nicht fortführen. Der Sägewerkbetrieb erlosch. Noch mit Wasserradantrieb mahlte die Müllerswitwe Frieda Streit 1954 das letzte Mehl. Wenige Jahre später wurde auch der Schrotgang stillgelegt. Als Frieda Streit, geb. Lätzer, 1964 starb, ging der Besitz an die Verwandtschaftslinie Lätzer – Schüler über. Der einstige Fachwerkbau wurde leider 1972 zugeputzt, vielleicht kann er später wieder sichtbar gemacht werden.
Die gesamte Ahnentafel der Familie Streit fanden wir 1995 noch in der Mühle vor, die Frau Schüler dankenswerter Weise zur Verfügung stellte.

Quellen und Literaturangaben:
siehe Verzeichnis Nr. 21, 92, 112, 128, 148, 154 sowie Auskünfte durch persönliche Gespräche mit Frau Schüler, Leitlitzmühle

Die Leitlitzmüller

Hans Pesserer	erw. 1559	lt. Thür. Staatsarchiv Greiz
Hans Besser	erw. 1592	lt. Türkensteuerregister Schleiz
Hans Pesserer	erw. 1594	lt. Stadtarchiv Zeulenroda
Hans Liebold	erw. 1604	lt. Thür. Staatsarchiv Greiz
	gest. 1640	lt. Kirchenbuch Leitlitz
Thomas Liebold	erw. 1656–1690	lt. Find-u. Kirchenbuch Leitlitz
Jakob Liebold	erw. 1690–1710	lt. Kirchenbuch Leitlitz
Hans Jakob Liebold	erw. 1710–1764	lt. ebenda
Johann Gottfried Liebold	erw. 1764–1799	lt. ebenda
Johann Jakob Liebold	erw. 1799–1804	lt. ebenda
Johann Gottlieb Marx	erw. 1781–1804	lt. ebenda
Johann Gottlieb Marx	erw. 1804	lt. ebenda
Johann Gottlieb Marx	erw. 1851	lt. Flurbuch Leitlitz
Emil Gustav Marx	erw. 1887	lt. Kirchenbuch Leitlitz
Wilhelm Albin Streit	geb. 1865–1931	lt. Einwohnerbuch 1931
Richard Streit	geb. 1899–gest. 1953	lt. Ahnentafel Schüler
Frieda Streit (Witwe)	geb. 1899–gest. 1964	lt. ebenda

Das Müllergeschlecht **Liebold** im oberen Weidatal

Unterreichenau Obere Mühle	Leitlitz Leitlitzmühle	Kleinwolschendorf Starkenmühle	Silberfeld Büchersmühle	Zeulenroda Neumühle
		1.1 Kaspar Liebold erw. 1579 ZS.	1 Müllerin in der Lieboldsmühle + 1583 Dö.	
		2 Thomas Liebold erw. 1596 - 1602 HAS.		
	3.1 Hans Liebold erw. 1604 + 1640 Sohn von 2 LK.	3 Caspar Liebold erw. 1596 - 1640 Sohn von 2 HAS.	3 und 3.1 Caspar u. Hans Liebold erw. 1613/14 dto. ZS.	
	4.2 Thomas Liebold erw. 1656 - 1690 Sohn von 3.1 LK.	4 Georg Liebold + 1654 Sohn von 3 Dö.	4.1 Hans Liebold d. Ältere * um 1600 + 1672 Sohn von 3.1 (?) Dö.	
	5.2 Jakob Liebold erw. 1690 - 1710 Sohn von 4.2 LK.	5.1 Jakob Liebold *1652 erw. 1691 Sohn von 4 Dö.	5 Hans Liebold der Jüngere *1626 + um 1700 Sohn 4.1 Dö.	
	6.3 Hans Jakob Liebold erw. 1710 - 1764 Sohn von 5.2 LK.	6.2 Hans Liebold erw. 1702 ZS.	6 und 6.1 Joh. Georg u. Jakob Liebo *1659 +1733 *1662 +173 Söhne von 5 Dö.	6 Johann Georg Liebold *1659 + 1733 dto. Dö.
7.4 Johann Jakob Liebold erw. 1758 +1782 Sohn von 6.3 (?) Oe.	7.5 Joh. Gottfried Liebold erw. 1764 - 1799 Sohn von 6.3 LK.	7.3 Georg Liebold erw. 1728 - 1745 Sohn von 5.1 Kl.	7 und 7.1 Johann Georg und Georg Heinrich Liebold *1694 +1762 *1696 erw. 1753 Söhne von 6 Dö.	7.2 Johann Heinrich Liebold *1702 erw. 1741 Sohn von 6 Dö.
	8.3 Johann Jakob Liebold erw. 1799 - 1804 Sohn von 7.5 LK.	8.1 Johann Georg Liebold erw. 1766 - 1794 Sohn von 7.3 Kl.	8 Hans Paul Liebold * 1733 erw. 1782 Sohn von 7 Dö.	8.2 Heinr. Christoph Liebold erw. 1776 - 1805 Sohn von 7.2 Dö.
		9.3 Abraham Gottfried Liebol * 1778 + 1857 Sohn von 8.1 Kl.	9 und 9.1 Johann Friedrich und Johann Gottlieb Liebold * 1765 + 1799 * 1770 + 1826 Söhne von 8 Dö.	9.2 Christian Heinrich Liebol erw. bis 1841 Sohn von 8.2 ZS.
			10 Karl Friedrich Liebold erw. 1814 - 1860 Sohn von 9 (?) ZS.	10 Karl Friedrich Liebold erw. 1841 - 1861 dto. ZS.
			11 Ernst Ferdinand Liebold erw. 1860 - 1901 Sohn von 10 (?) KS.	

ZS. = Zeulenroda Stadtarchiv
Dö. = Döhlen Kirchenbuch
HAS. = Hausarchiv Schleiz
LK. = Leitlitz Kirchenbuch
Oe. = Oertel H. / Familienchronik
Kl. = Kleinwolschendorf Kirchenbuch
KS. = Kataster Silberfeld

Die Reißigsmühle bei Weckersdorf

Eine landschaftlich reizvoll gelegene Talstraße führt von Leitlitz über die Reißigsmühle nach Weckersdorf. Die Weida fließt schnurgerade rechts daneben im Wiesengrund in ihrem 1935 begradigten Flussbett. Auf einen Kilometer Länge kommen 6,40 m Gefälle. Nach 156 m liegt sie einen Meter tiefer. In einer viertel Stunde Fußmarsch finden wir neben einem mit Gänsen und Enten bevölkerten Teich, zwischen den Waldgebieten des Pechofens und Köthenwaldes, die Reißigsmühle. Hier beginnt Weckersdorf. Oben am Waldrand guckt das Grüngut hervor. Im Volksmund heißt dieser Wald der Kettenwald, historisch um 1377 als Ketener Holz benannt. Die ärmlichen Hütten der Köhler, die Katen oder Koten, galten als Namensgeber. Ein Blick durch das große geöffnete Tor der Reißigsmühle zeigt den sauber gepflasterten Hof vor dem Wohnhaus und die mit frischen Brettern verschlagene Schneidemühle. Das Gackern der Hühner versetzt uns in eine ländliche Idylle. Gerhard Lautenschläger, der uns begrüßte, hat kein Mehl mehr gemahlen. Die Müllerei endete 1906 zu Kaiserszeiten. Der Stolz der Reißigsmühle war die mit einem Vollgatter ausgerüstete Schneidemühle. Bis 1953 war sie für ihre Kundschaft tätig. Nun stand die Landwirtschaft im Vordergrund, für den Eigenbedarf hantierte er noch gern in seinem Sägewerk. Jedoch war die Herkunft des Namens „Reißigsmühle" unbekannt. Gehen wir dieser Spur einmal nach und versuchen etwas in Erfahrung zu bringen.

Die Türkensteuerliste des Amtes Schleiz verzeichnete 1592 neben dem Leitlitzmüller auch Nickel Sachs, der 1604 als *„Nicoll Sachs Muller"* in Weckersdorf erfasst war. Als die Gemeinde 1616 eine Mannschaft wehrfähiger Einwohner für die Herrschaft Schleiz aufzustellen hatte, wurden drei Männer als Müller ausgewiesen, weil sie meist vom Militärdienst befreit waren. Im Dorf gab es also drei Mühlen. Im Kirchenbuch der Jahre 1618/48 kamen die Namen Jacob (Müller), Oertel (Ober-Müller), Militzer (Untere Mühle) und Reisig (Untere Mühle, Sachs-Mühle, Müller Jacobs Eidam) vor. Dieser Eintrag vermittelte den alten Namen Sachsmühle, woraus vermutlich die spätere Reißigsmühle entstand. 1640 sind beim Abschluss eines *„Contractes"* Hans Jacob Reisigmüller, Georg Militzer und Jacob Rüdel aus der Riedelmühle genannt worden. 1645 meldete Jobst Reißig, der Schwiegersohn des Müllers Jacob, die Geburt einer Tochter Eva in der Sachsmühle an. Hans Jacob und Jobst Reißig hatten ihre Wurzeln in der Untermühle Weckersdorf. Ende des 30-jährigen Krieges galten 17 Bauernhöfe des Dorfes als öde oder verlassen, auch der des *„Saxenmüllers Jobst Reißig"*. Laut Einwohnerverzeichnis 1675 besaß *„Jobst Reißig einen geringen halben Hof (Sachsenmühle)"*. In einer uralten Landkarte von Zeulenroda und Umgebung von 1692, angefertigt vom Richter Johann Dreßel, war die *„Rößigmühl"* eingezeichnet. Dank der Kirchenbucheinträge wissen wir, dass nach 1700 Thomas Reißig und seine Frau Eva die Müllersleute in der Reißigsmühle waren. Im Findbuch 1721/22 wurde *„Eva Reisigin uf der Reißigsmühle"* nur noch allein genannt. 1745 verstarb sie fast 60-jährig.

Um 1730 fasste die bekannte Müllerfamilie Riedel hier Fuß. Meister Just Riedel wurde sesshaft, nachdem er *„Eva, eine gebohrene Reißigin"* zu seinem Weibe machte. Nachfolger Johann Augustin erblickte 1749 das Licht der Welt. Auch August Riedel, der 1748 als Pate bei einem Riedelmüllerssohn genannt wurde, war *„Müller in der Reisigs-Mühle"*. Johann Augustin Riedel löste seinen bis 1766 erwähnten Vater ab und heiratete gegen 1772 die Jungfrau Maria Sophia Sachs aus Kirschkau. 1775 wurde Friedrich August geboren, der spätere Neumüller in Lössau. Drei weitere Söhne starben 1798 an der Ruhr. Sophia Riedelin erschien 1813 nur noch allein im Hausbuch des Bürgermeisters. Besitzer der Reißigsmühle war 1825 Meister Christian Gottlieb Riedel (1798–1864), Sohn des Lössauer Neumüllers Friedrich August Riedel. Zu Pfingsten 1849 brannte jedoch die Mühle ab. Das Feuer soll durch Überhitzung in der Ölmühle entstanden sein. Über der Haustür des heutigen Gebäudes sind C.G. Riedel und das Jahr 1849 verewigt. Mit Christiane Riedel, geb. Daßler, die als Witwe bis 1870 das Gehöft bewohnte, endete der langjährige Familienbesitz. Müllermeister Karl Häselbarth aus Auma bot im März 1872 die Reißigsmühle auktionsweise öffentlich zum Verkauf an. Durch eine Zeitungsanzeige ließ sich Größe und Ausstattung der Mühle festhalten:

Mühlen-Gut-Verkauf.

Die an dem Weidaflusse bei Weckersdorf (an der Chaussee zwischen Schleiz und Zeulenroda) belegene, vor zwanzig Jahren neu erbaute lehensfreie

„Reisigsmühle"

bestehend in Wohngebäude, Mahl-, Schneide- und holländische Graupenmühle, erstere mit 2 Mahlgängen, Nebengebäuden, Hof mit Holzplatz, Mühlgraben und Hutung, mit ca. 95 Morgen Feld-, Wiesen- und Holzgrundstücken und Teichen, soll

Donnerstag, den 21. März d. J.

früh 9 Uhr an Ort und Stelle

und unter den dabei bekannt zu machenden Bedingungen auktionsweise öffentlich verkauft werden. Die Kaufsumme kann zur Hälfte auf dem Besitzthum stehen bleiben. Darauf Reflektirende werden zum Verkaufstermine eingeladen vom]

Mühlenbesitzer

Karl Häselbarth

in Auma.

Altbürgermeister Heinrich Oertel konnte erst nach 1880 mit Friedrich Albin Steinbach einen neuen Besitzer ermitteln. 1884 erschien wieder ein Angebot im „Zeulenrodaer Tageblatt": *„Die Reisigmühle bei Zeulenroda, mit Schneide-, Knochen- und Mehlmühle, mit schwunghaftem Bäckereibetrieb, ist sofort zu verkaufen."*

Endlich erwarb Christian Friedrich Scheibe, geb. 1851, mit dem Höchstgebot von 15000,– Mark das Anwesen samt aller Ländereien. Die Kaufurkunde wurde vom Fürstlichen Notariat Schleiz am 27. März 1886 ausgestellt. Die Größe des Wohn- und Mühlengebäudes betrug *„31,40 m lang, 8,40 m breit, erbaut 1850 massiv, unten Bruchstein, oben Ziegel, 1 Giebel Fachwerk, 1 Giebel abgewalmt. Dazu moderne Mühleneinrichtung, eiserne Transmission, 2 Wasserräder, 2 Mühlgänge mit französischen Steinen, 1 ganzen und 1 halben Zylinder, 1 eisernes und 1 hölzernes Zahnrad, 1 Elevator und einen Spitzgang."* Seine Eltern wohnten ebenfalls in der Mühle, vorher im Dorf Nr. 26, bis Karl Ferdinand Scheibe das Bauerngut bewirtschaftete. 20 Jahre später wurde altershalber und wegen der Vielzahl der vorhandenen Mühlen der Mahlbetrieb eingestellt.

1913 bearbeitete der Pächter Ludwig Pichel die Landwirtschaft. Er setzte als erster Bauer der Umgebung eine moderne Getreidemähmaschine mit rotierenden Ablegerechen ein. Inzwischen hatte Martin Matthes (1888–1969) die Tochter des Müllers Scheibe geheiratet und übernahm die Arbeiten in der Schneidemühle. Die jungen Eheleute wohnten nahe der Waldbachbrücke. Ein Wasserrad mit Stahlschaufeln und 8 bis 10 PS Leistung trieb die Säge an und konnte auch den alten Schrotgang in Bewegung setzen. Ein Dieselmotor verstärkte den Antrieb. Der Mühlgraben floss durch den Hof direkt an der Haustür vorbei, die über einen Holzsteg erreichbar war. Mühlenbesitzer Martin Matthes wirkte schon um 1929 als Gemeindevorsteher und bis Kriegsende 1945 als Bürgermeister. Herbert Lautenschläger aus Leitlitz heiratete dessen Tochter Erna Matthes und zog gegen 1932 in die Mühle ein. Im 2. Weltkrieg wurde er schwer verletzt und verlor einen Arm. Deshalb musste sein Sohn Gerhard, der uns eingangs mit Ehefrau Ruth begrüßte, schon zeitig mit zupacken. Beide sind inzwischen verstorben und unser Rückblick schließt sich wieder.

Leitlitzmühle, 1995

Weidabrücke vor der Mühle, 1995

Reißigsmühle im oberen Weidatal, 1965

Lautenschlägers Schneidemühle, 1995

Quellen und Literaturangaben:
siehe Verzeichnis Nr. 19, 54, 112, 129, 130, 148, 154 sowie Auskünfte durch persönliche Gespräche mit Gerhard und Ruth Lautenschläger, Reißigsmühle, Ronny Abicht, Ortschronist Weckersdorf sowie Friedhold Hegner, ehemaliger Bürgermeister von Weckersdorf

Die Müller in der Reißigsmühle Weckersdorf

Nicol Sachs	erwähnt 1604		lt. Steuerliste Amtsbezirk Schleiz
Hans Jacob	erwähnt 1618/48		lt. Kirchenbuch Weckersdorf
Reisig (Müller Jacobs Eidam)	erwähnt 1618/48		lt. ebenda
Hans Jacob, Reisigmüller	erwähnt 1640		lt. Hausarchiv Schleiz, Hildebrand
Jobst Reißig, Sachsmühle	erwähnt 1645–1675		lt. Kirchenbuch Weckersdorf;
Thomas Reißig	erwähnt 1717		lt. ebenda
Eva Reißig (Witwe)	geboren 1686	gest. 1745	lt. ebenda
August Riedel	erwähnt 1748		lt. Kirchenbuch L.-wolschendorf
Just Riedel	erwähnt 1732–1766		lt. Kirchenbuch Weckersdorf
Johann Augustin Riedel	geboren 1749	erw.–1801	lt. ebenda
Sophie Riedelin		gest. 1813	lt. Aufzeichnung Oertel, Abicht
Christian Gottlieb Riedel	geboren 1798	gest. 1864	lt. ebenda
Christiane Riedel (Witwe),	geboren 1797	gest. 1870	lt. ebenda
Karl Häßelbarth	erwähnt 1872–1874		lt. ebenda, Reußische Blätter
Friedrich Albin Steinbach	erwähnt 1880–1885		lt. ebenda
Christian Friedrich Scheibe	geb. 1851 erw.1886–1906		lt. ebenda
Ludwig Pichel (Pächter)	erwähnt 1913		lt. ebenda
Martin Matthes	geboren 1888	gest. 1969	lt. Aufzeichnungen Hegner
Herbert Lautenschläger	erwähnt 1932-1953		lt. Gerhard Lautenschläger; Reißigsmühle

Die Untere Mühle in Weckersdorf

Nicht überall gibt es an der Weida Verbindungsstraßen von Mühle zu Mühle. Hier im oberen Weidatal benutzen wir sie. Nach 1,5 km Fußmarsch überqueren wir den Waldbach nahe der alten Försterei. Schönes klares Wasser fließt aus der Wisentatalsperre bei Lössau hier in die Weida. Von 1980 bis 1985 entstand ein Staudamm mit seinen Anlagen. Über eine Million Kubikmeter Wasser werden angestaut. Durch den Überleitungsstollen und den anschließenden Waldbach gelangen pro Sekunde 30 Liter Wasser in die Weida und damit in das Talsperrensystem.

Die Obere Mühle zu Weckersdorf, die es auch einst gegeben hat, war am Waldbach zu finden. Etwa 150 m oberhalb der Brücke standen die alten Gemäuer. Die Scheune ist erst 1947 wegen Baufälligkeit abgerissen worden. Schon 1526 war Jobst Oertel der Mühlenbesitzer. Bis in die letzten Jahre des 17. Jahrhunderts sind die Oertels in der Oberen Mühle nachzuweisen. 1755 brannte die Mühle ab, die später von 1772 bis 1794 von Nikol Görler wieder zu Gange kam. Das wechselhafte Schicksal der Oberen Mühle führte 1794 zum Bau einer Schmelzhütte, deren Pochwerk und Blasebälge durch ein Wasserrad angetrieben worden sind. Die aus den Kupfer- und Silbergruben bei Schleiz und Löhma angelieferten Erze erbrachten aber nur geringe Mengen brauchbaren Materials. Nach Einstellung des Bergbaues musste auch die Weckersdorfer Schmelzhütte am Waldbach stillgelegt werden. Der Glasmacher Andreas Gleißner aus Langendörflas in Böhmen und seine Söhne bauten 1797 mit Genehmigung des Reuß-Schleizer Grafen Heinrich XLII.
diese alte Schmelzhütte zu einer Glashütte um. In ihrer Blütezeit um 1800 arbeiteten 7 Gesellen in der Hütte für zwei Gulden wöchentlich. *„Feines Fensterglas in allen Sorten"* wurde seinerzeit im „Lobensteinischen gemeinnützigen Intelligenzblatt" angeboten. 1810 wurde die „Fürstliche Tafelglashütte in Weckersdorf" letztmalig erwähnt, als man 360 Bund Glas nach Eisenach auslieferte. 1811 entstand aus der Hütte ein Forsthaus, in dem für einige Jahre die Oberförsterei untergebracht war. Soweit der kleine Ausflug an den Waldbach.

Im Ort überqueren wir am Gasthaus „Zur Eiche" die Bundesstraße 94 und gehen gegenüber auf der gut beschilderten Dorfstraße weiter. Den alten Gasthof „Zum Weida-Tal" in der Vorstadt gibt es schon lange nicht mehr. In der gleichen Urkunde, die 1377 Wallengrün nannte, finden wir auch erstmals *„Wickerstorf"*. Auf einer Anhöhe entdecken wir das bekannte Weckersdorfer Fachwerkhaus mit seiner einzigartigen Giebelansicht. Selbstverständlich ist dorthin ein Abstecher fällig. Altbürgermeister Heinrich Oertel wusste aus dem Gebäudeversicherungskataster das Baujahr mit 1842 anzugeben. Andere Quellen verlegen die Bauzeit in die Jahre 1720–25. Da der frühere Besitzer Gottlieb Dietz von 1895 bis 1919 Bürgermeister war, kannten viele Leute den Fachwerkbau als das Bürgermeisterhaus. 1981 zierte das Dietzsche Gehöft eine DDR-Briefmarke.

In einer Viertelstunde erreichen wir am Ortsende in Richtung Förthen die dritte ehemalige Wassermühle des Dorfes, die **Untere Weckersdorfer Mühle.** Archivrat Georg Brückner schrieb 1870 in seiner „Landes- und Volkskunde des Fürstenthums Reuß jüngere Linie": *„Zur Beschaffung von Nahrungsstoffen arbeiteten im ganzen Lande 164 Getreidemühlen mit ca. 300 Mahlgängen, 166 Bäcker und Conditoren."* Die Weckersdorfer Mühlen haben dazu ihren Beitrag geleistet. Im „Lehns- und Handelbuch der Pfarrei Hohenleuben" (1558-1579/80) fand sich mit Hans Jacob, Besitzer der Untermühle bei Weckersdorf, der erste namentlich genannte Müller dieser Mühle. Archivdirektor Robert Hänsel ermittelte im Türkensteuerregister von 1592, seinerzeit aufbewahrt im Fürstlichen Hausarchiv Schleiz, neben dem Müller Jobst Oertel aus der Oberen Mühle, noch *„Eva, die untere Müllerin"*,

Weckersdorf an der Weida

Untere Mühle Weckersdorf um 1955

also die Witwe, von deren großem Vermögen über *210 alte Schock Groschen* ihre Abgaben berechnet wurden. Nachfolgend vermerkte das 1590–1596 angelegte *„Erbzinsregister der Herrschaft Schleitz“* den Müller Hans Jacob, demnach den Erben, der *„für die Mühl 4 gl 4 Pfennig zinst“*. 1619 trat er als Mühlenbesitzer mit dem Triebeser Sandmüller bei einem Gutsverkauf als Zeuge auf. 1622 zahlten die Landsteuern wiederum die Müller Jobst Oertel und Hans Jacob für *„3 Kühe, 2 jährige Kalben, 1 Kälbchen, 1 Altschwein und 2 junge“*. Eine weitere Spur führte flussabwärts. Jobst Reißig, einer der fünf Söhne des alten Läwitzer Kesselmüllers Hans Reißig, wurde anlässlich der Taufe seines Söhnleins 1631 erstmals Unterer Müller genannt. Als Pate trat sein Bruder Michael Reißig an, der die Kesselmühle geerbt hatte. Jobst Reißig, der bei weiteren Kindtaufen stets als Unterer Müller eingetragen war, starb schon 1640.

Mitte des 30-jährigen Krieges saß Just Militzer (1608–1670) in der Unteren Mühle. Auch Jobst Oertel, der jüngere, aus der Oberen Mühle wurde um 1640 Untermüller genannt. Außerdem verriet das Traubuch 1639, dass die Braut des jungen Mühlknechtes Georg Oertel schon vor der Trauung ein Kind bekam. Nach damaligem Recht waren sie *„in Unehren Zusammen kommen, auch deßwegen ein Jahr lang Verwiesen worden Ins Churfürstenthumb Zu Förda“*, zu dem Förthen und Läwitz gehörten. Zu allem Pech fand Georg Oertel 1659 einen grausamen Tod, als er in das Mühlengetriebe geriet und erdrückt wurde.

Der Müllergesell Balthasar Frantz (1634–1688) aus der Bessermühle bei Mühltroff heiratete 1667 die Müllerstochter Catharina Militzer und wurde Unterer Müller. Sein Sohn Johann Frantz (1672–1715), *„Unter Müller allhier“*, starb schon mit 43 Jahren. Nunmehr war Johann (Hanß) Frantz (1705–um 1762) herangewachsen, ehelichte 1736 *„Jungfer Anna Brücknerin“* aus Löhma, und wurde Müller auf der Unteren Mühle. Seine beiden Töchter setzten die Müller-Tradition fort. Während Maria Dorothea, geb. 1743, Jobst Albinus Oertel aus der benachbarten Kesselmühle heiratete, legte die jüngste Tochter Maria Elisabeth Frantz den Grundstein für die langanhaltende Erbfolge der Rüdigers.

Leider fehlen in vielen Kirchenbüchern die Berufsangaben. Bezeichnungen wie *„Einwohner oder Nachbar“* waren keine Seltenheit. Durch Kriegseinwirkungen (1618–1648) wurden unbrauchbar gewordene Urausfertigungen *„in oft nur wenig lesbarer Federführung“* nachgeschrieben und manche Lücke konnte nicht gefüllt werden. Laut aufgefundenem Trauvermerk vom 15. Nov. 1763 heiratete Maria Elisabeth Frantz, geb. 1746, Tochter des verstorbenen Mstr. Johann Frantz, den Zimmermann Johann Peter Rüdiger aus Oettersdorf, dessen Vater gleichen Namens Hofzimmermann in Schleiz gewesen ist. Meister Peter Rüdiger, erwähnt bis 1813, wurde als *„Erb- und eigenthümlicher Mahl- und Schneidemüller allhier“* bezeichnet. Der alte Vater starb 1767. Bis gegen 1845 hieß der Mühlenbesitzer Christian Rüdiger, der mit Eva Maria Scheibe verheiratet war. Nachfolgend war zu erfahren, dass 1846 Christian Heinrich Erdmann Rüdiger (1818–erw. 1877), Sohn des verstorbenen Mühlenbesitzers Christian Rüdiger, Christiane Henriette Schmeißer, Tochter des Läwitzer Kolbenmüllers Christian Friedrich Schmeißer, ehelichte und die Untere Mühle übernahm. Zehn Kinder bevölkerten fortan die Müllerstube. Das Flurbuch vermerkte neben der Mahl- und Schneidemühle große Holzplätze hinter der Scheune. Sohn Ferdinand Rüdiger, geb. 1854, wurde 1900 als Besitzer eingetragen. Über seiner Haustür konnte man im Torstein die Inschrift „Rüdiger 1919“ erkennen. Die Rüdigers waren geschickte Handwerker und Mühlenbauer. Doch nach über 150 Jahren riss die männliche Besitzerkette ab. Gegen 1925 kam Huldreich Heidrich (1892–1973) aus Leitlitz als Schwiegersohn ins Haus, nachdem er die Müllerstochter Lena

Mühlstein in der Kesselmühle

Rüdiger geehelicht hatte. 30 Jahre lang mahlte und schrotete er Getreide und sägte Bretter. Die Mahlmühle war rechts im Haus und die Schneidemühle im Anbau untergebracht. Zwei Wasserräder mit je 10 PS setzten den Betrieb in Bewegung. Der Mühlgraben mündete in den Mühlwiesen wieder in die Weida. Die obere Hausfront des 1853 errichteten Gebäudes war sauber mit Schiefer eingedeckt und der Giebel erstrahlte im schwarz-weißen Fachwerk. In der Mühle sorgten zwei Walzenstühle und ein Schrotgang für die in dörflichen Kleinmühlen üblichen zwei Tonnen Tagesleistung. Die Schneidemühle hatte ein Gatter mit einem Sägeblatt, konnte also immer nur ein Brett schneiden. Linker Hand befand sich eine rote Ziegelscheune und den Abschluss des Dreiseithofes bildeten Stallgebäude. Alles war wunderschön zwischen Flusslauf und Waldkante gelegen und bot ein herrliches Bild, das gut in unser Weidatal passte. Um 1955 stellte Huldreich Heidrich, der letzte Müller in der Unteren Mühle Weckersdorf, den Betrieb ein. Auch er konnte den Großmühlen und modernen Sägewerken keine Konkurrenz bieten. Georg Frommhold, der 1945 aus seiner schlesischen Heimat fliehen musste, fand hier ein neues Zuhause und heiratete Gerda Heidrich. Vater und Sohn Mario gestalteten nach der Wende das Areal vollkommen um. Scheune, Schneidemühle und schließlich auch das alte Mühlengebäude wichen einem modernen Wohnkomfort.

400 Jahre nach der Ersterwähnung gibt es die Untere Mühle in Weckersdorf nicht mehr.

Quellen und Literaturangaben: siehe Verzeichnis Nr. 1, 6, 16, 19, 36, 37, 85, 92, 148, 154 sowie Auskünfte durch persönliche Gespräche mit R. Abicht, Ortschronist Weckersdorf, Mario Frommhold, Untere Mühle Weckersdorf und Friedhold Hegner, ehemaliger Bürgermeister von Weckersdorf

Die Müller in der Unteren Mühle Weckersdorf

Hans Jacob	erw. 1558–1580		lt. Lehns- u. Handelbuch Hohenleuben; Walther Schneider
Eva, die untere Müllerin	erw. 1592		lt. Türkensteuerregister; Robert Hänsel
Hans Jacob	erw. 1596–1622		lt. Erbzinsregister Schleiz Lehns-u. Handelbuch Hohenleuben
Jobst Reißig	erw. 1631–1640		lt. Kirchenbuch Weckersdorf
Jobst Oertel, der jüngere	erw. 1640		lt. K. H. Schlegel, Dragensdorf
Just Militzer	geb. 1608	gest. 1670	lt. Kirchenbuch Weckersdorf
Balthasar Frantz	geb. 1634	gest. 1688	lt. ebenda
Johann Frantz	geb. 1672	gest. 1715	lt. ebenda
Johann Frantz	geb. 1705	um 1762	lt. ebenda
Johann Peter Rüdiger	erw. 1763	erw. 1813	lt. ebenda/nach Oertel, Abicht
Johann Christian Rüdiger		gest. vor 1846	lt. ebenda
Christ. Heinr. Erdmann Rüdiger	geb. 1818	erw. 1877	lt. ebenda
Ferdinand Gustav Rüdiger	geb. 1854	erw. 1900	lt. ebenda
Huldreich Heidrich	geb. 1892	gest. 1973	lt. ebenda

Die Kesselmühle bei Läwitz

Verlassen wir nun das schön gelegene Weckersdorf und setzen unsere Wanderung fort. Die rote Markierung des Weidatalweges weist uns links der Weida bergan in Richtung Förthen. Durch den Mühlenhof der Unteren Mühle können wir leider nicht gehen, denn der Wirtschaftsweg endet hier und verliert sich in den Wiesen am Waldesrand. Nach etwa 400 m sind wir aus dem Weidagrund heraus und haben zur rechten Seite einen weiten Ausblick in die Mühlwiesen, durch die sich die Weida, nun in nördliche Richtung fließend, der Kesselmühle entgegen windet. Vor der Güldebrücke in Sichtweite zur Fritschenmühle erreichen wir eine Kreuzung, die den Saale-Orla-Weg mit unserem Talsperrenwegesystem verbindet. Hier biegen wir rechts in Richtung Kesselmühle ab. Der Hang ist mit dunkelgrünem Fichtenwald bedeckt. Auf einer schmalen Fußgängerbrücke nahe der Güldemündung überqueren wir die Weida. Diesem kleinen Nebenflüsschen widmen wir einen kurzen Abstecher. Die Gülde entspringt bei Löhma und liefert *„silberreines, wohlschmeckendes und erfrischendes Wasser“*. An der 1902 eingefassten Quelle ist zu lesen, dass täglich 600 000 Liter Wasser hervorsprudeln, also reichlich 100 l in 15 Sekunden. Deshalb ist das Löhmaer Wasserwerk nicht weit davon entfernt. Es sollte aber noch genügend Wasser übrig bleiben, um einst acht Wassermühlen an ihrem knapp zehn Kilometer langen Verlauf antreiben zu können.

600 m unterhalb der Quelle lag die Löhmaer Rostmühle, gefolgt von der Railamühle. Göschitz bot die Dorfmühle, die Tümpfelmühle, deren Mühlstein einen Rastplatz ziert sowie die abwärts gelegene Mösermühle mit der Leuermühle an der Görlitzbachmündung. Zu Förthen gehört die Fritschenmühle. Den Schluss an der Einmündung zur Weida machte die Läwitzer Kolbenmühle. Die Kolbenmühle, die 1902 niederbrannte, wird in Aufzählungen hin und wieder als Weidamühle bezeichnet. Das mag daran liegen, dass sie zwar am linken Weidaufer stand, aber der Mühlgraben wurde von der Gülde abgeleitet. Verwachsene Dammreste lassen sich noch ausmachen. Bei Göschitz nimmt die Gülde den von der Tegauer Höhe kommenden Modelitzschbach auf, der vor Jahren noch der Tegauer Mühle seine Wasserkraft spendete. Zwischen der Güldequelle (419 m ü.NN) und ihrer Mündung (360 m ü.NN) liegen 59 m Höhenunterschied. Ausführliche Beschreibungen sämtlicher Güldemühlen findet der interessierte Heimatfreund im 2. Band mit dem Titel „Mühlen an der Auma, der Triebes, der Leuba und im Güldetal“.

Streben wir nun der nächsten Mühle zu. Auf neu angelegten Wald- und Wiesenwegen sind wir bald am Einlauf der Weida in die Vorsperre Riedelmühle. Hier stoßen wir auf den mit einem Gütesiegel ausgezeichneten Zeulenrodaer Talsperrenweg, der zum Fernwanderweg „Saaletalsperren – Ostsee“ gehört. Auch der links der Talsperren verlaufende rot gekennzeichnete Weidatalweg bringt uns auf urigen Strecken bis hinunter nach Wünschendorf. Vorerst erfreuen wir uns an einer 1994 mit Mitteln der Denkmalspflege umfassend sanierten Läwitzer Straßenbrücke, die ein wahres Kleinod geworden ist. Die Kesselmühle gehört, wie auch einst die Kolbenmühle, zu Läwitz.

Mit der über 750 Jahre alten Ortschaft haben wir es seiner Anlage nach mit einem slawischen Rundling zu tun. Die Herren von Lobdeburg sorgten später für die deutsche Besiedlung dieser Gegend, die sich bis ins 14. Jahrhundert hinzog. Vor uns liegt nun der Gebäudekomplex der Kesselmühle. Ein alter Mühlstein, der zwischen schönen Blumen an der ehemaligen Schneidemühle lehnt, ist das äußere Zeichen dafür, dass hier früher ein Mühlenbetrieb gewesen ist. Am Torstein wurde mit „Friedrich Thoß – 1921“ einer der letzten Besitzer verewigt. Der inzwischen verstorbene Heinrich Zimmermann (1927–1997), der den Landwirtschaftsbetrieb der Kesselmühle 1962 übernahm, führte uns in seinen Mühlenhof und erläuterte einige Utensilien. Ein zweiter großer Mühlstein, der unter einigen

Kesselmühlbrücke – 1994 erneuert

Kesselmühle Läwitz, 1995

fein säuberlich aufgehängten uralten Sensen an der Scheunenwand steht, ziert die Einfahrt. Das linke große Gebäude ist das Wohnhaus, in dessen vorderen Teil das Mühlenwerk untergebracht war. Am Haustürbalken sind vier Hochwassereinkerbungen angebracht. Die oberste ist 55 cm hoch und stammt aus dem Jahr 1954, als auch die Wohnstube unter Wasser stand. Die Gewölbe der Radstube für die Wasserräder befinden sich zwischen dem Mühlengebäude und der früheren Lohmühle. So wurden die Wasserräder im Winter vor starkem Frost geschützt. Selbst die alte Lagerung, *„Katzenstein"* genannt, die vom Müller mit Schafstalg als Schmiermittel eingerieben wurde und sehr nach Katzendreck roch, ist zu bestaunen. Das Wasserrad der Getreidemühle war auf einer Sechskantwelle von 0,60 m Durchmesser aufgesattelt. Eisenschaufeln von 1,30 m Breite fingen das Wasser auf. Schrot- und Schneidemühle hatten eingezapfte Wasserräder aus Eichenholz. Keines dieser Wasserräder ist mehr zu sehen. Der Mühlgraben floss quer durch den Hof unter der Scheune wieder der Weida zu. Seit 1972 ist der restliche Graben zugeschüttet. Aus den mächtigen Eichen links hinter dem Haus werden wohl keine Antriebswellen mehr entstehen.
Zum Schluss zeigte uns Heinrich Zimmermann noch eine Kostbarkeit, es war ein jahrhundertealtes, handgeschriebenes Büchlein, betitelt mit *„Eine kurze und gründliche Anweisung mechanischer Wissenschaften Insonderheit das Mühlenwerk betreffend – In kurze Frag und Antwort verfaßet"*. Hier nun eine kleine Kostprobe der 44 Fragen, die das Büchlein enthält: *„Was ist und heißet ein Getriebe? Wie wird eigentlich ein Kam Rath gemacht? Wie viel Schaufeln gehören in ein Oberschlächtiges Wasser Rad? Was ist nun ein Vorgelege? Hat den auch diese Maschine ihre gewiße Proportion? Was vor Stücke gehören zu einer Schneidemühle und wie ist eine solche beschaffen?"*
Damit versetzen wir uns zurück in das Jahr 1441, dem Jahr der ersten urkundlichen Erwähnung der zwei Läwitzer Mühlen. In seinen *„Regesten zur Orts- und Familienge-*

Untere Mühle Weckersdorf, um 1935

schichte des Vogtlandes" nannte Curt v. Raab *„das Dorf Lewitz mit zwei dabeiliegenden Mühlen, die 1441 vom sächsischen Kurfürst Friedrich an Frau Catharinen, Ritter Laurin Röders eheliche Wirtin"* entlehnt wurden. Im Lehnsbrief von 1446 wurde *„Läwitz und zwei Mühlen unterhalb des Dorfes gelegen, die eine Hempels Mühle, die andere die Gelers Mühle"* genannt.

Während aus der erwähnten Hempelsmühle vermutlich die Kesselmühle wurde, verblieb für die Gelersmühle die nahe der Güldemündung gelegene Kolbenmühle, die auch zu Läwitz gehörte. Nach derzeitigen Erkenntnissen war dort Nickel Geler als Müller ansässig. Im Lehnsbuch der Röder wurde 1534 schließlich *„Nickel Keßel unter Leybitz"* als Gläubiger aufgeführt. Weitere Vertreter dieser Familie, *„Nickel Kessel der muller und Steffan Kessel sein gut und Mohel"* enthielt das Türkensteuerregister von 1542. Sicherlich trugen sie und ihre Nachfolger zum Namen der heutigen Kesselmühle bei. Noch 1564 wurde von einer *„Mhülstadt an der Weida"* gesprochen. 1600 trat urkundlich *„Hans Reißig, der Keßellmüller"* in Erscheinung. Nach einem Rechnungsbeleg lieferte er ein Schock Bretter zu sieben Groschen für den Wiederaufbau der durch Blitzschlag 1598 abgebrannten Rödersdorfer Kirche. Die Baumstämme, die er in seiner Scheidemühle verarbeitete, kaufte er laut Schleizer Waldzinsregister auf dem Frühjahrsholzmarkt im Köthenwald. Seine Nachkommen verbreiteten sich über die Untere Weckersdorfer Mühle bis zur Reißigsmühle und gaben ihr den jetzigen Namen.

Der verstorbene Läwitzer Lehrer Heinrich Hanft war sehr heimatkundlich interessiert und beschäftigte sich auch mit der Kesselmühle. Aus Röder'schen Gerichts-, Handels- und Lehnbüchern stellte er eine Übersicht zusammen, aus der in gekürzter Form, ergänzt durch die Oertelsche Familienchronik, berichtet werden soll: *„1625 verschied Hansen Reißig, Müller in der Kesselmühle. Seine nachgelassenen Erben waren seine Hausfrau Margarethe, fünf Söhne namens Jobst, Hans, Jacob, Nicol und Michael und sechs Töchter, die da hießen Margarethe, Eva, Elisabeth, Dorothea, Maria und Anna. Aus der Erbteilungsurkunde ging hervor, daß der jüngste Sohn Michael das Mühlengut erbte und er seiner lieben Mutter und den übrigen zehn Geschwistern je 110 Alte Schock Groschen entrichten mußte. Das war für damalige Verhältnisse eine große Summe. Einer mehrseitigen Ausstattungsliste für die elf Kinder war zu entnehmen, daß die Müllerfamilie Reißig recht wohlhabend war."*

1653 heiratete Thomas Oertel (1629–1712), Sohn des Weckersdorfer Obermüllers Jobst Oertel, Margarethe Reißig, Tochter des Kesselmüllers Michael Reißig. *„1661 erhielt Thomas Oertel aus Weckersdorf den Lehnbrief über die von seinem Schwiegervater für 800 Alte Schock (á 20 Groschen) erkaufte Kesselmühle."* Damit begann in der Kesselmühle die Ära Oertel, denn der alte Müller Michael Reißig entschlief selig in der Frühe des 20. Juni 1669. Ein gerichtlicher Vermerk beinhaltete 1671 einen *„Verzicht Thomas Oertels, Müllers in der Keßelmühle gegen seinen Bruder Urban Oerteln Müllern zu Wöckersdorff."* 1682 wurde die *„Keßelmühle unter Löwitz"* vom Weidaer Amtmann des Neustädter Kreises visitiert und als Besitzer Thomas Oertel angetroffen. Bei dieser Kontrolle stellte sich heraus, dass die Abgaben nicht nach Weidischen, sondern nach *„Schlaizer Gemäß"* erfolgten und das Behältnis nur mit einem unversiegelten Schloss versehen war. Das Ziel dieser Inspektion sollte sein, die vielen unterschiedlichen Maße auf den Dresdener Scheffel abzustimmen. Nachfolger des Thomas Oertel wurde sein Sohn Jobst (Just) Oertel (1659–1722), der wiederum seinem Sohn Jobst (Just) Oertel (1696–1754) das Mühlengut vererbte.

Wie sich die Lehnsverhältnisse zur Zeit des Feudalismus auswirkten, ließen uns die Gutsherrschaften Röder 1723 wissen. *„Wir haben das Recht, wenn der Besitzer der Kesselmühle zu Lewitz stirbt, von dessen Erben das gesamte Sterbelehngeld zu 10 Prozent, desglei-*

chen bei Verkauf jetzt bemeldeter Mühle von dem Käufer das Kauflehngeld, ebenfalls 10 Prozent, zu fordern." Jobst Oertel sollte also zweimal kurz hintereinander 10 Prozent des Wertes des gesamten Mühlengutes an den Lehnsherren Röder zahlen, aber *„er will das Kauflehngeld in Güte nicht bezahlen."* Es kam nun zu einem Gerichtsprozess, den die Gemeinde gegen die Gutsherrschaft führte. Er ging durch alle Instanzen. Schließlich musste die Kurfürstliche Sächsische Kanzlei in Dresden entscheiden, da Läwitz sächsisch war. Nach etlichen Jahren kam das Ergebnis. Die Röders behielten Recht und der Kesselmüller zahlte das Lehngeld zweimal, *„weil besagte Untertanen zu Läwitz Sterbe- und Kaufgeld von undenklichen Jahren her ohne Widerrede entrichteten und die Gerichtsherrschaft solches jederzeit eingetrieben habe."* Die Lehnsherren hatten noch weitere Einnahmen wie Amtszinsen, Erbzinsen, Frongeld, Hufengeld, Jagdgeld, Kalbgeld, Kloster-Weida-Zins und Zinshafer.

Aus der Oertel'schen Familienchronik war zu erfahren, dass der Kesselmüllerssohn Jobst Albinus Oertel (1735–1808) die Tochter des Untermüllers Johann Frantz aus Weckersdorf 1760 ehelichte und nun die Kesselmühle weiterführte. Beider Sohn, Christian Friedrich Oertel, wurde bekanntlich zum Gründer des Oertelsgeschlechtes in der Oberen Mühle zu Unterreichenau. Der im Kirchenbuch Pahren 1798 als Besitzer der Kesselmühle aufgeführte Mst. Johann August Oertel sowie Johann Georg Oertel (1768–1844) mit Frau Maria Dorothea, geb. Zimmermann, waren die nun folgenden Müllersleute. Ab 1828 besaß Meister Christian Heinrich Oertel (1795–1868) die Kesselmühle. Er war der älteste Sohn des 1794 in die Oertelsmühle Unterreichenau eingeheirateten Christian Friedrich Oertel, also der Enkelsohn des alten Kesselmüllers Jobst Albinus Oertel. Seine Unterschrift fanden wir 1836 auf dem Gesellenbrief des Kolbenmüllers.

Indessen gehörte die Enklave Förthen-Läwitz von 1806 bis 1815 zum Königreich Sachsen, Amt Weida. Kurzzeitig wurde das Gebiet nach dem Wiener Kongress dem Königreich Preußen zugesprochen. Nach wenigen Monaten kam für die vom Reußenland umgebenen beiden Dörfer im Herbst 1815 der Wechsel zum V. Verwaltungsbezirk des neuen Großherzogtums Sachsen-Weimar-Eisenach im Neustädter Kreis, Justizamt Auma.

Ab 1870 war die Kesselmühle für die nächsten 100 Jahre im Besitz der Familie Thoß. Christian Friedrich Ferdinand Thoß (1840–1916) aus der Läwitzer Kolbenmühle erwarb die Kesselmühle und heiratete Ernestine Wilhelmine Oertel aus Weckersdorf. Er ließ einige bauliche Veränderungen durchführen, u.a. wurde die Radstube mit einem Lagerraum für Mehl und Getreide überbaut. Die Mahlmühle hatte einen Mahl- und zwei Schrotgänge, dazu eine Haferquetsche. Links neben der Schneidemühle versahen eine Loh- und eine Ölmühle ihre Arbeit. Raps- und Leinöl waren die Produkte der letzteren. Die Wasserräder leisteten 8 bis 10 PS. Kolbenmüller Friedrich Thoß verbrachte als Witwer seinen Lebensabend in der Kesselmühle und starb dort 1892. Der 1878 geborene Franz Richard Friedrich Thoß führte die Mühle von 1910 bis 1938. Er musste allerdings gleich 1914 als Soldat in den 1. Weltkrieg ziehen.

Ab 1910 konnte Läwitz vom Kraftwerk Auma mit elektrischem Strom versorgt werden. Nach und nach wurde die Mühle mit zwei Walzenstühlen modernisiert und der Wasserradantrieb, wenn notwendig, durch Elektroenergie unterstützt. Als nach Kriegsende 1918 der Weimarer Großherzog Wilhelm Ernst abdankte, kam Läwitz mit Bildung des Freistaates Thüringen von 1920 bis 1952 zum Kreis Schleiz. In den folgenden zirka 40 Jahren war der Rat des Kreises Zeulenroda / Bezirk Gera für die Verwaltung zuständig. So hat auch in dieser Beziehung die Kesselmühle eine wechselvolle Geschichte hinter sich.

Leonhard Oswin Thoß (1906–1977), dessen Frau, geb. Löffler, aus dem Grüngut stammte, wurde in 3. Generation ab 1938 Kesselmüller. Nachdem er 1935 in der Ebersdorfer Ruhmühle seinen Gesellenbrief erhalten hatte, bestand er zwei Jahre später die Meisterprüfung

Leonhard Thoß – letzter Kesselmüller, 1955

vor der Handwerkskammer in Gera. Bis 1962 lieferte die Mühle gutes Weizen- und Roggenmehl, wobei ein 15-PS-Motor seine Dienste tat. Gegen 1968 wurde zum letzten Mal geschrotet. Auch die Schneidemühle arbeitete nur noch begrenzt für den Privatverbrauch. Wie für viele andere Kleinmühlen kam nach hunderten von Jahren der Müllerei das Ende des Mahlbetriebes. 10 Jahre nach dem Tod des letzten Kesselmüllers Leonhard Thoß verschied auch seine Witwe und Heinrich Zimmermann erwarb das Anwesen. Er betrieb weiterhin die Landwirtschaft im Rahmen der LPG. Heutzutage sorgt Lothar Zimmermann mit seiner Familie für die Instandhaltung und Pflege des Hofes. Er gab uns dankenswerter Weise Einblick in die umfangreiche Ahnentafel, die in seinem Wohnzimmer hängt.
Mit der Reduzierung der Landkreise kam Läwitz ab 1. Juli 1994 zum Landkreis Greiz und ist Ortsteil der Stadt Zeulenroda geworden.

Quellen und Literaturangaben:
siehe Verzeichnis Nr. 24, 35, 36, 38, 95, 99, 151, 154
sowie Auskünfte durch persönliche Gespräche mit Heinrich und Lothar Zimmermann, Kesselmühle Läwitz

Kesselmühle, um 1955

Die Müller der Kesselmühle zu Läwitz

Hempel	erw. 1446		lt. Lehnsbuch Röder
Nickel Keßel	erw. 1534		lt. Lehnsbuch Röder
Steffan Kessel	erw. 1542		lt. Thür. Staatsarchiv Greiz
Hans Reißig	erw. 1600	gest. 1625	lt. Lehnsbuch Röder
Michael Reißig	erw. 1625	gest. 1669	lt. ebenda, H. Hanft
Thomas Oertel	geb. 1629	gest. 1712	lt. Familienchronik Oertel
Jobst Oertel	geb. 1659	gest. 1722	lt. ebenda
Jobst Oertel	geb. 1696	gest. 1754	lt. ebenda
Jobst Albinus Oertel	geb. 1735	gest. 1808	Kirchenbuch Förthen-Läwitz
Johann August Oertel	erw. 1798		lt. Kirchenbuch Pahren, Pf. Nestle
Johann Georg Oertel	geb. 1768	gest. 1844	lt. Ahnentafel, Kesselmühle
Christian Heinrich Oertel	geb. 1795	gest. 1868	lt. Ahnentafel, K.H. Schlegel
Chr. Friedr. Ferdinand Thoß	geb. 1840	gest. 1916	lt. Ahnentafel, Kesselmühle
Franz Rich. Friedrich Thoß	geb. 1878	erw. 1938	lt. ebenda
Leonhard Oswin Thoß	geb. 1906	gest. 1977	lt. ebenda

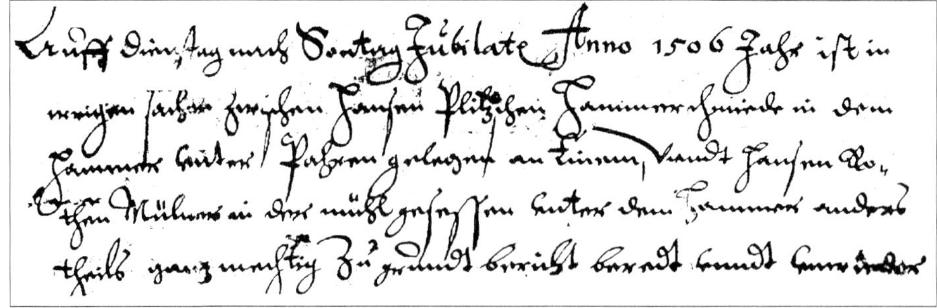

Ersterwähnung der Hammerschmiede

Die Riedelmühle bei Kleinwolschendorf

Unser blau markierter Hauptwanderweg setzt sich am rechten Stauseeufer fort. Die vor uns liegende Wasserfläche der Vorsperre Riedelmühle erreicht bei Vollstau eine Höhe von 355 m ü. NN. Etwa 0,8 Millionen Kubikmeter Wasser sammeln sich hier an. Die Anlage entstand in den Jahren 1970 bis 1973 und gehört als Vorsperre zur Talsperre Zeulenroda. Viele Wildenten, Blässhühner, Haubentaucher und Schwäne bevölkern den See. Grau- oder Fischreiher sitzen gern in den Baumwipfeln. Rechts am Hang der Pahrener Hölzer biegt der von Langenwolschendorf kommende Poetenweg ein. Weiter vorn fließt der Igelsbach fast lautlos von der sagenhaften Wüstung Igelsdorf herunter. Schon sind wir am 295 m langen Staudamm angelangt. Ab Kesselmühle bis hierher sind es rund 1,5 km.

Das Mühlengehöft der Riedelmühle lag am rechten Weidaufer, dort, wo heute der Staudamm beginnt. Einheimische Wanderfreunde erinnern sich noch gern an das Gasthaus „Waidmannstal-Riedelmühle“, in dem das Herzquell-Bier der Zeulenrodaer Eckardtsbrauerei besonders gut schmeckte. In der Vorbereitungsphase des Talsperrenbaues, am 28. September 1968, schloss die beliebte Ausflugsgaststätte von Alfred Elle nach 50-jährigem Bestehen für immer ihre Pforten. Die Lokalität, die nur wenige Schritte unterhalb des Staudammes stand, und der Mühlenbetrieb waren zwei völlig voneinander getrennte Einrichtungen. Der letzte Besitzer der Riedelmühle, Fritz Hausold, zog im Februar 1970 nach Zeulenroda, anschließend erfolgte der Abriss. Das frühere Gasthaus hingegen hatte noch eine Gnadenfrist und wurde bis zum Abbruch im Herbst 1973 von der Bauleitung genutzt.

Am 11. Oktober 1918 eröffnete seinerzeit Oskar Elle sein neu erbautes Restaurant „Weidmannstal“. (Die Schreibweise wechselte zwischen „ei“ und „ai“.) Eine Gartenhalle mit *„bengalischer Beleuchtung“* zog seit 1924 zahlreiche Ausflügler an. Zwei Jahre später wurden schon erste Feriengäste aufgenommen. 1928 und 1937 entstanden Anbauten für Fremdenzimmer. Ab 1952 bewirtschafteten Alfred und Liesbeth Elle den Betrieb. Sohn und Schwiegertochter stießen dazu. 1970 siedelte Familie Elle nach Zeulenroda um.

Der „Reußische Anzeiger“ berichtete 1928 von größeren Schlackefunden, die bei Ausschachtungsarbeiten zum Anbau an Oskar Elles Gasthaus etwa 1,60 m tief am Rande des Mühlgrabens in einer Mächtigkeit von sechs bis zwölf Metern am Hang zutage kamen. Dies erhärtete die Vermutung, dass an dieser Stelle ein mittelalterliches Hammerwerk die Wasserkräfte nutzte. Alte Flurnamen, wie „der Schmiddeberg“ und „die Schmidde“ deuteten ebenfalls darauf hin. Der urkundliche Nachweis dieser Hammerschmiede schlummerte indes in der Erbmasse der Dokumente, die von Generation zu Generation bis in die Hände des letzten Riedelmüllers Fritz Hausold gelangten. Eine mehrfach gefaltete, etwas vergilbte Akte mit der Aufschrift *„Von der Sörbitz-Mühle und Meiner“* erwies sich dazu als Fundgrube.

Die ersten Zeilen lauteten: *„Auff Dinnstag nach Sontag Jubilate Anno 1506 ist in irrigen Sachen zwischen Hansen Plitzchen Hammerschmiede in dem Hammer unter Pahren gelegen an Einem, unndt Hansen Rothen Mülners in der mühl gesessen unter dem Hammer anders theils,...“*

Beide einigten sich zu wasserrechtlichen Fragen am Mühlgraben und Wehr mit seinem Wehrpfahl, der die Stauhöhe festlegte. Der *„Contract“* fand seine Willigung u.a. durch Veit und Heintzen Röder, Melchior Quingenbergk, Heinrich von Stensdorff, Jobst v. Kaufung, Jobst v. Kospedt und *„Hans von Machwitz, undt seines Bruders, alß Lehensherrn...“* Damit waren neben der Existenz eines Hammers im Jahre 1506 auch die Namen des Ham-

Riedelmühle (mit Briefkopf), um 1900

merschmiedes und des Sörbitzmüllers genannt. Vermutlich brannte dieses Hammerwerk ab, denn anno 1553 wurde im Beisein von *„Erhardten Rüdell zu Lebitz die Lehen der brantstadt des Hammers unter wolffersdorff an der weida gelegen Hansen rüdell übergetragen."* Erwähnung fanden dabei die Gebrüder von Quingenberg. Jene Urkunde nannte die Belehnung des wüst liegenden Hammers an Hans Rüdel. Der Familienname Rüdel/Riedel war in der Umgebung schon seit ältesten Zeiten bekannt. So tauchte der Name Nikel Rudel bereits 1399 unter den Wolschendorfer Zinspflichtigen auf. Endlich wurde 1568 Michel Rüdel, Müller in Kleinwolschendorf, als Erbzinsträger *„der Pfarr Zeulroda... und Eingepfarrten Dorfschaften... verzeichnet."* Dieser Eintrag bestätigte das Vorhandensein einer Mahlmühle, nach deren Besitzern sich die Bezeichnung „Riedelmühle" einbürgerte. 1604/05 zahlten *„Michael und Jacob Rüdel, gebrüder in der Rüdelmühl"*, Steuern im Amtsbezirk Schleiz. Auch anders gelagerte Begebenheiten wurden in seitenlangen Protokollen überliefert. 1617 hieß es in einer Prozessakte, dass Peter Leidenfrosts Eheweib, 26 Jahre alt, in der Riedelmühle gemahlen hatte und Hans L. *„ihr nach den Peinen gegriffen... und sie mitt gewaldt darnieder werffen, und Unzucht mitt Ihr treiben wollen."* Der Beschuldigte schwor, dass er dieselbe nicht angerührt hätte und keine Gewalt an ihr verüben wollte.

Die folgenden 30 Kriegsjahre (1618–48) brachten Not und Elend über das Land. Schadenslisten verzeichneten, was *„abgenommen, geplündert, zerhauen und verwüstet"* worden war. Laut Kriegssteuerregister wurden *„John von Quingenbergks Underthanen zu Kleinwolffersdorff"*, darunter die Müller Jobst Rüdel und Caspar Lieboldt aus der Starkenmühle, 1636 zur Kasse gebeten. Beide Mühlen mussten 1640 auch noch Plünderungen über sich ergehen lassen. Der Riedelmüller Just (Jobst) Rüdel stellte in einer Klage fest, dass ihm neben Vieh auch Kleider und andere Mobilien abgenommen wurden. In seiner Antwort, die nur eine Woche auf sich warten ließ, bedauerte der zuständige Leutnant des in Auma einquartierten Taupadel'schen Reiterregimentes die *„begangenen Excesse"* und sicherte die *„völlige Restistution"* zu. Einen Gulden und vier Groschen erhielt *„Jacob Rüdel, Müller unter Kleinwolfframsdorff"* als Kriegssteuererlass. Der um 1615 geborene Jacob Rüdel wurde Nachfolger des im Herbst 1640 gestorbenen Jobst Rüdel, während *„Nicol Rüdel, in der Rüdelmühle"* als *„Abkäufer eines Pferdefronguths"* aktenmäßig erfasst war.

Nach einem wohl 1656 erstellten Schriftstück war *„zu wissen, daß es heute unter Tato um allerley irrungen zwischen Hanß Rothen Müllern in der Sörbß- und Jacob Riedeln in der Riedelmühle"* ging. Nach den Vorschriften der Reuß/ Geraer Mühlenordnung, die es seit 1606 gab, wurde amtlicherseits ein neuer Wehrpfahl gesetzt, der die Höhe des Wasserspiegels festlegte. Zu hoch gestautes Wasser beeinträchtigte die Fließgeschwindigkeit und damit die Drehzahl des Wasserrades der flussaufwärts gelegenen Riedelmühle. Für unerlaubte Erhöhungen der Wehre legte die Verordnung Strafen bis zu 200 Talern fest. Solche Streitigkeiten wurden im Beisein mehrerer Müllermeister der Umgebung und des Rittergutsbesitzers Günther von Bünau auf Pahren geschlichtet.

Ein 1660 angefertigtes *„Verzeigniß der jenigen Güther so frohnfrey sein in Lang unnd Kleinwolff."* verriet uns die Ausstattung der Riedelmühle mit zwei Mahlgängen und einer Schneidemühle. Ein weiterer *„Jacob Riedel, Nickel Riedels Sohn"* war im bis 1649 zurückreichenden Kirchenbuch Langenwolschendorf zwischen 1664 und 1685 mehrmals als Vater und Müller eingetragen. Sein Sohn und Hoferbe Andreas wurde am 29. November 1671 geboren. Das Kleinwolschendorfer Einwohnerverzeichnis hielt Jakob Rüdel 1675 als Besitzer eines ganzen Hofes fest. Andreas Riedel (1671–1738) lenkte in den nächsten Jahrzehnten die Geschicke der Riedelmühle. Sein Sohn wurde 1706 als *„Andreas, ein gebohrener Riedel"* im Kirchenbuch verewigt. *„Jungfrau Maria Catharina Rüdelin, Meister Andreas Rüdels, Müller auf der Rüdelmühle eheliche andere Tochter"* feierte 1722 ihre Hochzeit mit Johann Georg Franz, *„Meister Elias Franzens, Müller zu Pöllwitz eheleiblicher dritter Sohn."* Sie waren das erste Paar, das im neuen Gotteshaus zu Langenwolschendorf getraut wurde. Die Mühle hingegen übernahm Andreas Riedel (geboren 1706), der seine Frau Maria Lautenschläger in Weckersdorf fand. Nachdem vier Söhne geboren wurden, verstarb die Ehefrau. Nachfolger in der langen Kette der Mühlenbesitzer in der Riedelmühle wurde der 1739 geborene Johann David Riedel. In seiner 1766 geschlossenen Ehe wurde ein Jahr später wiederum ein Johann David geboren. Die gutnachbarlichen Beziehungen mit Müllern aus der Umgebung bezeugten die Paten Johann Georg Liebold aus der Starkenmühle und die Tochter des Meisters Johann Andreas Franz aus der Muntschmühle. Mit der Sörbitzmüllerin Maria Hirsch gab es schon 1706 eine Patenschaft.

Jener Johann David Riedel, geboren am 8. November 1767 und gestorben am 14. Juli 1850, der die Mühle 1804 übernahm, sollte der letzte Mahlmüller aus der Sippe der Riedels in der Riedelmühle zu Kleinwolschendorf sein. Nach Angaben im Schleizer Amtslehnbuch verkaufte *„1837 oben genannter Johann David Riedel mit Genehmigung seiner Ehefrau Anna Marie geb. Scheibe die Riedelmühle samt Zubehör an Heinrich August Streit und dessen Ehefrau Marie Christine geb. Hetzer aus Zeulenroda."* Der 1842 ausgestellte Lehnsbrief enthielt Auszugsbestimmungen, wie sie bei Hofübergaben damals üblich waren. Die alten Müllersleute nutzten das lebenslängliche Wohnrecht in der Mühle. Dazu kamen beträchtliche Zuwendungen an Naturalien, Feuerholz und Wäsche, die die Altersversorgung absicherten. Seine Bienenstöcke gab er auch nicht auf. Letztlich sollten nach dem Tod des Verkäufers die Kinder seiner schon verstorbenen Schwester Christiane Marie zu Zeulenroda mit 100 Talern bedacht werden. Heinrich August Streit (1809–1859) hatte Vorfahren in der Tegauer Mühle. Er und nachfolgend sein Sohn Wilhelm Gottlob bewirtschafteten die Riedelmühle von 1837 bis 1872. Zu dieser Zeit, nämlich 1848, entstand das Fürstentum Reuß jüngere Linie mit der Hauptstadt Gera aus den Fürstentümern Reuß-Schleiz, Reuß-Lobenstein-Ebersdorf sowie der Grafschaft Gera. Der Oberländische Bezirk wurde von Schleiz aus verwaltet. Mit *„Höchster Genehmigung seiner Durchlaucht des Fürsten Herrn Heinrich LXII. jüngerer Linie"* tauschte 1853 der Müller Streit zwei seiner Wiesengrundstücke gegen die dem fürstlichen Kammergut Pahren gehörende Schmidtenwiese am Mühlgraben aus. Dabei wurde ihm zugestanden, *„beim Schlämmen des Mühlgrabens den ausgeworfenen Schlamm auf die Ufer zu werfen und wegzuschaffen, wenn dem anstehenden Futter kein Schaden zugefügt wird."* Dieser alte Flurname erinnert zweifellos an die einstige Hammerschmiede, die hier gestanden hatte. Wilhelm Gottlob Streit (1841–1872) erbte nach dem Tod seines Vaters den Mühlenhof. Der 20-jährige Mühlenbesitzer fand seine Braut, Johanne Therese Schippel, Tochter des Müllermeisters Johann Gottfried Schippel, in der drei Kilometer talabwärts gelegenen Starkenmühle. 1861 fand die Hochzeit in der Kirche zu Kleinwolschendorf statt. Die dicht aneinander gedrängten Mühlen im Weidatal hatten immer wieder Sorgen um das notwendige Wasser, das sie zum Antrieb ihrer Mühlräder brauchten. Schon vor 200 Jahren war es Jacob Riedel, der Probleme mit der Wehrhöhe des Sörbitzmüllers hatte und dies im gegenseitigen Einvernehmen regelte. Der nun folgende gekürzte Aktenauszug zeigt auf, wie jeder Müller um seine Existenz ringen musste, denn ein längerer Rückstau behinderte den Betrieb der Riedelmühle.

„Am 25. September 1866 wurde erneut verhandelt. Auf einer Wiese, genannt 'die große Weide', zwischen der Riedelmühle und der Sörbitzmühle, trafen sich Wilhelm Streit und Ernst Pohland, Besitzer der Sörbitzmühle und weitere Zeugen. Man hatte sich an Ort und Stelle zusammengefunden, um den hier im Jahre 1656 eingeschlagenen eichenen, oben mit einer kupfernen Platte versehenen, sogenannten Eich- oder Wehrpfahl aufzusuchen und die Wehrrichtigkeit zu prüfen. Nahe am Mühlgrabenverschlagbaum beim Eiswehr wurde er aufgefunden. Nachdem der Wasserstand und die Höhe des Wehres in Augenschein genommen ward, fand es sich, daß das Sörbismühlenwehr nicht mehr nach der alten Rechtsurkunde von 1656 gelegt, sondern zwei Zoll höher gelegt ward. Da sich aber der Besitzer der Sörbismühle Ernst Pohland über diese der Platte zwei Zoll übersteigende Wehrhöhe mit Recht nicht auszuweisen vermochte, so wurde diese Höhe als widerrechtlich bezeichnet. Wilhelm Streit sicherte sich 'das alte Recht von 1656' auf die Weise, daß bei der ersten am Wehr vorkommenden Reparatur oder Neubau, die Wehrhöhe den bezeichneten Wehrpfahl gleichgestaltet werden muß. Beide Parteien beurkundeten dieses Protokoll durch ihre Unterschrift."

Der Riedelmüller verzichtete auf eine sofortige Korrektur des Wehres, da die nachbarlichen Beziehungen nicht allzu sehr belastet werden sollten. Als Wilhelm Streit, 31-jährig, einen Schlaganfall nicht überstand, erbte seine Witwe den gesamten Nachlass. Der kleine Sohn Alwin war beim Tod des Vaters erst sieben Jahre alt. Die junge Witwe ließ sich zwei Jahre später mit dem aus der Tegaumühle stammenden und in ihrer Mühle arbeitenden Mühlknappen Wilhelm Gustav Böttger (1849–1897), der zehn Jahre jünger als sie war, trauen. Ihr Sohn aus erster Ehe, Alwin Streit, heiratete 1887 in die Leitlitzmühle ein, während der Sohn aus zweiter Ehe, Richard Böttger (1877–1907), Erbe der Riedelmühle wurde. Wie ersichtlich, wurde er aber auch nur 30 Jahre alt. Johanne Therese Böttger (1839–1901), verwitwete Streit, geborene Schippel aus der Starkenmühle, überlebte beide Ehemänner und starb 61-jährig.

Um die Jahrhundertwende trieb es immer mehr Ausflügler in das schöne Weidatal. Dies machte sich der Müller zunutze, indem er eine Schankstube einrichtete. In einem kleinen Fachwerkanbau entwickelte sich eine regelrechte Einkehrstätte, die vorübergehend an Familie Herre verpachtet wurde. Selbst eine Brückengeldeinnahme kam erst 1919 in Wegfall. Ein Glas Milch für 25 Pfennig oder ein Eimer mit Zuckerwasser, den die Wirtsfrau neben die Holzbank vor die Haustür stellte, waren willkommene Erfrischungen für Schulklassen, die hier vorbeikamen. Bis gegen 1912 gab es die zur Mühle gehörende Schankwirtschaft, deren Name „Restauration zum Waidmannsthal" 1918 Oskar Elle aufgriff. 1913 kam wieder ein Müller ins Haus. Paul Hering (1885–1964) aus Unterreichenau heiratete die Witwe Lydia Böttger, die Besitzerin der Riedelmühle. Nach überstandenem 1. Weltkrieg (1914–18) sowie nachfolgender Inflationszeit ließ Müllermeister Paul Hering 1930 die Mühleneinrichtung mit neuen Maschinen ausstatten. Neben dem Schrotgang wurden die alten Mahlsteine durch drei Walzenstühle, nämlich einen Quetschstuhl, einen Vorschrotstuhl und einen Ausmahlstuhl, ersetzt. Der Plansichter siebte das Mahlgut. Drei oberschlächtige Wasserräder trieben das Mühlenwerk an. Ein großes Metallschaufelrad sorgte für die Mehlgewinnung, ein zweites großes Rad bewegte den Schrotstuhl und das dritte Rad war an der Schneidemühle. Die Wasseräder entwickelten Kräfte von 12 bis 15 PS. Eine Lokomobile und ein Dieselmotor, der bis 1947 seine Dienste tat, verstärkten den Antrieb. Bis zu drei Tonnen Getreide konnten täglich gemahlen werden. Der alte Erbhof mit seinen schönen Wirtschaftsgebäuden war von 46 Morgen Grundbesitz umgeben. Ein reicher Fischbestand an Forellen, Hechten, Aalen usw. tummelte sich im Flussbett.
Paul Herings einziger Sohn wurde ein Opfer des 2. Weltkrieges, ein Schicksal, das in einer Reihe weiterer Mühlen auftrat. Nach dem Tod der Ehefrau verheiratete sich der Müller schon vor Jahren mit Olga Läßker aus Pahren. Nach Kriegsende tauchten wiederholt Soldaten der Besatzungsmacht in der Riedelmühle auf. Per Lkw verschwand ein fettes Schlachtschwein. Paul Hering protestierte mutig in der Kommandantur Zeulenroda (Villa Lang) und erhielt tatsächlich eine Fuhre Briketts als Entschädigung. Eines Tages wurde der Damm seines Teiches aufgerissen und die Karpfen abgefischt. Dem Müller, der fünf Fische behalten durfte, wurde angedroht, im Keller der Sowjetkommandantur eingesperrt zu werden. Bei einer Plünderung packten die Soldaten Wäsche, Kleidungsstücke und Schmuck in ein großes Betttuch und transportierten alles ab. Von einer Eisenstange am Kopf getroffen, blieb Paul Hering bewusstlos liegen, berichtete sein Schwiegersohn.
Letzter Riedelmüller wurde der Zeulenrodaer Fritz Hausold (1921–2018), der die Müllerstochter Waltraud Hering 1947 heiratete. Seinen Meisterbrief erwarb er 1952. Fritz Hausold konnte den Mühlenbetrieb bis 1969, also 22 Jahre lang, fortsetzen. Mit einigen Hindernissen wurde 1949 der Starkstromanschluss verlegt, der den Antrieb absicherte. Bis zum Schluss drehten sich auch die Wasserräder mit, während die Schneidemühle ab 1956 ruhte. In der LPG-Zeit wurde Lohnmüllerei betrieben.
Bedingt durch den Talsperrenbau schlug 1970 die Stunde des Abrisses für das Mühlengehöft. Drei Jahre später breiteten sich die Wassermassen der Vorsperre Riedelmühle darüber aus. Die Riedelmühle hatte die Anschrift Kleinwolschendorf Nr. 23, die dort geborenen Kinder bekamen als Geburtsort Langenwolschendorf eingetragen, da die Mühle kirchlich zu dieser Gemeinde gehörte. Eingeschult wurden die kleinen Riedelmüller über viele Jahre nach Pahren.
Das Wasserrad der Riedelmühle, um 1890 mit einem Durchmesser von 2,50 m erbaut, ist im Freigelände des Museums für Wasserkraftnutzung in Ziegenrück zu sehen.

Riedelmühle – Restauration „Weidmannstal“, 1955

Vorsperre Riedelmühle – Bauzeit 1970–1973

Die letzten Tage der Riedelmühle – Mahl- und Schneidemühle

Abriss 1970

Quellen und Literaturangaben:
siehe Verzeichnis Nr. 6, 13, 19, 74, 81, 112, 114, 131, 151, 154
sowie Auskünfte durch persönliche Gespräche mit Fritz Hausold, letzter Riedelmüller, Zuarbeiten von Siegfried Müller, Langenwolschendorf und Informationen aus der Postkartenserie „650 Jahre Langenwolschendorf

Die Riedelmüller

Hans Plitzsch Hammerschmied	erwähnt 1506		lt. Urkunde in Privatbesitz; Fritz Hausold, Zeulenroda
Hans Rüdel	erwähnt 1553		lt. Thür. Staatsarchiv Greiz; R. Hildebrand, Zeulenroda
Michel Rüdel	erwähnt 1568		lt. Urkunde Regeste 130; F.L. Schmidt, Zeulenroda
Michael und Jacob Rüdel	erw. 1604-1605		lt. Steuerliste Amtsbez. Schleiz
Jobst Rüdel	erw. 1636-1640		lt. Thür. Staatsarchiv Greiz
Jacob Rüdel	erw. 1640-1656		lt. Privatakte Hausold
Jacob Riedel	erw. 1663-1685		lt. K.-buch L.-Wolschendorf
Andreas Riedel	geb. 1671	gest. 1738	lt. ebenda
Andreas Riedel	geb. 1706	erw. 1766	lt. ebenda
Johann David Riedel	geb. 1739	erw. 1782	lt. ebenda
Johann David Riedel	geb. 1767	gest. 1850	lt. ebenda
Heinrich August Streit	geb. 1809	gest. 1859	lt. ebenda, Ahnentafel Streit
Wilhelm Gottlob Streit	geb. 1841	gest. 1872	lt. ebenda
Wilhelm Gustav Böttger	geb. 1849	gest. 1897	lt. ebenda
Richard Böttger	geb. 1877	gest. 1907	lt. Zeul. Tageblatt 1907/265
Paul Hering	geb. 1885	gest. 1964	lt. Privatakte Hausold
Fritz Hausold	geb. 1921	gest. 2018	lt. ebenda

Die Sörbitzmühle bei Pahren

Ehe wir am rechten Talsperrenufer unsere Wanderung fortsetzen, gehen wir noch bis zum Überlauf der Vorsperre. Hier lässt sich gut beobachten, wie die Wassermassen in die Hauptsperre stürzen. Der Damm ist zwar nur acht Meter hoch, hat aber insgesamt ab Gründungssohle eine Höhe von fast 15 Metern. Nach etwa einem Kilometer können wir am gegenüberliegenden Ufer den ehemaligen Standort der Sörbitzmühle ausmachen, die zu Pahren gehörte. Es sind aber auch bei Niedrigwasser kaum noch Mauerreste zu erkennen. Einst konnte der Wanderer den Dreiseithof durchqueren und im Steinbachtal, in dem vor sehr langen Zeiten eine Steinmühle gewesen sein soll, nach Pahren gelangen. Vor dem Mühlengebäude führte ein schmaler Holzsteg über die Weida. Fuhrwerke mussten eine Furt benutzen, um zur anderen Seite zu kommen. Die Anfahrt war recht beschwerlich. Deshalb war wohl in den letzten Jahren die Sörbitzmühle leistungsmäßig auch etwas zurückgeblieben. Laut Pahrener Flurbuch gehörten zur Mühle noch die Weidawiesen und Mühlfelder von insgesamt 42 Hektar. Die Landwirtschaft war das zweite Standbein. Von Waltraud Pohland, der inzwischen verstorbenen Witwe des letzten Besitzers der Sörbitzmühle, Friedrich Pohland, konnten wir noch einiges über Begebenheiten, die die Mühle bis zum Ende ihres Bestehens mitmachte, erfahren. Friedrich Pohland (1907-1975) heiratete kurz nach Kriegsende 1946 die junge Umsiedlerin Waltraud Suschanka aus dem Sudetenland. Zusammen mit der Riedelmühle erhielt die Sörbitzmühle 1947 unter schwierigen Bedingungen Kraftstromanschluss, ja sogar die Lichtstromleitung wurde erst verlegt. In den Notjahren der Nachkriegszeit betrieb die Sörbitzmühle bis 1955 Lohnmüllerei. Noch bis 1958 drehte sich das Wasserrad für den Schrotgang. Dann siedelten die Müllersleute nach Pahren über und arbeiteten in der dortigen LPG. Das Mühlengebäude wurde noch bis 1959 von der Schwägerin, Frau Höfer, geborene Pohland, bewohnt. Bis zu diesem Zeitpunkt lagerten in der Scheune Heu und Strohreste. Die Schneidemühle stand seit Jahren still. In der folgenden Zeit waren die Mühle, das Wohngebäude, die Schneidemühle, Stall und Schuppen dem Verfall preisgegeben. Des Öfteren übten hier die Kampfgruppen der volkseigenen Betriebe, um, wie es damals hieß, die sozialistischen Errungenschaften verteidigen zu können. Die Ruinenreste wurden 1974 im Zuge des Talsperrenbaues abgetragen. Der Name *„Sörbitzmühle"* ist schon fast vergessen.

Der Name dieser Mühle sollte uns aber an die Besiedlung unserer Gegend durch die Sorben, Angehörige eines slawischen Stammes, im 9. und 10. Jahrhundert erinnern. Diese Siedler dürften die Gründer einer alten Wasserburg in Pahren gewesen sein. Heimatforscher Gerhard Oertel, Stelzendorf, schloss daraus, dass die dazugehörige Mühle im 11./12. Jahrhundert angelegt worden ist. Die anschließende deutsche Besiedlung erfolgte durch die Herren von Lobdeburg über ihre Linien Saalburg und Arnshaugk. So kam es, dass in Pahren zwei Rittergüter entstanden, das der Herren von Machwitz und ein zweites durch die Herren von Röder. Die Brückner´sche Landeskunde vermerkte dazu: *„Die Sörbitzmühle, östlich ½ Stunde von Pahren, an der Weida gelegen, gehört zur Gemeinde, Pfarrei und Schule zu Pahren. Sie war Eigenthum des Rittergutes in Pahren, hieß deshalb früher Herrnmühle und hatte den Mahlzwang über Pahren."* Unter Mahlzwang war zu verstehen, dass alle Pahrener Bauern ihr Getreide in der zur Herrschaft gehörenden Mühle mahlen lassen mussten. Die *„Regesten des Vogtlandes"* erwähnten eine Mühle bei Wolschendorf als Lehen Hans Röders zu Pahren, die er für 100 Gulden 1427 verkauft hatte. Mit großer Wahrscheinlichkeit war das der erste Hinweis auf die spätere Sörbitzmühle. Das Röder´sche Gut übernahmen 1462 die Herren von Machwitz. 1501 gab es beim *„dorff paren ein mull am Fischwasser an der weida"*, die im Lehnbrief als *„Rothen mull"* bezeichnet wurde.

Hans Roth hieß der Müller, der im Jahre 1506 *„in der mühl gesessen unter dem Hammer“* und einen *„Contract“* mit dem Hammerschmied Hans Plietzsch über das Einschlagen eines Wehrpfahles und die Tiefe des Mühlgrabens besiegelte. *„Das wir solches gehördt undt gesehen haben“,* bestätigte der Lehnsherr Hans von Machwitz. Fast 30 Jahre später, nämlich 1534, fanden sich Peter Roth, der jetzt der Müller war, und sein Sohn Hans beim Richter zu Langenwolschendorf ein, um die Übergabe der Mühle beurkunden zu lassen. Das Gerichts- und Handelsbuch hielt fest, *„wie Hans Roth seinem vater die mhüll under wolschendorff, die helffte umb hundert alde schok erblichen abgekaufft“* hat. Daraus ergaben sich jahrelange Zahlungen an Erbgebühren an *„Nigkel Roth auch peter Rothen son.“*
1567 erwarb die Familie von Bünau das Pahrener Gut. Laut „Türkensteuerregister der Dorfschaft Pahren“ von 1594 hieß der *„Sirbismüller“* Hans Neundorf, dessen Mühle mit 300 aßo und sein Viehbestand, zwei Kühe, drei Kälber und ein Schwein, mit 10 aßo berechnet wurde. Ein alter Schock, also ein aßo, entsprach derzeit 21 Groschen. 1597 enthielt eine Akte neben dem verstorbenen Hans Rotmüller auch *„Simon Sirbismüller unter Pahren in der Weida“.* 1604 war *„Schloter Görg, die Sierbßmuhel“* im Amtsbezirk Schleiz steuerpflichtig. Der 30-jährige Krieg brachte 1640 etliche Einquartierungen von Soldaten. Der *„Sorbsmüller Kunz Grabenstein“* (Hartenstein) hatte zwei Wachen vom Leibregiment der Hatzfeld'schen Reiter zu beherbergen, berichteten reußische Steuerlisten. 1644 konnte man den *„Serbis Müller Heinrich Wolff“* antreffen. Urkundlich bestätigte Günther von Bünau, *„daß auf der zum Ritterguthe Pahren gehörigen Wiese, die 'Große Weide' genannt, ein von eichenen Holz gemachter, dem Sörbstmühlers Wehr gegenüber,... oben mit einer Kupfernenblatte genagelter eych- oder Wehrpfahl eingeschlagen wurde.“* Dieses *„Alte Recht von 1656“* betraf den Sörbstmüller Hanß Roth und Jacob Riedel, den Riedelmüller. Als Beistand war *„Mathes Jacob, Müller zu Greitz“* zugegen, der seit 1646 als Stadtmüller fungierte. Ab 1669 stand mehrfach *„Sörbsmüller Mst. Hanß Hartenstein“* bei der Taufe seiner Kinder zu Buche. Er starb am 14. Dezember 1682. Nachdem ein Jahr später *„Hanß Hirsch, Müller allhier“* die Müllerswitwe Dorothea Hartenstein ehelichte, begann die Ära Hirsch in dieser Mühle. *„Maria Hirschin“* war seit 1702 seine zweite Frau und Söhnlein Hanß Heinrich wurde am 12. Januar 1713 geboren. Nach 30-jähriger Tätigkeit starb der Müller am 21. Mai 1713.
1715 ging das Bünau'sche Rittergut an den Schleizer Reußen Heinrich XI. über und wurde Kammergut, von dem die Mühle abhängig war. Das Kirchenbuch Pahren nannte weitere Müllerfamilien. Nach einer Unterbrechung durch Meister Hanß Freytag, erw. 1717, und den 1729 gestorbenen Pachtinhaber Georg Roth, trat Johann Heinrich Hirsch, geb. 1713 und verheiratet seit 1738 mit Maria Daßler, die Nachfolge an. Auf Johann Georg Hirsch, geb. 1744, folgte wieder ein Mst. Joh. Georg Hirsch, geb. 1766, der 1795 als *„Besitzer der eingepfarrten Sörbismühle“* galt. Der 1774 geborene Johann Heinrich Hirsch, vorerst der Mühlknappe, freite 1805 die Müllerswitwe Sophia Maria Wolfram aus der Mühle zu Görkwitz. Nunmehr begann die Lösung der Mühle aus dem Verband des Kammergutes. Christian Heinrich Hirsch, geb. 1807, heiratete 1831 Christiane Friederike Eichelkraut aus der Hammermühle. 1836, als sein Sohn Eduard geboren wurde, trat er seine Mühle an Mst. Johann Adam Pohland (1791–1863) ab, der mit Frau und Kind aus der Hainmühle Zwackau kam. Jetzt war es an der Zeit, dass 1838 die Reußen in Gera ein Gesetz über die Ablösung der Fron herausgaben. Allerdings mussten sich die Bauern davon loskaufen. Der über 100-jährige Familienbesitz der Pohlande begann und es wurde 1853 ein Gesuch um Ablösung der Lehn *„von der ihm eigenthümlich gehörigen Sörbitzmühle gegen Erlegung eines Ablösungskapitals von 39 Thaler, 5 Silbergroschen, 5 Pfennige höchsten Orts genehmigt.“* Ausgestellt war diese Urkunde von der Fürstlich Reuß-Plauischen Kammer zu Schleiz. Damit erledigte sich auch der Mahlzwang, den die einstige Kammergutsmühle

ausgeübt hatte. Pahren hatte immerhin durchweg 300 Einwohner. Nachfolger des Meisters Adam Pohland wurde sein Sohn Johann Ernst Pohland (1822–1879), der im Pahrener Kirchenbuch als begüterter Eigentumsmüller geschrieben stand. Seine Hochzeit mit der Müllerstochter Rosine Hößelbarth aus der Holzmühle zu Merkendorf wurde 1854 eingetragen.

Die Sörbitzmühle – in guten und in schlechten Zeiten

Dem Verfall preisgegeben, 1970

Ein Jahr darauf brannte ein Nebengebäude ab. Umfangreiche Festlegungen zum Thema *„Altes Wasserrecht von 1656"* zwischen dem Riedelmüller und Ernst Pohland kamen 1866 zum Abschluss. Das überhöhte Wehr der Sörbitzmühle wurde amtlicherseits moniert. Der Neubau einer Scheune konnte 1868 beendet werden. Die im Mauerwerk eingemeißelte Jahreszahl mit den Initialen E.P. belegten dies. Am Hang versteckt befand sich das Kellerhaus. In der Schneidemühle war als Balkeninschrift die Zahl 1740 zu finden. Der idyllisch gelegene Mühlsteg über die Weida wurde dank der unentgeltlichen Lieferung des Bauholzes durch die Fürstliche Hofkammer zu Schleiz in den Jahren 1867 bis 1915 mehrmals erneuert. Ernst Pohland musste sparsam wirtschaften. Er bat 1869 um Ermäßigung der Hundesteuer für seinen zweiten Hund. Jedoch übermittelte das Fürstliche Landratsamt Schleiz eine ablehnende Antwort des Fürstlichen Ministeriums zu Gera. Erbe und Nachfolger in der Mühle wurde Franz Pohland (1869–1936), der beim Tod des Vaters zehn Jahre alt war. In seine Kindheit fiel die Entstehung des Deutschen Kaiserreiches 1871, nachdem die Reußischen Fürstentümer vorher dem Norddeutschen Bund beitraten. Auch das Geld erhielt neue Namen. Mit dem Reichsmünzgesetz von 1875 wurden Mark und Pfennige eingeführt. Bisher galten im Norden *„1 Thaler zu 30 Silbergroschen"* und in den süddeutschen Staaten *„1 Gulden zu 60 Kreuzer"*. Der halbe Silbergroschen war ein „Sechser" und wer einen Pfennig gewechselt haben wollte, bekam zwei Heller. Obwohl 1914 einige Häuser in Pahren an das Elektrizitätsnetz angeschlossen wurden, war die Sörbitzmühle nach wie vor ausschließlich von der Wasserkraft abhängig. Dazu kam noch, dass der Weg vom Dorf zur Mühle *„nur unter großer Unfallgefahr"* machbar war. Daran änderte sich auch nach dem 1. Weltkrieg im Volksstaat Reuß und im Freistaat Thüringen nicht viel. 1925 entstand nochmal ein neuer hölzerner Steg über die Weida. Meister Pohland führte den Mahl- und Schneidemühlbetrieb bis zu seinem Tod 1936. Seine Witwe erhielt ein Jahr später vom Thüringischen Kreisamt Greiz die Auflage, die Krone des Wehres bis zu der angegebenen Tiefe zu senken, nachdem bereits zwei Termine in den letzten Jahren verstrichen waren. Am Beispiel der Sörbitzmühle lassen sich damit von 1506 bis 1937 urkundenmäßig die über Jahrhunderte andauernden Auseinandersetzungen um eine rechtlich abgesicherte Nutzung der Wasserkräfte belegen. Friedrich Pohland (1907–1975) übernahm als Sohn gegen 1938 den Mühlenbetrieb. Sämtliche Nahrungsmittel wurden streng rationiert. Für die Schneidemühle gab es kleinste Kontingente. Als das Ende des Krieges nahte, besetzten amerikanische Truppen am 15. April 1945 Pahren und das umliegende Gebiet. Am 2. Juli 1945 rückte die Rote Armee als Besatzungsmacht ein. Zahlreiche Flüchtlingsfamilien waren im ehemaligen Staatsgut untergebracht, das durch die Bodenreform aufgelöst wurde. In diesen Zeiten der Hungersnot zogen die Städter in Scharen aufs Land und tauschten Bettwäsche, Fahrradschläuche, Taschenuhren usw. gegen eine Tüte Mehl, ein paar Pfund Kartoffeln oder einige Eier ein. Abseits gelegene Gehöfte, darunter auch die Sörbitzmühle, wurden aus den unterschiedlichsten Gründen in den ersten Nachkriegsmonaten öfter von Armeesoldaten aufgesucht. Die alte Petroleumlampe ist erst 1947 aus der Mühle verdrängt worden, als der Stromanschluss zustande kam. Die letzten Jahre der Existenz der Sörbitzmühle schilderte uns eingangs Waltraud Pohland, die von 1946 bis 1958 als Ehefrau des letzten Müllers Friedrich Pohland dort lebte und arbeitete. Für ihren Sohn Friedrich gab es in der Mühle keine Zukunft mehr.
Zur Erinnerung an die Sörbitzmühle ist ein Mühlstein von ihr oben in Stelzendorf am Mühlendenkmal zu sehen.

Quellen und Literaturangaben:
siehe Verzeichnis Nr. 6, 13, 16, 19, 25, 39, 87, 93, 115, 154
sowie Auskünfte durch persönliche Gespräche mit Waltraud Pohland, Witwe des letzten Sörbitzmüllers. Zudem stellte Wolfgang Theilig, Zeulenroda, Urkundenmaterial zur Verfügung.

Die Müller in der Sörbitzmühle bei Pahren

Hans Röder als Lehensherr	erwähnt 1427	lt. Regesten, Curt v. Raab
von Machwitz als Lehensherr	erwähnt 1462–1567	lt. ebenda
Hans Roth	erwähnt 1506	lt. Urkunde in Privatbesitz; Fritz Hausold, Zeulenroda
Peter Roth	erwähnt 1534	lt. Thür. Staatsarchiv Greiz; R. Hildebrand, Zeulenroda
Hans Roth	erwähnt 1534	lt. ebenda
von Bünau als Lehensherr	erwähnt 1567–1715	lt. Regesten, Curt v. Raab; Chronik Pahren
Hans Neundorf	erwähnt 1594	lt. Türkensteuerregister; Robert Hänsel, Schleiz
Simon (Augstin)	erwähnt 1597	lt. Thür. Staatsarchiv Greiz; R. Hildebrand, Zeulenroda
Georg Schloter	erwähnt 1604	lt. Steuerliste Amtsbez. Schleiz; Max Frotscher
Kunz Grabenstein (Hanß Hartenstein)	erwähnt 1640	lt. Reußische Steuerliste; Gemeinde Pahren
Heinrich Wolff	erwähnt 1644	lt. Kirchenbuch Pahren; Pfarrer Nestle
Hans Roth	erwähnt 1656	lt. Urkunde in Privatbesitz; Fritz Hausold, Zeulenroda
Hans Hartenstein	erw. 1669 gest. 1682	lt. Kirchenbuch Pahren; Pfarrer Nestle
Hans Hirsch	erw. 1683 gest. 1713	lt. ebenda
Heinrich XI. Reuß u. Nachfolger Kammergut	erwähnt 1715–1918	lt. Chronik Pahren; Gemeinde Pahren 1988
Hans Freytag	erwähnt 1717	lt. Kirchenbuch Pahren
Georg Roth	erwähnt 1729	lt. ebenda
Johann Heinrich Hirsch	geboren 1713	lt. ebenda
Johann Georg Hirsch	geboren 1744	lt. ebenda
Johann Georg Hirsch	geboren 1766	lt. ebenda
Johann Heinrich Hirsch	geboren 1774	lt. ebenda
Christian Heinrich Hirsch	geboren 1807	lt. ebenda
Johann Adam Pohland	geb. 1791 gest. 1863	lt. ebenda
Johann Ernst Pohland	geb. 1822 gest. 1879	lt. ebenda
Franz Ernst Pohland	geb. 1869 gest. 1936	lt. ebenda
Friedrich Pohland	geb. 1907 gest. 1975	lt. ebenda

Die Stelzenmühle zu Stelzendorf

Die Stelzenmühle lag nur einen knappen Kilometer flussabwärts von der Sörbitzmühle entfernt. Unser Wanderweg am rechten Talsperrenufer steigt nun beträchtlich an, bis eine Wegegabelung erreicht ist. Wir folgen der blauen Markierung und überqueren nach weiteren Ab- und Aufstiegen einen früheren Fahrweg, der einst die Verbindungsstraße von Kleinwolschendorf nach Stelzendorf gewesen ist. Damals konnte man hier hinunter zur Stelzenmühle gelangen, die sich mit ihrem Mühlgraben linksseitig der Weida befand. Heutzutage wird dieser Weg durch den Stausee unterbrochen. Bald öffnen sich vom Höhenweg weite Blicke zum gegenüberliegenden Talsperrenufer. Eine Bucht, in die der Stelzendorfer Bach mündet, gibt uns den alten Standort der Stelzenmühle an. Dort unten im Grund lag das stattliche Mühlengehöft bis zu seinem Abriss 1974.
Über die Gründung der Mühle und die Erstbesiedlung des Ortes lassen sich kaum genaue Jahreszahlen nennen. Die jüngere Zeit der deutschen Besiedlung war zwischen den Jahren 800 und 1300. Ortsnamen mit der Endung -dorf schließen auf vorschreitende fränkische Siedler, die vom Orlagau her bis an die Weida das Gebiet erschlossen. Auch die Vögte von Weida, die sogenannten Heinrichinger, Vorfahren des reußischen Fürstenhauses, sorgten dafür, dass Kolonisten weidaaufwärts zogen und Dörfer anlegten. Da Nahrung und Behausung lebensnotwendig waren, fielen Dorf- und Mühlengründung meist zusammen. Die erste urkundliche Erwähnung von *„Stelczendorff mit einer Mühle und sieben Hufen Land"* wurde unter dem 20. August 1441 aufgezeichnet, in der der Kurfürst Friedrich von Sachsen die Frau des Ritters Laurin Röder, Catharine, mit Ländereien belehnte. In dieser Urkunde war auch das sächsische Läwitz mit seinen zwei Mühlen erwähnt. Fast 150 Jahre später erfuhren wir aus dem Lehnbuch der Quingenberge auf Wenigenauma (1546-1610) von der *„Belehnung des Hans Stelzenmüller mit der halben Mühle. Der junge Hans Stelzenmüller erhält die halbe Mühle von seinem Vater für 300 aßo gekaufte Mühle in Lehen. Lehngeld: 40 aß. Montag nach Judica 1582."* Im Kirchenbuch Kleinwolschendorf, das bis 1567 zurückreicht, war 1601 die Heirat des *„Michael Müller, weiland Michael Müllers in der Stelzenmühle"* eingetragen. Vater und Sohn wollten sich in den nächsten Jahren verändern und in Zeulenroda die Untere Haardtmühle kaufen, während der Schwiegersohn die Stelzenmühle bekommen sollte. Im genannten Lehnbuch wurde 1608 der fehlgeschlagene Handel niedergeschrieben:
„Die Stelzen- und Haardtmühle betreffend: Vor den Herren von Quingenberg zu Wenigen-Auma erscheinen Jacob Eyerführer zu Zickra und Hans Steltzel, Müller (Schwiegervater des Jacob Eyerführer), und dessen Sohn. Nach schwierigen und langwierigen Verhandlungen wird die Stelzenmühle dem Eyerführer für 300 aß zugesprochen. Nach diesem Kauf lässt sich Hans Steltzenmüller bei den Schrötern in Zeulenroda in einen Kauf um die Harsmühle ein. Da aber Eyerführer seinen Kaufverpflichtungen nicht nachgekommen ist, musste auch der Stelzenmüller seinen Kauf wieder aufkündigen. Folgt eine Aufstellung des dem Stelzenmüller zugefügten Schaden wegen Nichteinhaltung des Kaufs der Stelzenmühle durch Eyerführer. 1608."
Interessante Namenswandlungen aus dem Kirchenbuch von 1618-1648 zeigten auf, wie es schließlich zum eigentlichen Familiennamen kam. Es stand geschrieben *„Müller (Stelzenmühle) oder Stelzenmüller bzw. Hans in der Stelzenmühle"*. Gustav Steinmüller schrieb dazu in den Heimblättern des „Reußischen Anzeigers":
„Stelzenmüller kommt in aller Form als Familienname vor bei einem Traueintrag von 1618, nach dem Nickel Paul die Katharina Hans Stelzenmüllers, Müllers in der Stelzenmühle, Tochter, heiratet... . Aus späteren Einträgen ist aber zu schließen, daß doch wohl einfach Müller der rechte Familienname der damaligen Stelzenmüller gewesen ist."

Die Stelzenmühle im mittleren Weidatal, um 1955

Mühlendenkmal für die Sörbitz- und Stelzenmühle

Ein Kirchenbucheintrag hielt 1656 den verstorbenen *„Heinrich Müller, Steltzenmüller"* fest. Die Mühleninspektoren des Neustädter Kreises, die am 1682 die Stelzenmühle aufsuchten, bestätigten amtlich den Namen Hans Müller. Zudem stimmte sein gebrauchtes Maß fast mit dem Weidaer Amtsmaß überein. *„Im Mühlhause ist ein groser Stock, oben mit einem Blech und Vorleg Schloß verwahrt. Alleine innerhalb soll noch eine verschloßene und versiegelte Büchse seyn."* Der Müller hatte für jeden Scheffel gemahlenen Getreides einen *„Mahlgroschen"* zu hinterlegen, der als Steuer abgeführt wurde. Nachfolgend war 1685 *„Caspar Müller aus der Steltzens Mühle"* anzutreffen. Im *„Geographischen Handregister übers Amt Weida"* beschrieb der sächsische Grenzkondukteur Paul Trenckmann 1721 die Stelzenmühle als *„eine Mühle mit 2 Gängen und 1 Schneidemühl, ¼ Stunde von hier südlich an der Weyda."* Er vermerkte auch, dass meistens Korn, Gerste und Hafer zur Mühle gebracht wurde. Wie viel Mahlgänge sich eine Mühle leisten konnte, hing in erster Linie davon ab, welche Wasserkräfte zur Verfügung standen und ob es in der Umgebung genügend Kundschaft gab. Ein Mahlgang bestand im Wesentlichen aus zwei runden Mühlsteinen, dem Läuferstein und dem Bodenstein, die übereinander angeordnet waren. Die Haue, die mit dem Mühleisen verbunden war, rastete im Auge des oberen Steines ein und versetzte ihn in Drehbewegung. Die Getreidekörner wurden von oben in die Mahlbahn geschüttet und in den meist halbrund ausgearbeiteten Furchen der Steine zerrieben. Im Schrotgang war der Abstand der beiden Steine etwas weiter eingestellt, so dass die Körner grob gemahlen zu Futterzwecken Verwendung fanden.

In den nächsten Jahren fasste die benachbarte Müllerfamilie Riedel bis über 1755 hinaus auch in der Stelzenmühle Fuß. Ein Kirchenbucheintrag offenbarte die Patenschaft des *„Tobias Riedel, Müller in der Stelzenmühle"*, beim 1739 geborenen David Riedel in der Riedelmühle. 1777 hieß der Besitzer der Stelzenmühle Gottfried Weißer. Doch ein Jahr später wurde Mst. Johann Gottlieb Weißer genannt, der auch Patenschaftsbeziehungen zur Starkenmühle pflegte. Nachdem 1785 der Arbeitsbursche Carl Gottlob Weißer in Lohn und Brot stand, wurde noch 1804 vom Stelzenmüller Carl Traugott Weißer ausführlich berichtet. Gern hatte er auch Mahlgäste aus der nahen Stadt Zeulenroda, die im Fürstentum Reuß ältere Linie lag und vom Fürst Heinrich XIII. von Greiz aus regiert wurde. Die Weida war bis hinunter zur Holzmühle Grenzfluss zwischen den reußischen Ländern und dem gegenüberliegenden Neustädter Kreis, der damals noch kursächsisch war. Die Zeulenrodaer Müller besaßen nach ihrem Innungsbrief, der zuletzt 1753 bestätigt wurde, das alte hundertjährige Recht, *„kraft dessen keinem auswärtigen Müller verstattet werden soll, Mahlgetreide aus der Stadt Zeulenroda mit seinem eigenen Geschirre abzuholen, noch das Mehl wieder hinein zu schaffen, und dieses bei Strafe von fünf Meißnischen Gulden… Jedoch soll dem Bürger daselbst freistehen, sonderlich bei Wassermangel, in auswärtigen Mühlen zu mahlen, und ihr Mahlgetreide dahin zu schicken und abzuholen… Dahingegen sich aber auch die Müller zu Zeulenroda sich allen Fleißes zu bemühen haben, ihre Mahlgäste so zu fördern und zu befriedigen, daß die auswärtige Mühle zu besuchen, nicht gemüßigt werden mögen."*

Der Stelzenmüller Weißer hatte aber zahlreiche Kundschaft aus Zeulenroda, denn er tauschte das angefahrene Getreide in der Mühle gleich gegen Mehl und Kleie um, sodass Zeit und Weg eingespart werden konnten. Außerdem behielt er als Lohn nur den 24. Teil, während die Zeulenrodaer Müller den 16. Teil metzten. Es kam jedoch auch vor, dass Meister Weißer selbst mit seinem Geschirre Bäcker in der Stadt belieferte. Als er erwischt wurde, kam es zur Anzeige. Daraufhin gab Weißer ein Gesuch für die Konzession zur Ab- und Anfuhr von Getreide und Mehl ab, welches von der Greizer Regierung gegen eine jährliche Abgabe von fünf Reichstalern genehmigt wurde. Die Einwohnerzahl Zeulenrodas war bis 1804 auf 3.400 angestiegen, deshalb kamen oft wochenlange Wartezeiten vor, bis die einheimischen Müller Mehl liefern konnten. Wind- und Wassermangel taten ein Übriges. Der Stelzenmüller durfte bis 1820 in die Stadt fahren, dann wurde das Gesuch auf Betreiben der Zeulenrodaer Müller wieder aufgehoben. 1850 gehörte die Mühle nebst Zubehör der Witwe Weißer, geborene Peip. Ein Rückschlag bei der Entwicklung der Stelzenmühle trat 1865 ein. Das „Zeulenrodaer Wochenblatt“ berichtete: *„Am Morgen des 24. Dezembers früh nach 4 Uhr sind die zu der an der Weida gelegenen Stelzenmühle gehörigen Oekonomiegebäude total abgebrannt. Auch die Bedachung und oberen Theile des Wohn- und Mühlengebäudes sind zerstört, das Mühlenwerk aber erhalten. Das Feuer ist in der Scheune entstanden, die Ursachen hiervon aber noch nicht bekannt. Brandstiftung wird vermuthet.“* Einige Nebengebäude mussten neu geschaffen werden. Die Mühle befand sich derzeit im Besitz von Angehörigen der Sippe Völkel aus Hohenölsen, die das Anwesen verpachteten. Einer Zeitungsmeldung von 1870 war zu entnehmen, dass jetzt Gottlieb Hartmann als neuer Stelzenmüller fungierte, welcher *„einen Pferdeknecht und eine Viehmagd zum sofortigen Antritt suchte.“* Stelzendorf hatte damals 92 Einwohner. Die Mahlkundschaft kam auch aus den umliegenden Dörfern, so z.B. aus Zadelsdorf, das keine eigene Mühle im Weidatal hatte. Nach über 20 Jahren deutete sich ein Wechsel der Besitzverhältnisse an. Im „Zeulenrodaer Tageblatt“ vom 29. August 1893 wurde ein Mühlengutsverkauf inseriert:

Mühlenguts-verkauf.

Erbtheilungshalber soll die **Stelzenmühle,** 1 Stunde von Zeulenroda und Auma an der Weida gelegen, freihändig verkauft werden. Dieselbe besteht aus neugebauten Gebäuden, 3 Mahlgängen, einer Schneidemühle mit gut aushaltender Wasserkraft und circa 92 weimarische Acker haltenden Flächengehalt. Nähere Auskunft ertheilt

Crimla bei Weida, S.-W.

O. Völckel.

Daraufhin erwarb der bisherige Pächter Gottlieb Hartmann das Anwesen und bewirtschaftete die Mühle nebst 100 Morgen Land mit einem Fischteich bis 1902. Ältere Leute werden noch wissen, dass *„ein Morgen“* ein früher gebräuchliches Feldmaß war, welches eine Fläche bezeichnete, die mit einem Ochsenzweigespann an einem Vormittag gepflügt werden konnte. Für Preußen galt ein Morgen zu 25 Ar. Im selben Jahr kaufte Gustav Adolf Geigenmüller die Mühle und den Gutsbesitz. Die Geigenmüllers kamen aus der Lehnamühle im Elstertal bei Greiz. Der gute Zustand der Gebäude und die stattlichen 25 Hektar landwirtschaftlicher Nutzfläche gaben einen leistungsfähigen Betrieb ab. Das größere der beiden Wasserräder arbeitete mit einer Kraft von 10 bis 12 PS. Die Schneidemühle wurde mit einem modernen Vollgatter ausgerüstet und lockte Auftraggeber aus der weiteren Umgebung an. Zimmereien und Stellmacher ließen hier Eichen- und Buchenstämme bearbeiten, die selbst bis zu einem Stammdurchmesser von 1,20 m zu Pfosten geschnitten werden konnten. In einem kleinen Anbau neben der Schneidemühle war ein Dieselmotor untergebracht, der in wasserarmen Zeiten den Antrieb absicherte. Mühlenbesitzer Gustav

Die Stelzenmühle, um 1920

Adolf Geigenmüller starb am 2. Juni 1924. Er hinterließ seinem Sohn und Erben Adolf Geigenmüller einen intakten Mühlengutsbetrieb. Aus dieser Zeit stammt ein historisches Foto, welches besonders die Schneidemühle in voller Auslastung zeigt. Inzwischen wurde einer der Mahlgänge durch einen Walzenstuhl ersetzt. Statt Mühlsteine drehten sich in dieser modernen Maschine schräg übereinander liegende Hartgusswalzen, die das Mahlgut zerrieben. Die Mühle war auch hochwassergefährdet. Die breite Talaue füllte sich schnell mit Wassermassen, die des Öfteren über den Mühlteich bis in die Gebäude eindrangen. Im August 1924 riss der Wasserstrom die Weidabrücke vor der Mühle mit fort, sodass diese oft erneuert werden musste. 1953 entstand eine stabile neue Brücke, die bei niedrigem Wasserstand noch manchmal zum Vorschein kommt. Fast 30 Jahre lang konnte Adolf Geigenmüller (1892–1953) in seiner Mühle Getreide zu Mehl verarbeiten. Als er 61-jährig verstarb, war die gewerbliche Müllerei in der Stelzenmühle beendet. Noch einige Zeit sorgten die Witwe Clara G. mit ihrem Sohn, dem Landwirt Günther Geigenmüller (1927–1985), für Futtermittel zum Eigenbedarf. 20 Jahre später mussten die Gebäude dem Bau der Talsperre Zeulenroda weichen. 1975 versank der Mühlenstandort unter Wasser.
In den folgenden Jahren reifte der Gedanke, je einen Mühlstein der Stelzenmühle und der benachbarten Sörbitzmühle zu bergen, um beiden ein Denkmal setzen zu können. Im trocknen Sommer 1981, als der Wasserstand beträchtlich abnahm, wurde am ehemaligen Standort der Sörbitzmühle ein Mühlstein sichtbar und die Bergung gelang. Ein acht Meter tief unter dem Wasser gelegener Mühlstein der Stelzenmühle wurde eine Woche später von der Tauchergruppe der „Gesellschaft für Sport und Technik“ aus Greiz geortet und Stelzendorfer Einwohner zogen ihn mit Hilfe eines Traktors an Stahlseilen heraus. Bodendenkmalpfleger Gerhard Oertel schuf einen bemerkenswerten Entwurf und in 380 freiwil-

ligen Aufbaustunden entstand der Bau. Am Ortsausgang in Richtung Zadelsdorf, am Ende jener Bucht, in der etwa 800 m weiter unten bis 1974 die Stelzenmühle stand, konnte am Vorabend des 1. Mai 1983 das Mühlendenkmal von Stelzendorf eingeweiht werden. Viele Besucher erfreuten sich bereits an diesem Kleinod. Am Denkmalsockel, der aus Pahrener Knotenkalk besteht, ist unter den beiden Mühlsteinen eine Tafel mit folgendem Wortlaut angebracht:
„Zur Erinnerung an die Stelzenmühle u. Sörbitzmühle – Urkundliche Erwähnung 1441 – Abriß beider Mühlen 1974".
Dabei ist zu beachten, dass sich die Jahreszahl 1441 nur auf die Stelzenmühle bezieht. Sehr gut fügt sich diese Anlage, die schon heute einen gewissen historischen Wert hat, in das Landschaftsbild ein, das von der 1995 erbauten neuen Brücke über den Stelzendorfer Bach abgerundet wird.

Quellen und Literaturangaben: siehe Verzeichnis Nr. 13, 19, 66, 83, 86, 95, 99, 101, 111, 112, 132, 148, 151
sowie Auskünfte durch persönliche Gespräche mit Gerhard Oertel, Ortschronist von Stelzendorf

Die Stelzenmüller

Hans Stelzenmüller (Vater u. Sohn)	erwähnt 1582	lt. Lehnbuch der Quingenberge; Stadtarchiv Zeulenroda
Michael Müller (Vater u. Sohn)	erwähnt 1601	lt. Kibu Kleinwolschendorf; Pfarrer Meyer
Hans Steltzel (Vater u. Sohn)	erwähnt 1608	lt. Lehnbuch der Quingenberge; Stadtarchiv Zeulenroda
Hans Stelzenmüller	erwähnt 1618	lt. Kibu Kleinwolschendorf
Heinrich Müller	erwähnt 1656	lt. Kirchenbuch Dreitzsch
Hans Müller	erwähnt 1682	lt. Mühleninspektion 1682
Caspar Müller	erwähnt 1685	lt. Kirchenbuch Döhlen
Tobias Riedel	erwähnt 1739-1755	lt. Kibu Klein.-wo/Weckersdf.
Gottfried Weißer	erwähnt 1777	lt. Kibu. Zadelsdorf
Johann Gottlieb Weißer	erwähnt 1778	lt. Kibu Kleinwolschendorf
Carl Gottlob Weißer	erwähnt 1785	lt. Mitteldeutsche Familienkunde
Carl Traugott Weißer	erwähnt 1804	lt. Reuß. Anzeiger, Heimbl.1929
J. Chr. Friedericke Weißer	erwähnt 1850	lt. Steuerkataster Stelzendorf
Gottlieb Hartmann	erwähnt 1870	lt. Zeul. Wochenblatt 1870/52
O. Völkel (Besitzer)	erwähnt 1893	lt. Zeul. Tageblatt 1893/199
Gottlieb Hartmann	erwähnt 1893-1902	lt. Reuß. Anz., Heimbl. 1944
Gustav Adolf Geigenmüller	erwähnt 1902 gest. 1924	lt. Auskünfte:
Adolf Geigenmüller	geboren 1892 gest. 1953	Lothar Wittig, Zeulenroda

Die Starkenmühle bei Kleinwolschendorf

Vom Ausblick auf die Stelzendorfer Bucht erreichen wir in wenigen Minuten den ehemaligen Standort der Starkenmühle. Der rechte Uferweg führt leicht bergab. Gegenüber ist das vorwiegend in den Jahren 1975 bis 1980 erbaute Bungalowdorf Zadelsdorf auszumachen, zu dem auch ein Strandbad gehört. In einer Senke stoßen wir auf den von Kleinwolschendorf kommenden Feldweg, der zu der zum Dorf gehörenden Starkenmühle führte, die im Stausee verschwunden ist. Einst schmiegte sich die Fachwerkfront des Wohnhauses am Talhang an. Rechts neben der Toreinfahrt streckte sich nach hinten ein langgezogenes Stallgebäude. Die Mahlmühle schloss sich übereck links am Wohnhaus an. Vor den folgenden Scheunen und Schuppen fügte sich die Sägemühle ein. Hier floss der Mühlgraben. Die Grund- und Erdgeschossmauern bestanden deshalb aus massiven Bruchsteinen. Den Abschluss am Durchgang zur Wiese bildete eine große Scheune, deren Wetterseite mit Brettern verschlagen war. Über den Kuhställen wurden Schlafkammern untergebracht, die die Stallwärme ausnutzten. Meist lebten dort die Großeltern oder Müllergesellen und das Gesinde. Die Dächer der Hauptgebäude waren mit hellgrauem Schiefer eingedeckt, auf dem gelbgrüne Flechten schimmerten. Der kühle Vorratskeller musste als Stollen in den Hang getrieben werden, weil der Grundwasserspiegel zu hoch war. Das Trinkwasser spendete ein Brunnen, während der Mühlgraben genügend Brauchwasser bot. Insgesamt zeigte sich der Vierseithof der Starkenmühle als ein für unsere Gegend typischer mitteldeutscher Bauernhof.

Vom *„Müller unter Wolffersdorff“*, Caspar Starken, hörten wir erstmals 1549 im Lehnbuch der Röder, das sich im Hausarchiv Schleiz befand. Nach einer Erbschaftsaufstellung hinterließ die alte Töltzin ihren Beiständen Caspar Starken und Erhart Töltzen eine Kiste und zwei Laden mit ihren Habseligkeiten. Die Gründungszeit der Starkenmühle lag sicher weiter zurück und fiel etwa mit der Ortsgründung von Kleinwolschendorf zusammen. Dem Lehensbuch des *„Stolanus Röder Zcu Burckerßdorff“* war zu entnehmen, wie seinerzeit die Übernahme einer Mühle vom Vater zum Sohne vor sich ging. 1560 verkaufte der alternde Caspar Starcke die halbe Mühle an seinen Sohn Georg. Zunächst übergab er *„seine mhül die helfftt“* an den Lehensherren bis sie Georg Starcke *„auff seyne vleyssige Bithe mit aller ihrer gerechtigkeit nutz und gebrauch wie hievorn dorauff gewesenn Soviel von myr Zcu lehen rürett Zcu rechtem erbkauffe gelihen“*, also leihweise vom Obereigentümer überlassen wurde. Georg Starcke legte einen Treueeid ab *„in aller maß wie eynem fromen lehnmanne Zcustehett undertheniglich erczeigen sol.“*

Die 1567 begonnenen Aufzeichnungen im Kleinwolschendorfer Kirchenbuch zeigten 1570 die Geburt Georg Starckmüllers an. Akten des Stadtarchivs Zeulenroda vermerkten 1591 Hans Starckmüller und 1595 Georg Starck an der Weida. Im gleichen Zeitraum wurde der Müller Kaspar Liebold im Zeulenrodaer Zins- und Geschossregister des Jahres 1579 geführt. Nach dem Türkensteuerregister von 1593 musste der Müller Liebold *„auf der Mühle unter Klein Wolffersdorff“* für seinen Besitz von über 200 aßo die Steuern entrichten. Möglicherweise hatte Liebold eingeheiratet und die Mühle schon zu Starckes Lebzeiten übernommen. 1596 wurde über Irrungen berichtet, die sich zwischen Emanuel von Sparnbergk zu Zadelsdorf sowie Thomas und Caspar Liebold, Vater und Sohn in der Starkenmühle, zugetragen hatten. Zu beklagen war Schaden, den der Wehrbau verursachte. Die auf reußischer Seite gelegene Mühle unterstand dem Obergericht Schleiz, der Wasserlauf und Sparnbergks Wiese waren aber sächsisches Lehen. So brachte die Weida als Grenzfluss so manches Problem. *„Caspar undt Hanns Lieboldt, gebrüder in der Starken- undt Leudliz Mühl“*, borgten 1613 bei Jobst von Kospoth zu Langenwolfersdorf 500 Gulden, um die Mühle ihrer Vorfahren, die im Amt Weida gelegene frühere Liebodsmühle

(Büchersmühle), wieder erwerben zu können. Der Kauf wurde 1614 bestätigt und Angehörige der Lieboldsfamilie bewirtschafteten das Anwesen. Um Zinsangelegenheiten ging es bei *„Caspar Lieboldt, Müller unter Kleinen Wofersdorf“,* in einem Schreiben aus dem Jahre 1625. Weitere Abgaben für ihn wurden im Kriegssteuerregister 1636 mehrmals registriert. Da er bei Plünderungen großen Schaden erlitten habe und einige Stück Vieh neu anschaffen müsse, bat der Müller darum, ihm diese *„Contributionen“* zu erlassen. Tatsächlich enthielt die Liste über *„Außgabe Geldt“* 1640 für Caspar Lieboldt Rückerstattungsbeträge.
Am Ende des 30-jährigen Krieges hieß der Starkenmüller Georg Liebold. Er war seit 1651 mit Katharina Wolff aus Döhlen verheiratet, starb aber schon 1654. Drei Jahre später ehelichte die junge Witwe Lieboldin den Meister Michael Dölz. Die *„frohnfreye Starcken-Mühl“* hatte sich gut entwickelt. In ihr ratterten 1660 zwei Mahlgänge, dazu eine Schlagmühle, die ölhaltige Samen auspresste und eine Lohmühle. Nebenan wurden in der Schneidemühle Baumstämme zu Balken und Brettern zersägt. 1660 erbte Dölz, der aus Wenigenauma stammte, die Starkenmühle. Die Tochter Margaretha Dölz, geboren 1661 in der Starkenmühle, wird auch wieder Liebold heißen. Sie wurde 1687 die erste Frau des Meisters Johann Georg Liebold (1659-1733) aus der Büchersmühle/Steinmühle. Schließlich war 15 Jahre nach der Übernahme der Mühle durch Michael Dölz laut Einwohnerliste von Kleinwolschendorf Kaspar Müller 1675 Besitzer des ganzen Hofes der Starkenmühle, während Dölz und er selbst außerdem noch halbe Höfe im Dorf ihr Eigen nannten. Einige Grundstücke, die zur Mühle gehörten, lagen gegenüber auf der Zadelsdorfer Seite im sächsisch-neustädtischen Gebiet, andere gehörten zur Zeulenrodaer Stadtflur. Die Flurgrenze zwischen Kleinwolschendorf und Zeulenroda war aber gleichzeitig Landesgrenze zwischen den damaligen Grafschaften Reuß-Schleiz und Reuß-Obergreiz. Kaspar Müller und Jakob Liebold, beide Starkenmüller, hatten in den folgenden Jahren öfters Scherereien wegen ihrer auswärtigen Felder und Wiesen. *„Hans Müller von der Starkenmühle“* zahlte deshalb 1691/92 Bürgerrechtsgebühren beim Zeulenrodaer Stadtkämmerer, um seine Rechte wahrnehmen zu können. Ähnlich erging es 1702/03 Hans Liebold, dem gewesenen Starkenmüller, der wegen einer zu Zeulenroda gehörigen Wiese Steuern, sogenanntes Abzugsgeld, zahlen musste. *„Meister Georg Liebold, Müller in der Starkenmühle, weiland Jacob Liebolds auch gewesenen Müllers in der Starkenmühle, hinterlassener einziger Sohn, ein lediger Gesell...“* heiratete 1728 Maria Vogel aus Zadelsdorf. 1745 begann er als Witwer eine zweite Ehe. Sein Sohn Johann Georg Liebold, verh. mit Maria Geiler aus Göttendorf, wurde ab 1766 als Starkenmüller verzeichnet. Ihm folgte Stammhalter Abraham Gottfried Liebold (1778–1857). So wie die kursächsische Stelzenmühle um Zeulenrodaer Kundschaft bemüht war, hatte auch Meister Liebold, der Schleizer Untertan war, gute Beziehungen zur Stadt. Der Artikel 9 des alten Zeulenrodaer Innungsbriefes besagte, dass auswärtige Müller nicht mit eigenem Gespann Getreide abholen und Mehl liefern durften. Darüber wachten die Zeulenrodaer Müller, die dafür Aufpasser hatten, sehr genau. Trotzdem wurden nachts solche Geschäfte abgewickelt. Mittlerweile brach die Kriegszeit an und die französische Armee überrannte die deutschen Lande. Am 8. Oktober 1806 kam es in Oettersdorf bei Schleiz zu einem Vorgefecht, ehe die preußisch-sächsischen Heere bei Jena-Auerstedt eine große Niederlage erlitten. In Kleinwolschendorf erschien plötzlich eine französische Versorgungsstreife von sechs Mann, die Vieh abforderte. Als es zum Handgemenge kam, wurden fünf Franzosen und der Bauer Johann Samuel Hetzer getötet. Einer der Franzosen entkam schwer verwundet in Richtung Starkenmühle. Dort wurde er vom Starkenmüller gestellt, aber wegen seines Zustandes laufen gelassen. Die befürchteten Repressalien blieben aus. Der Pfarrer hielt fest, dass *„der Einwohner und Bauer Johann Samuel Hetzer von einem vorgeblich zum französischen Heer gehörigen Krieger...*

nach kurzem Wortwechsel am 15. Oktober 1806 auf dem Gemeindeplatz durch einen Schuß, welcher durch die Brust ging, schnell getötet wurde.“ 100 Jahre später, so berichtete der „Reußische Anzeiger“, fand am Grabe des erschossenen Bauern Hetzer auf dem Friedhof in Kleinwolschendorf eine Gedenkfeier statt. Die Grabstätte der Franzosen war der sogenannte Franzosenhügel zwischen Kleinwolschendorf und Zeulenroda. Ein Lehnbrief nannte 1815 *„die anhergehörige Starkenmühle (Reuß jüngere Linie) mit dazugehöriger Schmiede, Lohe und Schlagmühle...und alle anderen Zugehörungen... der Wiese und zwei Teiche zwischen Mühlgraben und der Weide, mit einem Wort, alles was geht, steht und liegt...“* Im Stampfwerk der Lohmühle wurde gerbsäurehaltige Baumrinde, hauptsächlich von Buchen, Eichen und Fichten, zerkleinert. In der Schlag- oder Ölmühle standen schwere Holzstampfen im Kellerraum nebeneinander in einem Gestell. Durch die Antriebswelle wurden sie abwechselnd gehoben und fielen mit viel Getöse wegen ihrer eigenen Last von etwa ½ Zentner wieder herunter auf die Ölsaaten und zerquetschten sie. Aus Raps und Leinsamen gewann man die pflanzlichen Öle.

Abraham Gottfried Liebold nahm 1836 an der feierlichen Überreichung eines Gesellenbriefes, des „Knechtzettels“, bei Schmeißers in der Kolbenmühle teil. Solch ein Anlass war stets mit einer besonderen Zeremonie verbunden. Nachdem vom Altgesellen Sitten, Gebräuche und Handwerksgewohnheiten kundgetan wurden, legte der Lehrjunge sein Gelöbnis ab. Der Willkommenstrunk *„mußte in drei Zügen geleert und mit aller Reverenz wieder auf den Tisch gesetzt werden.“* Die Veranstaltung endete mit dem Brüderschaftstrinken zwischen den Gesellen und Arbeitsburschen. Der neue Geselle durfte keinesfalls etwa *„durch Übergeben oder sonsten unhöflich auffallen.“* 1847 wurde neben Abraham Gottfried Liebold und seiner Frau Christine Sophie auch der aus der Knottenmühle bei Nitschareuth stammende Meister Ferdinand Steiniger Mitbesitzer der Starkenmühle. Dieser verstarb aber bereits 1850 bei einem Unfall im Wald. Daraufhin verkauften die Müllersleute noch in demselben Jahr das gesamte Mühlengut an Johann Gottfried Schippel (1803–1885) aus Trockenborn-Wolfersdorf. Die Ära der Liebolde in der Starkenmühle, die im Jahre 1579 dort erstmals genannt wurden, fand ein Ende.

Für Gottfried Schippel, der bisher Besitzer einer Hälfte der Rothenhofsschneidemühle war, bot sich demnach eine günstige Kaufgelegenheit. Landwirtschaft und Mühle erfuhren fortan einen gewissen Aufschwung. Durch den Erwerb von Grundstücken vergrößerten sich die Felder und Wiesen nach und nach auf 84 Morgen, die auch genügend Weideflächen für Rinder und Pferde boten. Die Jahreszahl 1860 im Torstein wies wohl auf die Übernahme des Hofes durch Sohn Johann Heinrich Schippel (geb. 1833 in der Rothenhofsmühle, gest. 1893 in der Starkenmühle) hin. 1859 bot Gottfried Schippel in der Zeitung noch gute Roggenkleie à Viertel zu 13 ½ Silbergroschen an, aber 1863 war es Heinrich Schippel, der inserierte und 50 Scheffel Roggenkleie verkaufen wollte. Johanne Therese, die 1839 geborene Tochter von Gottfried und Johanne Christiane Schippel, geb. Eisenschmidt, heiratete 1861 den Riedelmüller Wilhelm Streit. Mühlenbesitzer Heinrich Schippel suchte seine Frau ebenfalls im Weidatal, indem er den Mühlburschensteig weiter abwärts wanderte. In der Sichelmühle fand er Alwine Louise Häckel (1837–1907), die Tochter des schon verstorbenen Mühlenbesitzers Carl Gottlieb Häckel, mit der er sich 1862 trauen ließ. Die ein Jahr später geborene Tochter Hulda Franziska Schippel verheiratete sich 1885 mit dem Kleinwolschendorfer Gutsbesitzer Franz Gustav Wolf, gebar 13 Kinder und schuf somit die Verwandtschaftslinie Schippel-Häckel-Vogel.

Beinahe wäre es im Sommer 1866 in dieser Gegend zu kriegerischen Auseinandersetzungen gekommen, die die guten Verbindungen der Starkenmühle zu Zeulenroda gestört hätten. Der Deutsche Bund beschloss auf Antrag Österreichs die Mobilmachung gegen Preußen, da beide die Vorherrschaft in Deutschland anstrebten. Reuß jüngere Linie und

Sachsen-Weimar-Eisenach traten nach der Schlacht von Königgrätz auf preußische Seite, während das Fürstentum Reuß ältere Linie traditionell mit Österreich verbunden war. Daraufhin nahmen zwei preußische Landwehrkompanien die Hauptstadt Greiz ein und das Fürstentum entging nur knapp einer Aufteilung zwischen Preußen und Reuß jüngerer Linie. Die Lage beruhigte sich aber wieder und Müllermeister Heinrich Schippel konnte ungestört seine Arbeit in der Mühle fortsetzen. Die steilen Zufahrtswege wurden ausgebaut und am Zadelsdorfer Weg entstand eine neue Weidabrücke. Name und Jahreszahl *„Heinrich Schippel – 1875"* waren am Schlussstein eindeutig erkennbar.
Reklame im „Zeulenrodaer Kreisblatt" fehlte auch nicht:

Faksimile: Stollenmehl

Wo kauft man billiges und gutes
Stollenmehl?
Heinr. Schippel, Starkenmühle.

Als Johann Heinrich Schippel 1893 starb, wurde sein jüngster Sohn Paul Schippel (1874–1962) Hoferbe und Nachfolger. Er war verheiratet mit Ida Purfürst. Unter Heinrich und Paul Schippel entstanden viele Nebengebäude und kleinere Anbauten. Nur eine Scheune stammte noch von 1831 aus Liebolds Zeiten. Jene kuriose Holztafel, die mit einer Bekanntmachung beschriftet war und über der Toreinfahrt hing, ließ Paul Schippel anbringen:
„Fuhrwerke, welche durch dieses Gehöft fahren, haben à Stück 10 Pfg., Treibvieh 5 Pfg. Brücken- und Wegegeld zu bezahlen. Geöffnet von früh 5 Uhr bis 8 Uhr abends. Zuwiderhandelnde 3 Mark Strafe. P. Schippel".
Diese Weidabrücke war nicht die einzige, bei der Brückenzoll kassiert wurde. Weitere Modernisierungsarbeiten standen im August 1903 in der Mühle an. Im „Zeulenrodaer Tageblatt" vom 21. August 1903 veröffentlichte Paul Schippel, dass mit dem heutigen Tage der Betrieb der Mahlmühle wieder aufgenommen und das Werk mit allen Maschinen der Neuzeit entsprechend eingerichtet sei. Zwei Wasserräder mit 10 bis 15 PS Leistung setzten die Mahl- und Schneidemühle in Bewegung. Mehr und mehr behauptete sich die Handelsmüllerei.
1921 wurde in Zeulenroda die „Reußische Müllervereinigung Zeulenroda-Greiz und Umgegend" gegründet. Zu ihren Aufgaben gehörten die Bekämpfung des unlauteren Wettbewerbs und der Schleuderkonkurrenz sowie die Festsetzung von Mindestmahllöhnen. Paul Schippel, der Starkenmüller, wurde 1. Vorsitzender. Die zahlreichen hinderlichen Ländergrenzen verschwanden mit dem Ende der Kleinstaaterei. Die Verbindungen nach Zeulenroda gestalteten sich bestens, auch durch die Heirat der Tochter Helene Schippel mit Hans Scheibe. Sehr gern besuchte Paul Schippel beispielsweise die Zeulenrodaer Schützenfeste. 1923, als die Geldinflation in Deutschland auf dem Höhepunkt stand, schoss er sich zum Schützenkönig. Seine Schießtrophäen hingen an der Wand des rechten Seitengebäudes im Innenhof. Selbst 50 Jahre danach waren an der ihrem Abriss entgegensehenden Starkenmühle die Reste des einst bunt bemalten Schützenvogels noch zu entdecken. Müllermeister Willy Schippel (1908–1944) unterstützte nun den Vater tatkräftig. 1933 war es an der Zeit, das veraltete Wehr an der Weida umzugestalten und in Betonausführung neu auszubauen. Im Wehr sollte immer genügend angestautes Wasser bereitstehen, damit es durch den Mühlgraben geleitet und mit Schützen reguliert, die Umdrehungen der Wasserräder gewährleisten konnte. Die eigentliche große Umgestaltung der Mühle begann 1937. Zwei neue Walzenstühle wurden angeschafft. Aus der Radstube entstand ein

Getriebe der Sägemühle in der Starkenmühle

Turbinenhäuschen. Zwei Turbinen und ein Elektromotor schufen für die nächsten Jahrzehnte einen sicheren Antrieb. In der Sägemühle blieb im Wesentlichen alles unverändert. Das Sägegatter mit dem Schlitten und der Klemmvorrichtung für die Baumstämme bestimmte das Bild. Ein großes hölzernes Zahnrad, Riemenscheiben mit Transmissionsriemen, Exzenter und Schwungrad, vermischt mit dem Geruch des frischen Holzes, rundeten alles ab.

Willy Schippel, verheiratet mit Wally Güpner aus Zadelsdorf, wurde jedoch ein Opfer des 2. Weltkrieges. Das war ein schwerer Schlag für die Familie. Trotz dieser Not gelang es 1947, ein Turbinenlaufrad aus Meißen heranzuschaffen und diese schwierige Periode durchzustehen. Dem alten Starkenmüller war es vergönnt gewesen, 87 Jahre alt zu werden, bis er 1962 starb. Noch weitere 10 Jahre lang wurde in der Mühle gearbeitet. Witwe Wally Schippel (1913–1992) und ihr Sohn Günter (1937–1994), der beim Großvater bis 1953 in die Lehre ging, waren die letzten, die für Mehl aus der Starkenmühle sorgten. Nach dem LPG-Beitritt bekam Günter Schippel 1964 das Gewerbe für Kundenmüllerei, lieferte Schrotprodukte und unterhielt die Schneidemühle.

Im Herbst 1974 wurden die Abbrucharbeiten des Gehöftes beendet. Der Stausee überflutete mit dem im Dezember 1974 beginnenden Probestau die Fluren rings um die Starkenmühle.

Quellen und Literaturangaben:
siehe Verzeichnis Nr.: 13, 19, 54, 82, 108, 111, 112, 116, 125, 133, 148, 151, 154, 165 sowie Auskünfte durch persönliche Gespräche mit Waldemar Schaff, Schömberg, einst Müllergeselle in der Starkenmühle, Johanna Helbig, Ortschronistin in Kleinwolschendorf und Annemarie Poßner als Nachfahre

Paul Schippels Starkenmühle

Starkenmüller Paul Schippel mit seiner Frau 1932 auf der Milchbank

Die Starkenmüller

Name			Quelle
Caspar Starke	erw. 1549	bis 1560	lt. Lehnbuch der Röder
Georg Starke	erw. 1560		lt. Thür. Staatsarchiv Greiz; R. Hildebrand, Zeulenroda
Georg Starkmüller	geb. 1570	erw. 1595	lt. Kibu Kl.-wolschendorf
Hans Starkmüller	erw. 1591		lt. Stadtarchiv Zeulenroda
Kaspar Liebold	erw. 1579		lt. Zins-u. Geschossregister
Thomas Liebold	erw. 1596		lt. Thür. Staatsarchiv Greiz
Caspar Liebold	erw. 1596	bis 1640	lt. ebenda
Georg Liebold	erw. 1651	gest. 1654	lt. Kirchenbuchrecherchen;
Michael Dölz	erw. 1657	bis 1675	Schlegel, Dragensdorf
Kaspar Müller	erw. 1675	bis 1691	lt. Stadtarchiv Zeulenroda
Jakob Liebold	geb. 1652	bis 1691	lt. ebenda
Hans Müller	erw. 1691		lt. ebenda; Regeste 910
Hans Liebold	erw. 1702		lt. ebenda
Georg Liebold	erw. 1728	bis 1745	lt. K.ibu Kl.-wolschendorf
Johann Georg Liebold	geb. 1745	bis 1794	lt. ebenda
Abraham Gottfried Liebold	geb. 1778	gest. 1857	lt. ebenda
Ferdinand Steiniger	erw. 1847	gest. 1850	lt. Thür. Statsarchiv Greiz
Joh. Gottfr. Friedr. Schippel	geb. 1803	gest. 1885	lt. Ahnentafel Scheibe-Schippel
Johann Heinrich Schippel	geb. 1833	gest. 1893	lt. ebenda
Paul Hermann Schippel	geb. 1874	gest. 1962	lt. ebenda
Willy Walter Schippel	geb. 1908	gest. 1944	lt. ebenda
Wally Schippel (Witwe)	geb. 1913	gest. 1992	lt. ebenda
Günter Paul Schippel	geb. 1937	gest. 1994	lt. Unterlagen Scheibe-Poßner; Zeulenroda

Die Mittelmühle

Auf dem Talsperrenweg setzen wir unsere Wanderung fort. Von einer Schutzhütte genießen wir herrliche Blicke über die weite Fläche des Stausees, sehen in etwa zwei Kilometer Entfernung die Häuser von Quingenberg mit dem Seglerhafen blinken. Im großen Bogen umgehen wir eine Bucht und überqueren auf einem Holzsteg den Pinnebach. Nach wenigen Schritten steigen wir allmählich am Waldeshang hoch und stehen bald am neu gestalteten Eingang des Strandbades Zeulenroda. Nachdem 1975 die Talsperrenübergabe stattgefunden hatte, herrschte hier bis 1995 reger Badebetrieb. Ein umgebautes Hochseerettungsboot, der *„Badeexpreß"*, eröffnete 1982 den Fährbetrieb zwischen dem damaligen FDGB-Ferienheim „Talsperre Zeulenroda" und dem Strandbad. Für eine Eintrittskarte waren anfangs 30 Pfennig zu bezahlen. Wer sich im Strandkorb aalen wollte, musste 1,20 Mark berappen. Auf der Terrasse der Konsumgaststätte konnte man sich stärken. Bis zur Wiedereröffnung im September 2012 untersagte die Wasserschutzverordnung das Badevergnügen. Heute erwarten das „Strandhaus" und die neue Tourist-Information ihre Gäste. Blicken wir über die gepflegten Liegewiesen hinunter zur Wasserfläche, sehen wir gegenüber zwischen Wiesen und Feldern Zadelsdorf liegen. Einst verband ein schmaler Steg, die Stange genannt, die beiden Uferseiten der Weida. Rechter Hand, am Fuße des Wacholderberges, stand das Zeulenrodaer Wasserwerk. Gutes Quellwasser aus dem Weidatal wurde von dieser Pumpstation in den Hochbehälter zur „Fernsicht" geliefert. 1909 erhielt die Stadt eine Hochdruckwasserleitung. Seit 1961 bezog Zeulenroda das Trinkwasser aus der Weidatalsperre, deren Stausee unten an der Bermichsmühle liegt. Da nunmehr die Trinkwassertalsperre Leibis für die Versorgung zuständig ist, konnte das Badeverbot aufgehoben werden.

Der Weg, auf den wir am Eingang des Strandbades stießen, gehörte ursprünglich zu der um 1200 entstandenen Verbindungsstrecke der Lobdeburger von ihrem Sitz Arnshaugk zur Burg Elsterberg. Diese *„Alte Aumaer Straße"* überwand die Weida durch eine Furt. Auf Zeulenrodaer Seite führte sie über den Mittelmühlenberg hinein in den heutigen Bleichenweg. Der Flurname *„Mittelmühle"* war für diesen Berghang in einem Zeulenrodaer Abrechnungsbuch der Jahre 1616-1630 erwähnt und hat sich bis heute gehalten. Ebenso gab es 1640 den Familiennamen „Mittelmüller". In der ältesten Landkarte der Umgebung, dem *„Grundriß des Zeulenrödischen Flurs oder Weichbildes sambt abzeichnung der rings herumb nebst gelegenen benachbarten Örther frembder Herrschaften"*, entworfen anno 1692 vom einheimischen Richter Dressel, waren die Mühlen des Weidatales von der Leitlitzmühle bis hinunter zur Holzmühle eingetragen. Die Mittelmühle fehlte. Wenn es sie je gegeben haben sollte, so existierte sie 1692 nicht mehr.

In seiner „Geschichte von Zeulenroda", erschienen 1840, schrieb Bürgermeister Dr. Stemler: *„Der Flurtheil oberhalb der Bleiche heißt... rechts oder östlich des Wegs die Mittelmühle, so benannt von einer ehemals an dem nördlichen Abhange dieses Flurtheils an einem aus der Weida abgeleiteten Mühlgraben, der noch jetzt etwas erkennbar, gelegen, aber wieder eingegangenen Mühle."* Dr. Stemler zählte in seiner Stadtgeschichte vier Zeulenrodaer Wassermühlen auf, nämlich *„an der Triebs die obere Haardtmühle, gewöhnlich Steinmühle genannt,... an demselben Triebsbach die untere Haardtmühle, auch Görlersmühle genennt,... die Neumühle, die ihr Wasser durch den Stadtbach, der zu Mühlteichen aufgedämmt worden, erhält, in trockenen Sommern aber still steht. Eine vierte gab es früher an einem aus der Weida abgeleiteten Wassergaben auf diesseitigem oder rechtem Ufer der Weida"*, also am schon erwähnten Mittelmühlhang. In den umfangreichen Aktenmaterialien des Zeulenrodaer Stadtarchivs gibt es allerdings keinen urkundlichen Nachweis zu dieser Mühle.

Die links der Weida gelegenen Landstriche bezeichnete Johann Dressel auf seiner Landkarte von 1692 als „Sächsisch-Zeitzische Gebiete". Tatsächlich gab es unter kursächsi-

Starkenmühle Kleinwolschendorf, 1955

Wasserwerk Zeulenroda, erbaut 1909 – abgerissen 1974

Baugeschehen im Weidatal, 1974

Talsperre Zeulenroda – Strandbad

scher Oberhoheit von 1657 bis 1718 das Herzogtum Sachsen-Zeitz, da auch zweitgeborene Söhne bzw. jüngere Brüder des Kurfürsten nicht leer ausgehen konnten. Der Neustädter Kreis gehörte dazu und die Osterburg in Weida war 1717/18 Regierungssitz des Herzogs Moritz Wilhelm von Sachsen-Zeitz. Sollte aber die Mittelmühle links der Weida, etwa dort, wo später das Zeulenrodaer Wasserwerk gewesen ist, gestanden haben, hätte sie zu Zadelsdorf gehört. Dies wäre durchaus in Erwägung zu ziehen, denn warum sollte dieses Dorf keine Mühle im nur 1,5 km entfernten Weidagrund besessen haben. Die alten Wegeverhältnisse und mögliche Einnahmen durch Vorspanndienste hätten dafür gesprochen. Doch der *„Ritter Heinrich von Lohma zu Zcedelanstorf“* erwähnte 1342 in seinem Vermächtnis alle seine Güter, aber keine Mühle. In späteren Rittergutsakten konnte die Mittelmühle ebenfalls nicht gefunden werden. Besonders sorgfältig wurde der Zeitraum von 1411 bis 1618 gesichtet, ohne fündig zu werden. Jedoch können Schriftstücke in Kriegsjahren oder Zeiten der Pestilenz auch verloren gegangen sein. Bei der großangelegten Mühleninspektion im Neustädter Kreis, zu dem Zadelsdorf zählte, wurde 1682 unter den 123 erfassten Mühlen keine Mittelmühle an der Weida zu Protokoll gebracht. Eine spätere Gründung ist auszuschließen, denn auch im 1721 verfassten „Geographischen Handregister des Amtes Weida“, in dem Zadelsdorf ausführlich beschrieben wurde, gab es keine Mühle.
Letztlich wird es so gewesen sein, dass die Flurbezeichnungen „Mittelmühle“ oder „Mittelmühlenweg“ gar nichts mit der Existenz einer solchen Mühle zu tun hatten, sondern lediglich darauf hinwiesen, dass hier die Mitte zwischen zwei Weidamühlen, der Starkenmühle und der Büchersmühle, gewesen ist. Kaum dürfte für die Namensgebung wohl die in Auma gelegene Mittelmühle in Frage kommen, die durch diese alte Wegeverbindung zu erreichen war.
Der verstorbene Zeulenrodaer Stadtarchivar Roland Lange war aufgrund der Aktenlage davon überzeugt, dass es an der Weida eine Mittelmühle nicht gegeben hat.
Die gesamte Thematik griff Studienrat Ernst Lotter auf, indem er eine Sage mit dem Titel „Der Untergang der Mittelmühle“ schuf, die 1925 im „Reußischen Volksboten“ veröffentlicht wurde. Danach ist die Mühle bei einem großen Hochwasser im August 1661 zerstört worden.
Neue Möglichkeiten zur Fortsetzung unserer Wanderung bietet der Promenadenweg in Richtung einer Schutzhütte, die *„dem Fischer un syner Fru“* gewidmet ist. Eine Brücke überquert den Marken- oder Teichbach und bringt uns in die Teichleite. Dieses Bächlein, vom Schafteich kommend, durchfließt die Marke, den Schießhausteich, den Wagnersteich und mündet in die Talsperre. Wer das Gebäude einer alten Bleiche aufsuchen möchte, macht einen 500 m langen Abstecher zum Bleichenweg und stößt am Wagnersteich auf sein Ziel. Hier wurden zur Zeit der Industrialisierung die Wasserkräfte durch die Firma Carl Roth mittels eines Turbinenlaufrades genutzt. *„Das geschäftige Wasserrad vor meinem Geburtshaus in der Bleiche ist verschwunden“,* bemerkte 1938 ein alter Zellröder, der seine Vaterstadt zur 500-Jahrfeier wieder einmal besuchte. Der Zahn der Zeit nagt inzwischen am Gemäuer. Eingebunden in den „Stadtgeschichtlichen Lehrpfad“ macht eine Tafel darauf aufmerksam:
„Dieses Haus wurde 1730 von Johann Gantzesaug als eines der ältesten Gewerbegebäude in Zeulenroda gebaut. Es diente Anfang des 19. Jahrhunderts als Strumpfbleiche, Färberei und Appreturanstalt. Als eines der wenigen Häuser unserer Stadt, die aus dem 18. Jahrhundert erhalten sind, steht es unter Denkmalschutz!“

Quellen und Literaturangaben:
siehe Verzeichnis Nr. 69, 70, 72, 92, 99, 101, 112, 119, 121, 130, 134, 149
sowie Auskünfte durch persönliche Gespräche mit Stadtarchivar Roland Lange, Zeulenroda

Die Büchersmühle zu Silberfeld/Quingenberg

An der alten Bleiche biegen wir in die Teichleite ab und wandern zur Talsperrenbrücke. Vom Weidaquellgebiet bis hierher hat das Wasser in seinem Flussbett 25 km zurückgelegt. Seit dem 2. Dezember 1974 rollt der Verkehr, der sich bisher den steilen Lammsberg herauf quälen musste, auf der 365 m langen Brücke über die Talsperre Zeulenroda. Das 32 m hohe Bauwerk ruht auf fünf Pfeilern. Am Quingenberger Ufer erinnert ein Gedenkstein an jene vier Opfer, die am 13. August 1973 bei einem schweren Unfall ihr Leben lassen mussten. „Aus bisher ungeklärter Ursache stürzte ein Brückenarm mit einem darauf befindlichen Baukran ab“, meldete seinerzeit die Nachrichtenagentur ADN. Die tödlich Verunglückten waren der Bauleiter und drei junge Stahlbauschlosser. Von der Brücke aus erblicken wir zu beiden Seiten die insgesamt etwa 6,5 km lange Wasserfläche des Stausees. Vor uns liegt der Steinschüttdamm mit 307 m Kronenlänge, der rund 30 Millionen Kubikmeter Wasser anstauen kann. Dazu musste er in einer Höhe von 40,90 m ab Gründungssohle errichtet werden. Bei Vollstau hat der Wasserspiegel bis in die Vorsperre hinein eine Höhe von 355 m über NN. Rechts vorn ragt der Wasserentnahmeturm aus dem Stausee. In seinem Inneren wird die Rohwasserabgabe für die Weidatalsperre reguliert, die damals als Trinkwassersperre diente. Das Überlaufen der Sperre verhindert ein Fallschacht, der unter der zum Wasserturm führenden Spannbetonbrücke zu sehen ist. Der Ablassstollen führt durch einen Berghang und lenkt das Wasser in das Tosbecken unterhalb des Staudammes. Die Bauausführung begann 1968 und endete mit der Übergabe am 20. Juni 1975.
Die Büchersmühle stand am linken Ufer der Weida etwas unterhalb der heutigen Brückenführung. Ihr Ende kam am 14. Juli 1972, als um 12 Uhr das große Silogebäude durch Sprengung in Schutt und Asche versank. Die Büchersmühle war die fünfte Mühle, die dem Talsperrenbau weichen musste. Im Zeulenrodaer Vorort Alaunwerk wurden am Lammsberg 23 Gebäude abgebrochen, darunter Betriebe und altbekannte Einkehrlokale. Weitere 12 Wohnhäuser verschwanden am Hang bis hinauf nach Quingenberg.
Ein Blick in die Vergangenheit der Büchersmühle führt uns zunächst auf die Spur der Adelsfamilie *„von Quingenbergk“*, die in Wenigenauma ansässig war. Herzog Wilhelm III. von Sachsen erwähnte *„Twingenberg“* als Ort erstmals im Jahre 1453. Vom Rittergut Wenigenauma aus wurde er am Steilufer der Weida als Vorwerk gegründet und burgähnlich ausgebaut. Am 25. Mai 1486 verkaufte *„Friedrich Quingenberg... dem ehrsamen weisen Meister Hansen Kittelmann, Hammerschmied an der Weida gesessen und Katharina, seiner ehelichen Wirtin, einen Acker am Ziels gelegen zu einem Erbkauf, und was an dem Ackerstück liegt...“* Der Akteneintrag dieses Grundstückserwerbes ist vermutlich der Beginn der Geschichte der späteren Büchersmühle. Bis urkundenmäßig belegbares Material zur Verfügung steht, ist es wert, folgende Aufzeichnung aus der Familienchronik der Liebolde hier festzuhalten. Mittelschullehrer Emil Liebold schrieb vor Jahrzehnten: *„Die Büchersmühle, aus der meine Vorfahren stammen, hieß zu Luthers Zeiten Lieboldsmühle.“* Weitere Müller aus dem Lieboldsgeschlecht saßen in der Starkenmühle, der Leitlitzmühle und der Dreitzscher Büchersmühle an der Orla.
Überraschend war die Feststellung, dass 1534 laut *„gerichts- und handelpuch... Jobst Posttig In der steinmüll under Zeulnroda“* zur Bestätigung des Verkaufs einer halben Mühle (Rothenmühle/Pahren) zugegen war. Mit *„Hans Zimmermann in der Steinmühle“* begann nach einem Gläubigerverzeichnis der Jahre 1560–1570 der etwa 50 Jahre anhaltende Besitz dieser Mühle durch die Familien Zimmermann und Metz. Über die *„Witwe Zimmermann in der Mühle unter Zeulenroda“* erfuhren wir 1569, dass Simon Metz ihr Schwiegersohn war. Sicherheit darüber, dass es sich bei der genannten Steinmühle nicht

um die im Triebestal gelegene Mühle des Nickel Steinmüller handelte, gab endlich der Eintrag im Zeulenrodaer Zins- und Geschossregister von 1579, in dem es einwandfrei hieß: *„Hans Zimmermann, Müller an der Weida"*. Bis 1587 waren Hans Zimmermann und seine Schwester, die mit Simon Metz verheiratet war, Besitzer der Steinmühle. Nach einem Vergleich übernahm Simon Metz die *„Steinmühle unter Merkendorf"*. Sie lag auf Quingenberger Flur, gehörte aber kirchlich zu Merkendorf bzw. Döhlen. Die Familiennamen Metz und Metzner gehen auf die Metze, einer alten Bezeichnung für den Mahllohn des Müllers, zurück.
Den älteren Namen „Lieboldsmühle" bestätigte ein Döhlener Kirchenbucheintrag unter Merkendorf. Es starb im Jahre *„1583, Mittwoch nach Laurentii, die alte Steinmüllern, die Müllerin in der Lieboldsmühle."* Für wen der *„ehrsame Meister Hansen Kittelmann"* aus der Hammermühle 1486 einen Acker am Ziels kaufte, wird wohl ein Geheimnis bleiben. Der Kreis wäre geschlossen, wenn eine Kittelmannstochter einen jungen Lieboldsmüller gefreit hätte...
Simon Metz verkaufte den halben Teil seiner Steinmühle 1594 wieder an Hans Zimmermann *„samt der Fahrnis an Braugerät und einer Pfanne um 750 aßo."* Mühle und Grundstücke waren nach Quingenberg lehenspflichtig und die auf Zeulenrodaer Flur gelegenen Wiesen und Felder der Greizer Herrschaft. Bekannt war damals auch der von der Stadt kommende Mühlweg bei Hans Zimmermanns Mühle. Erstmals tauchte in einer Akte 1598 die Bezeichnung *„Pürckelsmühle an der Weida unter Merkendorf"* auf. Anlässlich einer Klage zwischen Simon Metz und Thomas Liebold aus der Starkenmühle wurde 1602 *„Pigersmühle"* geschrieben. Einen Müller namens Jan Piger gab es bereits 1525 in der Büchersmühle Dreitzsch bei Neustadt an der Orla. Sogar *„Meister Caspar Liebholdt, der Piegers Müller"* (1605-1679) fand sich im dortigen Kirchenbuch. Sicherlich gab es zwischen beiden Mühlen enge Beziehungen und der Name *„Büchersmühle"* bürgerte sich auch hier ein. 1611 ging die hiesige Mühle an Georg Metz über, einen Sohn des 1612 verstorbenen Simon Metz. Mit ihm näherte sich der Besitz der Mühle durch die verschwägerten Familien Zimmermann und Metz seinem Ende. Den Söhnen des Starkenmüllers Thomas Liebold, Caspar und Hans Liebold (Leitlitzmühle), gelang es, Geld zum Erwerb der Mühle 1613 bei Jost von Kospoth aus Langenwolschendorf zu leihen. Vom Amt Weida wurde am 8.10.1614 folgendes bestätigt: *„Caspar und Hans Liboldt haben die Steinmühle bei Zeulenroda Georg Metzen erblichen aberkauft."*
Damit kehrten die Liebolde in ihre alte Lieboldsmühle zurück und wirkten dort noch fast 300 Jahre lang. Manchmal gab es gleichzeitig mehrere Besitzer, Mitbesitzer, Pächter oder diejenigen, die das Handwerk ausführten. Allesamt waren als *„molitor"*, also als Müller im Kirchenbuch eingetragen. Der alte Flurname „Weg zur Lieboldsmühle" blieb lange erhalten. Die „Herrenlache", der Rest eines früheren Flussverlaufes oberhalb des Wehres, wurde von Caspar Liebold 1621 für 6 Gulden 13 Groschen an die Stadt verkauft. *„Hans Liebold der Ältere"* (um 1600–1672), wohl ein Sohn des 1640 umgekommenen Leitlitzmüllers, hatte die Mühle übernommen und war seit 1622 mit Christina Steinmüller verheiratet. Als „Pfahlbürger" erhielt er die Bürgerrechte von Zeulenroda, wohnte aber außerhalb des „Pfahlwerkes". Unter *„Hans Liebold in der Weidamühle"* stand er zu Buche. Der Weidagrund bildete damals die Grenze zwischen kursächsischen und reußischen Gebieten, deshalb nannte das Zeulenrodaer Steuerregister zahlreiche Ausländer, die Grund und Boden rechts des Flusses besaßen. *„Hans Liebold der Jüngere"* (1626–um 1700) und sein Vater schlossen 1656 mit der Stadt Zeulenroda einen *„Vergleich über die Triftgerechtigkeit auf hiesiger Stadtflur"* ab. Solange Liebolds städtische Lasten mit aufzubringen hatten, sprich Steuern zahlten, sollte ihnen erlaubt sein, 15 Stück Rindvieh, Zugvieh und weiteres Getier, außer Ziegen, auf ihren Stadtgrundstücken auszutreiben.

Die Mühlen des Neustädter Kreises hatten sich 1682 einer Inspektion zu unterziehen. Kontrolliert wurde, ob bei der Hinterlegung der staatlichen Abgabe keine Unregelmäßigkeiten vorkamen. Im Protokoll stand, dass *„in Hans Liebolds Steinmühle unter Merckendorff das Gemäß um fast eine Kanne weniger als das Weidaische Ambts Gemäß hatte."* Dadurch benachteiligte er sich selber, da für jeden Scheffel Mahlgut ein Mahlgroschen in eine Büchse gesteckt werden musste, die in seiner Mühle in der *„gebohlten Stubenwand vermittelst eines eisernen Biegels, und versiegelten Schloßes befestigt und verwahret"* war. Im Lande sollte der *„Dresdnische Scheffel"* verbreitet werden.

Meister Johann Georg Liebold (1659–1733), Sohn Hans Liebolds des Jüngeren, fand seine 1. Frau, die Müllerstochter Margarethe Dölz 1687 in der Starkenmühle. 15 Jahre später war er mit Maria Pöhlmann aus Zeulenroda verheiratet. Auch sein Bruder Jakob Liebold (1662–1735) galt als Besitzer der *„an der Weida gelegenen Stein- oder Piegersmühle"*. Bürgerrechtsgebühren zahlte er als Müller von der *„Biegersmühle"*. Die unterschiedliche Schreibweise beeinflusste der jeweilige Stadtschreiber. Uhrmacher Georg Liebold beschaffte die Genehmigung, die seit über 50 Jahren brachliegende Toffelsmühle am Stadtbach wieder aufzubauen. Schließlich ließ Meister Johann Georg Liebold sie 1704 errichten. Auf diese Mühle, die in Sichtweite zur Büchersmühle lag und nun Neumühle genannt wurde, kommen wir noch zurück. Damit hatte Zeulenroda eine weitere Wassermühle. Hinzu kam noch, dass 1711 in der „Stadt auf der Höhe" die erste von sechs Windmühlen entstand. Die Haardtmüller, deren zwei Mühlen im Triebestal lagen, waren immer wieder darauf bedacht, ihr altes Privileg aus dem Jahre 1663 bei der Landesherrschaft in Erinnerung zu bringen. 1712 baten sie darum, dem *„Bügersmüller"* zu verbieten, mit dem Fuhrwerk in der Stadt Getreide abzuholen und dieses in seiner sächsischen Mühle zu mahlen. Die Greizer Regierung stimmte dem zu, gestattete aber den Mahlgästen dort mahlen zu lassen, wenn sie ihr Korn selbst in die Mühle schafften. Diese Querelen zogen sich noch bis ins nächste Jahrhundert hin. Eine äußerst interessante Urkunde wurde aus dem Jahre 1717 aufgefunden. Elf an der Weida ansässige Müller, von der Büchersmühle bis hinunter zur Nattermühle, sowie weitere acht Müller, deren Mühlen an der Auma und ihrem Einzugsgebiet lagen, waren namentlich aufgeführt und ihren Mühlen zugeordnet. Sie erschienen allesamt im Amt Weida, um untereinander eine Einigung über bisher unterschiedliche Schneidelohnkosten sowie Dicke und Breite für Spund- und gemeine Bretter, Latten und Bottichbretter auszuhandeln. Wer gegen diesen Vergleich verstieß, der sollte *„20 Groschen Strafe in die Lade zuerlegen schuldig sein."* Seine Zustimmung gab laut Urkunde auch *„Hanß Georg Liebold in der Stein Mühle,... so geschehen Weyda, den 30. July 1717."* Nicht nur solch eine umfassende Einigung ist erwähnenswert, sondern heimatgeschichtlich besonders wertvoll war die Aufzählung von 19 Müllern mit ihren Mühlen.

Einiges zur Lage und Beschaffenheit der Mühle hinterließ uns der sächsische Grenzkondukteur Paul Trenckmann in seinem 1721 erstellten *„Geographischen Handregister übers Amt Weida"*. Er schrieb: *„Die Biegersmühl liegt ¼ Stunde östlich (von Quingenberg) und hat drei Gänge, eine Schneidmühl, gehört ins Amt Weyda und nach Merckendorff in die Kirche."* Immer noch wurde *„mehr denn anderthalb Tausend Scheffel Getreide... außer Landes in den nahen und fernen sächsischen Wassermühlen"* gemahlen. Der Rat in der Stadt hatte deshalb 1733 gegen den Bau einer weiteren Windmühle *„auf der Seite gegen Schleiz"* keine Bedenken. Auch der *„Pigersmüller"* holte täglich heimlich mit drei starken Ochsen Getreide oben aus der Stadt zum Mahlen ab, ließen die Konkurrenten durchblicken. Als es 1733 mit Johann Georg Liebold zu Ende ging und sein Bruder Jakob, *„molitor auf der Büchersmühle"*, zwei Jahre später im Wasser ertrank, wurde die Mühle an die Söhne Johann Georg (1694–1762) und Georg Heinrich (geb. 1696) aufgeteilt. Auch Hanß Paul Liebold (geb.1733), Nachkomme des Joh. Georg, setzte diese Tradition fort. Seine

Frau Maria Schmeißer stammte aus der Schmeißersmühle. Mit der Gründung des Alaunwerkes zog sich der Fuhrwerksverkehr ab 1740 mehr und mehr vom Bleichenweg zum Mühlsteig hin und damit auch zur Büchersmühle. Eine Unachtsamkeit ließ die Mühle jedoch am 2. Juni 1781, dem Pfingstsonnabend, um 16 Uhr in Flammen aufgehen. Bald war sie wieder aufgebaut. Die Stadtflurkarte von 1790 verzeichnete sowohl die *„Piegersmühle"* als auch die benachbarte Neumühle am Stadtbach. Meister Joh. Friedrich Liebold (1765–1799), Sohn des Hanß Paul Liebold, wurde nur 34 Jahre alt. Seine junge Witwe verheiratete sich ein Jahr später mit des Neumüllers Sohn. 1804 gab Johann Gottlieb Liebold (1770–1826), Bruder des Joh. Friedrich Liebold und Pächter in der Büchersmühle, ein Gesuch ab, um zu erreichen, dass er mit seinem Gespanne zum Getreide- und Mehltransport in die Stadt fahren durfte. Nach anfänglicher Ablehnung wurde ihm ein Jahr darauf die Konzession gegen eine jährliche Zahlung von acht Reichstalern ausgestellt. Die Zeulenrodaer Müller sahen diese Entscheidung gar nicht so gern, doch die Mehlversorgung während der Kriegsjahre 1806–1813 war damit einigermaßen gesichert. Welche Ausmaße die Versorgung der Soldaten annahm, zeigte folgendes Schreiben: *„Auf Befehl des französischen Oberkommissars hat die Stadt Zeulenroda in allhiesiges kurfürstliches Amt sogleich und bei Vermeidung der schwersten militärischen Exekution 10.000 Rationen Brot, das Stück 3 Pfund, und 30 Ochsen abzuliefern. Weida, den 11. Oktober 1806..."* 30.000 Pfund Brot in kurzer Zeit zu backen, war jedoch völlig unmöglich. 11.075 Pfund stellte die Bevölkerung freiwillig aus ihren Vorräten bereit. Schon am nächsten Vormittag rollten fünf mit 6.740 Pfund Brot beladene und mit 18 Ochsen bespannte Wagen nach Weida. Am Nachmittag folgten mit 2.477 Pfund beladene und mit sieben Ochsen bespannte Fuhrwerke und noch abends um 5 Uhr holperte ein vierspänniger Wagen mit 1.270 Pfund Brot ab. Arg zugerichtet und mit zerrissenen Klamotten kamen die Kutscher ohne Geschirr und Wagen wieder zurück. Die Büchersmühle, die während der Zeit der Napoleonischen Kriege zum damals entstandenen Königreich Sachsen gehörte, schlug es nach dessen Niederlage 1815 kurzzeitig zum Königreich Preußen. Mit der Neuordnung Europas auf dem Wiener Kongress wurde Sachsen-Weimar-Eisenach zum Großherzogtum erhoben und erhielt im gleichen Jahr den links der Weida gelegenen Neustädter Kreis als Zuwachs. Der Büchersmüller wurde Weimarer Untertan bis zur Abdankung des Großherzogs Wilhelm Ernst im Jahre 1918. Nun sah man die städtischen Ackerbauern wieder mit dem Schubkarren ihr Mahlgut in die ausländische Mühle fahren, da der Müller Liebold seine Transportgenehmigung 1820 nicht verlängert bekam. Der zerfahrene Mühlweg über die Neumühle wurde von 1826–1829 ausgebaut. *„Der Besitzer der Piegersmühle, Liebold, baute an die Stelle der seitherigen hölzernen Brücke über die Weida 1829 eine solide steinerne Brücke von drei Bögen und erhebt ein ihm zugebilligtes Brückengeld",* schrieb Bürgermeister Dr. Stemler 1840 in seiner Stadtgeschichte. In den Jahren 1814–1860 wurde urkundlich als Besitzer der Büchersmühle Meister Karl Friedrich Liebold genannt. Die Verbindung in Richtung Auma war jedoch miserabel. Erst 1847 hieß es: *„Der Chauseebau von Auma bis an die Büchersmühle ist lobenswert vollendet."* Daraufhin wurde bis 1860 in der Mühle ein *„Chausee-Geldeinnehmer"* aus Auma einquartiert, der nach weimarischem Tarif abkassierte. Damit waren einige bauliche Veränderungen in der Mühle verbunden. Inzwischen hatte sich 1850 Quingenberg mit dem benachbarten Silberfeld zu einer Gemeinde zusammengeschlossen. Der Mühlweg war auf einem 1856 erschienenen Stadtplan nun als Aumaische Straße eingezeichnet. Die Fuhrwerke voller Mehlsäcke rollten offenbar wieder hinauf zur Stadt. Im „Zeulenrodaer Tageblatt" 1860/37 war für jedermann lesbar, dass Karl Friedrich Liebold aus der Büchersmühle am 5. September 1860 Mehlverkauf bei Bäckermeister Leo Grünler durchführte. Silberfeld-Quingenberg hatte 1875 in 23 Anwesen, einschließlich der Büchers- und Hammermühle, 139 Einwohner. Also war der Büchersmüller gezwungen, ständig nach einem größeren Kundenkreis zu suchen.

Als letzter Lieboldsmüller in der Büchersmühle war am 9. November 1860 im Kataster von Silberfeld-Quingenberg der ledige Ernst Ferdinand Liebold vermerkt. In diesen Jahren breitete sich in Zeulenroda die Industrie immer mehr aus und die Büchersmühle bekam weitere Nachbarn. Die Firma Schopper errichtete schon 1852 eine Bleicherei im Alaunwerk. Der Wasserbedarf sollte aus der Weida gedeckt werden. Deshalb kam es im Januar 1865 zum Abschluss eines *„Dienstbarkeitsvertrages zwischen dem Besitzer der Piegersmühle bei Silberfeld Ernst Ferdinand Liebold mit Franz Schopper, Strumpffabrikant in Zeulenroda sowie Julius Schopper, Strumpffabrikant daselbst, beide gegenwärtige Eigentümer der jenseits der Weida in Zeulenrodaer Flur gelegenen Schoppers-Bleiche“*. Vereinbart wurde, dass eine Röhrenfahrt (Wasserleitung) durch Liebolds Grundbesitz, mit Schadenersatz bei Entziehung von Mahlwasser, gegen einen Betrag von 100 Talern, angelegt werden konnte. In der Folgezeit ließen die Schoppers mehrere große Fabrikgebäude im Alaunwerk errichten und beschäftigten 1893 bereits 968 Arbeitskräfte an 568 mechanischen Webstühlen und 263 anderen Maschinen. Obwohl auch die Büchersmühle durch ein Kesselhaus mit einer Dampfmaschine modernisiert wurde, war es vielleicht gerade die rasante industrielle Entwicklung, die den alternden Ferdinand Liebold veranlasste, seinen Besitz im Jahre 1901 zum Verkauf anzubieten. Am 20. Dezember 1901 entstand ein *„Kaufvertrag zwischen dem Mühlenbesitzer Ferdinand Liebold in der Büchersmühle zu Silberfeld als Verkäufer und dem Mühlenbesitzer August Hermann Hößelbarth in Miesitz als Käufer“*. Aufgeführt waren unter anderen *„die Piegers- oder Steinmühle bestehend aus zwei Wohnhäusern, Nebengebäuden, Kesselhaus, Dampfesse, Hof, Garten, Wiese, Teich, Mühlgraben…“* Der Besitzwechsel wurde am 1. Januar 1902 im „Zeulenrodaer Tageblatt“ bekannt gemacht. Ferdinand Liebold und Hermann Hößelbarth versicherten, dass das Unternehmen im bewährten Sinne fortgeführt werden sollte und baten um gütige Unterstützung. Den Grundbucheintrag vom 3. April 1902 unterschrieben Rosa Marie Liebold und August Hermann Hößelbarth.

Vorgelesen, genehmigt, und:
Rosa Marie Liebold.
August Hermann Hößelbarth.
unterschrieben.
Geschlossen 11 Uhr Vorm.
gez. F. Arnold Beuthe

Der Übergang des langjährigen Familienbesitzes der Liebolde an das verbreitete und geachtete Müllergeschlecht Hößelbarth war vollzogen. Hermann Hößelbarth, geb. 1852 in Dörtendorf, war der Sohn des aus der Bermichsmühle stammenden August Gottlieb Hößelbarth (1819–1903), dem späteren Mühlenbesitzer in Lemnitz bei Triptis. Nachdem er 1876 Pauline Schlaitzer aus Neunhofen bei Neustadt/Orla geheiratet hatte, ließ er sich in Silberfeld nieder und arbeitete als Müller bei Ferdinand Liebold in der Büchersmühle. 1888 ergab sich für ihn die Gelegenheit, von Franz Röhler in der Obermühle Miesitz bei Triptis *„Grundstücke und Haus mit Mühlenwerkzeugen“* zu kaufen. Jedoch zog es ihn wieder nach Silberfeld zur Büchersmühle zurück, deren Besitzer er 1901 geworden war. Die zunehmende Industrialisierung brachte 1910/11 elektrischen Strom vom Kraftwerk

Auma für Silberfeld-Quingenberg. Das war der Zeitpunkt für Hermann Hößelbarth, in einem Abtretungsvertrag vom August 1910 seinen sämtlichen Grundbesitz, einschließlich der Mühle, seinem Sohn Oskar Hößelbarth zu übereignen. Dafür wurde den Eltern *„das lebenslängliche Insitzrecht an dem an der Straße gelegenen kleinen Wohnhaus Nr. 81 von Silberfeld-Quingenberg – das war die frühere Chausee-Einnahme – eingeräumt."* Sichergestellt wurde ferner *„freie Feuerung, die Pflege der Eltern in kranken oder altersschwachen Tagen sowie die Herbeischaffung von Arzt und Arznei."* Im Vorhaus, dem Brückenzollhäuschen, wurde nach wie vor bis 1919 von Fuhrleuten und Viehtreibern das Brückengeld erhoben. Der Einnehmer reichte einen an einer langen Stange befestigten Teller zum Fenster hinaus und darauf waren die Münzen zu legen.

Oskar Hößelbarth (geb. 1878 in Silberfeld – gest. 1944 in der Büchersmühle) ließ sich ebenfalls bei Ferdinand Liebold in der praktischen Müllerei ausbilden. 1896 hatte er sich *„mit seinem Fleiß und tadellosem Betragen die volle Zufriedenheit des Meisters erworben und als aufrichtiger, gewissenhafter junger Mann das beste Lob mit auf den Weg erhalten."* Nach dem Tode Hermann Hößelbarths, der am 31. Dezember 1922 gestorben war, erfuhr die Mühle im Laufe der Jahre unter seinem Sohn Oskar H. einen gewaltigen technischen und wirtschaftlichen Aufschwung. Mitten in der Hochinflation wurde ihm ein Erlaubnisschein für den Handel mit Lebens- und Futtermitteln, insbesondere Mehl, Kleie und Getreide, für das Gebiet des gesamten Deutschen Reiches ausgestellt. Während die gegenüber gelegene Firma Schopper die Weltwirtschaftskrise 1929/30 nicht überstand, machte Oskar Hößelbarth aus der Büchersmühle einen bedeutenden Betrieb. Die Wasserkraftanlage wurde nochmals durch zwei Turbinen verstärkt und erhielt ihr Wasser vom Mühlgraben, der im oberen Mühlenhof verlief. Das Wasserrad blieb nur noch an der Schneidemühle und setzte das Vollgatter in Bewegung. Mehrere alte Fachwerkbauten wurden abgebrochen, um Platz für einen riesigen Neubau zu schaffen. Ein letztes wunderschönes Foto zeigt uns die alte Büchersmühle mit Hermann Hößelbarth (gest. 1922) und seiner Frau Pauline, Rosa und Oskar Hößelbarth (von links nach rechts) sowie weiteren Mitarbeitern. In den Jahren 1930/31 entstand ein neues Mühlengebäude mit dem mehrere Stockwerke hohen, turmartigen Silo. Dieser markante Bau prägte das Bild der Büchersmühle in den letzten 40 Jahren ihres Daseins. Neben dem Zollhäuschen setzte sich der uralte Mühlburschensteig in Richtung Sichelmühle und Teufelsberg fort. Rechter Hand am Mühlengebäude, wo die Baumstämme der Schneidemühle lagerten, war hinter einer Mauer der Blick frei zum Fallwasser, das in den unteren Mühlgraben abfloss. Die innere Einrichtung der Getreidemühle und des Getreidespeichers wurde mit modernen Müllereimaschinen auf den neuesten Stand gebracht. Nach der Anlieferung des Mahlgutes verschwand es zunächst im großen Getreidesilo. Über die verschiedenen Reinigungs- und Schälmaschinen wurden die Körner zu den sechs doppelten Walzenstühlen transportiert. Zusammen mit drei vierteiligen Plansichtern konnte in zwölf Passagen gearbeitet werden. Die letzte Passage ergab recht dunkles Mehl. Schließlich gelangten Kleie und Mehl über die Absackwaage und wurden abgefüllt. Durch Unterstützung von Elektromotoren sicherte die Büchersmühle mit dieser enormen Kapazität die Versorgung im weiten Umkreis ab. Die Rationierung der Lebensmittel in der Kriegs- und Nachkriegszeit brachte natürlich gewisse Einschnitte. Kurz vor Kriegsende starb Mühlenbesitzer Oskar Hößelbarth 1944 als 66-jähriger. Er brauchte nicht mehr mit anzusehen, wie die Büchersmühlbrücke im April 1945 von Soldaten der deutschen Wehrmacht gesprengt wurde, weil damit der Vormarsch der amerikanischen Truppen, die am 16. April 1945 die Weida überschritten, aufgehalten werden sollte. Nunmehrige Besitzerin war die Tochter des Verstorbenen, Charlotte May, geb. Hößelbarth, die 1931 den Zeulenrodaer Möbelfabrikanten Friedrich May geheiratet hatte. Mit dem Wechsel der Besatzungsmacht wurden die Weichen für die weitere Entwicklung in Ostdeutschland gestellt. In den ersten Julitagen 1945 rückte die Rote Armee der Sowjetunion in unsere Gegend ein und das Land Thüringen wurde der sowjetischen Besatzungszone angegliedert. Aus den ostdeutschen Ländern entstand 1949 die Deutschen Demokratische Republik, in der auf Grund ihrer Gesellschaftsordnung das Privateigentum an Produktionsmitteln nach und nach abgebaut worden ist. Die Folge davon war, dass sich zahlreiche Mittelständler in die Bundesrepublik Deutschland absetzten. Die von Charlotte May übernommene Mühle firmierte bis zum 15. Mai 1953 als „Hermann Hößelbarth – Büchersmühle bei Zeulenroda“.

Herm. Hößelbarth

Postscheckkonto: Erfurt Nr. 5315
Girokonto: Stadtsparkasse zu Zeulenroda Nr. 92
Fernsprecher Nr. 347
Bahnstation: Zeulenroda oberer Bahnhof

Büchersmühle, den .....
bei Zeulenroda

Als in einer Anzahl von Betrieben sogenannte Tiefenprüfungen des Finanzamtes stattfanden, wurde über die Büchersmühle eine Kreditsperre verfügt. Frau May und ihre Kinder verließen daraufhin die DDR in Richtung West-Berlin. Ihr Ehemann Fritz May war kurz nach der Enteignung seiner Firma 1949 im Westen gestorben. Für die nächsten sechs Wochen war die Büchersmühle in Treuhandverwaltung. Der Übergang in Volkseigentum war vorprogrammiert, da bei Wirtschaftsvergehen und Republikflucht, wie es offiziell hieß, Vermögenseinzug als allgemeine Strafe galt. Die große Industriemühle wurde ab 1. Juli 1953 zum „VEB (K) Mühlenbetrieb Silberfeld-Quingenberg“ und ab 1. Oktober 1953

Büchersmühle gegen 1920 vor dem Umbau.
Von links: Hermann und Oskar Hößelbarth mit Ehefrauen und Mitarbeitern

hieß sie „VEB (K) Büchersmühle Zeulenroda". Als Betriebsleiter trat der Pausaer Siegfried Gläser an, der vorher schon Treuhandverwalter war. Sein oberstes Ziel lautete, wenn auch *„unter großen Schwierigkeiten wieder einen geordneten und vertraglichen Produktionsausstoß zu garantieren und durch Rekonstruktion von Trieur und Aspirateur beste Mahlgutqualität zu gewährleisten."* Siegfried Gläser ließ 1953 am Zeulenrodaer Güterbahnhof einen Anbau mit Schüttgosse für lose Getreideannahme und einer Absackvorrichtung ausführen. Der damalige Betriebsleiter resümierte: *„Die Mühle versorgte mit ihrer 15-Tonnen-Tagesproduktion die Backbetriebe weit über den Kreis und Bezirk hinaus mit allen handelsüblichen Mehltypen, befriedigte auch die Kundenmüllerei mit Mehl und überwiegend den seinerzeitigen VEAB (Volkseigenen Erfassungs- und Aufkaufbetrieb) mit Schrot und Kleie."* Dafür sorgten vom Betriebsleiter bis zur Reinigungskraft und Werksküche insgesamt 18 Arbeitskräfte. Neben dem Obermüller Hamann arbeiteten ein Untermüller, drei Müller vorm Zeug, ein Hilfsmüller und drei Mühlenarbeiter. Ein Lkw-Fahrer mit Beifahrer und Sackträger sicherten den Transport. Schließlich gab es noch einen Silozeug- und Getreideabnehmer, den Energiewart sowie die Verwaltung und Buchhaltung. Die Schneidemühle wurde nicht weitergeführt und die 20-ha-Landwirtschaft ging über die Gemeinde in die LPG „Bergland" ein. Ab 1. Februar 1954 fungierte als Betriebsleiter Werner Bootz aus Gera. Die Inventur bei der Übergabe listete eine Getreidebevorratung von 331 Tonnen Weizen und 140 Tonnen Roggen auf, die in acht Zellen des Silos lagerten. Zwei weitere Zellen standen für den ständigen Durch- und Umlauf bereit. Insgesamt hatte das Silo eine Lagerkapazität von 650 Tonnen.

Zehn Jahre später wurde es still in der Büchersmühle. Mit den Bauvorbereitungen zur Talsperre Zeulenroda musste der Betrieb eingestellt werden. Nur der große Speicher erfüllte bis 1968 noch seinen Zweck. An seine Stelle trat ein neues Getreidelager in Pöllwitz. Die starken Mauern des Büchermühlsilos wurden im Sommer 1972 nach der Sprengung abgetragen. Das Wasser der Weida, das über Jahrhunderte die Mühle antrieb, hat alles überspült und zugedeckt. Generationen von Müllern, ob sie Zimmermann, Metz, Liebold oder Hößelbarth hießen, sorgten mit ihrer Arbeit für das tägliche Brot. Aber auch das Trinkwasser ist lebensnotwendig. Nun hatte das Wasser der Weida bis gegen 2012 diese Aufgabe übernommen. Dafür forderte der Stausee der Talsperre Zeulenroda die Riedelmühle, die Sörbitzmühle, die Stelzenmühle, die Starkenmühle und die Büchersmühle als Preis. Flussabwärts versanken in der Weidatalsperre weitere drei Mühlen und zwei mussten im Einzugsgebiet geopfert werden.

Verweilen wir noch einen Augenblick auf der Stauseebrücke. In einer Bucht mündet rechts der Stadtbach, der früher genau gegenüber der Büchersmühle in die Weida floss. Vor 400 Jahren hätte man dieses Bächlein noch die Zeulenrodaer Kirchgasse hinunter plätschern und in den Baderteich, der am heutigen Tuchmarkt lag, einmünden sehen können. Durch die „Lohe" führte sein Lauf in die „Benden" und am Hang der „Kleinen Rabensleite" entlang. Dort begegnen wir ihm auch heute noch. Bei der „Großen Rabensleite" nimmt er den Brauereibach auf, der, bevor es die Eckardts-Brauerei gab, als Weißendorfer Bach bezeichnet wurde. Nachdem sich das Wasser im ehemaligen Klärteich gesammelt hat, fließt es in die Talsperre Zeulenroda. Der Unterlauf des Stadtbaches ist im Stausee verschwunden. Dort lag einst die Mühle des Bastian Spindler, der 1579 im Zeulenrodaer Zinsbuch als Besitzer verzeichnet war, doch schon seit 1566/67 für sein Bürgerrecht zahlte. Diese kleine Mühle konnte wegen der geringen Wassermenge, die der Stadtbach mit sich brachte, nur durch das Anlegen eines Mahlteiches halbwegs existieren. 1616 war im Register der Reichssteuer Christoph Spindler vermerkt. Die Größenverhältnisse der **Spindlersmühle**, wie sie damals genannt wurde, und der Piegersmühle des Hans Liebold ließen sich im Vermögensanschlag des Zins- und Geschossregisters des Jahres 1639 gut vergleichen. Danach war der Besitz des Müllers Liebold auf kursächsischem Gebiet mit 345 aßo angegeben, während Mühle und Güter des Christoph Spindler 45 aßo erbrachten. 1642, gegen Ende des 30-jährigen Krieges, brannte die Mühle ab. In der Überlieferung blieb sie als **Toffelsmühle** mit dem Toffelsteich, so benannt nach ihrem letzten Besitzer Christoffel Spindler, in Erinnerung. Jahrzehntelang lag diese Ruine als Wüstung brach.

Ende 1703 bat Georg Liebold, der Bruder des *„Piegersmülers"*, die Landesregierung zu genehmigen, *„daß er die im vorigen Kriegswesen eingegangene Toffelsmühle...neu aufbauen und mit zwei Mahlgängen einrichten darf."* Ein Jahr später kaufte schließlich der *Piegersmüller* Hans Georg Liebold das Gelände mit allen Zugehörungen und baute *„einige 100 Schritt unterhalb der alten Brandstatt des besseren Gefälles halber"* eine neue Mühle, die **Neumühle.** In einem großen Mahlteich wurde das Stadtbachwasser angestaut und dem Mühlrad zugeführt. In nächster Generation erhielt sein Sohn aus 2. Ehe, Johann Heinrich Liebold (geb. 1702), die Neumühle. 1741 erweiterte er seine Mühle mit einer Sägemühle, damit er das vom Bürgermeister Gantzesaug angelegte Bergwerk mit Brettern und Balken beliefern konnte. Gleichzeitig entstand gegenüber ein Wohn- und Wirtschaftsgebäude des Alaunwerkes, das ab 1773 der Gasthof „Zum weißen Lamm" wurde. Über die Weida führte hier nur ein mangelhafter Steig. Der Weg war eine tief ausgefahrene Hohle und schwer benutzbar. Wegen des ständigen Wassermangels in der Neumühle musste sich der Besitzer zunehmend mit der Landwirtschaft beschäftigen. In der *„Neuen privilegierten Geraischen Zeitung"* vom 28. Juni 1805 stand geschrieben, dass der Neumüller Heinrich Christoph Liebold wegen Erbschaftsangelegenheiten nach seinem Bruder, dem Mühlburschen und Mühlzeugarbeiter Johann Heinrich Liebold suchte, der 1757 auf die Wanderschaft ging und sich 1782 nach einem kurzen Besuch wieder entfernte. Zu vererben waren immerhin 800 Taler und einige Grundstücke. Daraus lässt sich ableiten, dass mitunter jahrzehntelang von Wanderburschen keine Nachricht nach Hause kam. Eisenbahn oder Telefon gab es noch nicht. Neumüller wurde nun Christian Heinrich Liebold. 1841 erwarb der Büchersmüller Carl Friedrich Liebold auch die Neumühle und ließ sie umbauen. Die Handelsbeziehungen nach Zeulenroda, die durch die Landesgrenze an der Weida hinderlich waren, verbesserten sich. Aus dem alten Mühlweg entstand eine „Kunststraße". Der Büchersmüller hatte schon 1829 eine steinerne Weidabrücke setzen lassen und kassierte Brückenzoll. 1857/58 ergänzte der Neumüller den Mühlenbetrieb durch eine Ziegelei, die aber während des Baues eine Brandkatastrophe mit dem Tod des Arbeiters Karl Eduard Döring durchstehen musste. Die Mühle übergab Liebold 1861 seinem Schwiegersohn Georg Othmar Rudolph, der auch die Ziegelei bewirtschaftete. Der neue Besitzer betrieb außerdem gegen 1870 bis 1902 eine Farbmühle. Die Kieselschiefergruben, die in verfallenen Stollen eines Bergwerkes oberhalb der Neumühle angelegt wurden, nutzte Georg Rudolph zur Schwarzerdegewinnung und stellte daraus sogenanntes Mineralschwarz her. Im Kollergang wurde das Schiefergestein zu Sand zerkleinert. Zwei schwere, senkrecht stehende Läufersteine rotierten auf einem liegenden Bodenstein und zerrieben unter großem Druck das Gestein. Der Neumühlenteich wurde um 1880 von einem Gastwirt sogar als Gondel- und Badeteich auserkoren. Jedoch verschlechterte sich durch die städtischen Abwässer die Wasserqualität dermaßen, sodass dieses Vergnügen nicht lange anhielt. Die Mahlmühle verlor auch viele Kunden und wurde 1901 stillgelegt. Nur die Sandmühle produzierte noch. Im Einwohnerverzeichnis Zeulenrodas von 1904 waren Heinrich Rudolph als Mühlenbesitzer und Wilhelm Rudolph als Ziegeleibesitzer verzeichnet. Beschwerden des Neumühlenbesitzers wegen der starken Wasserverschmutzung führten 1910 zur Anlage eines Klärteiches am Stadtbach. Der Erfolg war gering, der Geruch verstärkte sich. Die Klagen weiteten sich zum Prozess aus. Schließlich kaufte die Stadt Zeulenroda 1912 die Neumühle für 76.000 Mark, ohne Erntevorräte und Inventar, aber mit sämtlichen Prozess-

In der Büchersmühle um 1940

In der Büchersmühle um 1940 – Schrotgang

Transmission

Walzenstühle

Plansichter

Neumühle am Stadtbach – später Stadtgut

kosten und Wertzuwachssteuern. Das Anwesen wurde in ein Stadtgut umgewandelt und in den folgenden Jahren von den Pächtern Heinrich und Gerhard Kober bewirtschaftet. Die Sand- und Kiesmühle ratterte unter der Regie der Städtischen Technischen Werke noch weitere zehn Jahre, bis ihr Räderwerk 1923 zum Stillstand kam. Nach der Demontage im Alaunwerk wurde das „Brecher- und Walzwerk Neumühle" in den Flurteil Schiefer verlegt und arbeitete dort mit einer Steinpresse und automatischer Materialzufuhr. Schon zwei Jahre später kaufte Otto Wolf aus Plauen das Sandmahlwerk zur Verwertung des Maschinenparks und legte es 1926 still. Grundstücke und Gebäude des Stadtgutes wurde 1955 von der LPG „Bergland" übernommen. Die Gemäuer teilten ihr Schicksal mit den anderen am Lammsberg gelegenen Häusern und wurden 1972 abgerissen. Der Standort der ehemaligen Neumühle ist in der Ziegeleibucht überflutet worden.

Quellen und Literaturangaben:
siehe Verzeichnis Nr. 6, 13, 33, 40, 51, 64, 66, 67, 69, 70, 72, 79, 92, 99, 101, 103, 110, 111, 112, 117, 135, 149, 151, 152, 154, 165
sowie Auskünfte durch persönliche Gespräche mit Charlotte Schulze, Wünschendorf, Enkeltochter des Büchersmüllers Oskar Hößelbarth und Recherchen von Manfred Kunath, Erfurt

Die Müller und Mühlenbesitzer in der Büchersmühle

Liebold in der Lieboldsmühle	erwähnt		lt. Familienchronik;
zu Luthers Zeiten	um 1500		Emil Liebold
Jobst Posttig	erw. 1534		lt. Thür. Staatsarchiv Greiz;
			Ralf Hildebrand
Hans Zimmermann	erw. 1560	bis 1569	lt. Stadtgeschichte Zeulenroda
Simon Metz	erw. 1569	gest. 1612	lt. ebenda
Hans Zimmermann	erw. 1579	bis 1594	lt. ebenda
Georg Metz	erw. 1611	bis 1614	lt. ebenda
Caspar und Hans Liebold	erw. 1614		lt. ebenda
Hans Liebold, der Ältere	geb. 1600	gest. 1672	lt. Kirchenbuch Döhlen
Hans Liebold, der Jüngere	geb. 1626	um 1700	lt. ebenda
Johann Georg Liebold	geb. 1659	gest. 1733	lt. ebenda
Jakob Liebold	geb. 1662	gest. 1735	lt. ebenda
Johann Georg Liebold	geb. 1694	gest. 1762	lt. ebenda
Georg Heinrich Liebold	geb. 1696	erw. 1753	lt. ebenda
Hans Paul Liebold	geb. 1733	erw. 1782	lt. ebenda
Johann Friedrich Liebold	geb. 1765	gest. 1799	lt. ebenda
Johann Gottlieb Liebold	geb. 1770	gest. 1826	lt. ebenda
Karl Friedrich Liebold	erw. 1814	bis 1860	lt. Kibu Zadelsdorf
			Stadtarchiv Zeulenroda
Ernst Ferdinand Liebold	erw. 1860	bis 1901	lt. Kataster Silberfeld
August Hermann Hößelbarth	geb. 1852	gest. 1922	lt. Ahnentafel;
Oskar Otto Hößelbarth	geb. 1878	gest. 1944	Charlotte Schulze-May
Charlotte May, geb. Hößelbarth	geb. 1908	gest. 1968	lt. ebenda
Betriebsleiter:			
Siegfried Gläser	erw. 1953	bis 1954	lt. Siegfried Gläser, Pausa
Werner Bootz	erw. 1954		lt. ebenda

Büchersmühle, 1960

Brückenzollhäuschen, 1960

Weidatal nahe der Sichelmühle

Die Sichelmühle bei Weißendorf

Schnüren wir nun unsere Wanderschuhe, um von der Stauseebrücke zum ehemaligen Standort der Sichelmühle zu kommen. Wir folgen der blauen Markierung in das Stadtbachtal. Vom Promenadenweg am Hang der Rabensleite bieten sich schöne Blicke zurück zur Brücke und hinüber nach Quingenberg. Bald stehen wir vor dem am 7. September 2001 neu eröffneten „Seehotel Zeulenroda". Es enthält heute 138 Zimmer mit 254 Betten und wird allen Ansprüchen gerecht. Der „Karpfenpfeifersaal" fasst 500 Personen und bietet moderne Präsentationstechnik. Ursprünglich wurde das Haus im Frühjahr 1981 als „FDGB-Erholungskomplex Talsperre Zeulenroda" in Betrieb genommen. Nach mehrmaligem Besitzerwechsel befindet es sich nun in soliden Händen. An der Infotafel, die auch auf versunkene Mühlen hinweist, entführt uns der Talsperrenweg hinunter in das Weidatal. Unterhalb des Staudammes liegt bei 323 m ü. NN der niedrigste Punkt der Zeulenrodaer Flur, während die einstige Sichelmühle am Fuße des Teufelsberges lag. An der Knüppelbrücke, die über die Weida führt, stoßen wir auf den 1997 eröffneten „1. Thüringer Planetenwanderweg", der von Auma über Merkendorf und Weißendorf nach Zeulenroda führt. Kein Wanderer sollte es versäumen, auf diesem Lehrpfad „zu Fuß durch das Sonnensystem zu gehen". Wissenswertes über den Neptun erfährt man hier an dieser Stelle mitten im Weidatal.
Schon im Jahre 1905 empfahl der damalige Oberbürgermeister von Zeulenroda, Paul Lemcke, in seinem „Führer durch Zeulenroda und Umgebung", Ausflüge *„durch einen der landschaftlich schönsten Teile des Weidatales nach der zu Weißendorf gehörenden Sichelmühle (Spezialität Milch und Honig) entlang der Weida"* zu unternehmen. Selbst der „Deutsche Radfahrerbund" möchte nach seinem 1910 erschienenen Fahrwanderbuch *„von Weißendorf den Weg nach der Sichelmühle bis zum Teiche und hier rechts den schmalen Fußweg auf die nahe Teufelskanzel"* kennenlernen. Heute sind nur noch einige überwucherte Damm- und Mühlgrabenreste von der einst wunderschön gelegenen Sichelmühle übrig geblieben.
Weißendorf feierte 1993 seine erste urkundliche Erwähnung aus dem Jahre 1268, also vor 725 Jahren. Das Kloster Cronschwitz hatte in *„Wizcendorff"* Besitzungen und hielt dies aktenkundig fest. Solch eine Erwähnung ist natürlich nicht die tatsächliche Gründungszeit des Ortes. Als vor etwa 1000 Jahren die Markgrafen der Mark Zeitz ihre Ritterschaft in unserem Raum mit größeren Gütern belehnte, lebten hier schon die Sorben. Um das Rittergut herum bildete sich allmählich das deutsche Dorf. Genaueres verliert sich im Dunkeln der Heimatgeschichte. Im 13. Jahrhundert gehörte das Rittergut einem Caspar Röder, dessen Geschlecht in den umliegenden Dörfern verbreitet war. Nach weiteren Adelsfamilien begann 1495 die über 100-jährige Herrschaft der von Dobenecks in Weißendorf. Im Gerichts- und Lehnbuch des Christoph Heinrich v. Dobeneck fand sich 1582 ein Eintrag, der eine zum Rittergut gehörende Mahl- und Schneidemühle erwähnte. Gleichzeitig wurde der Treueeid des neuen Müllers zu Weißendorf überliefert: *„Ich, Heinrich Stockicht, nachdem ich heute dato am Tage Walpurgis anno 1582 an folgendes auf ein Jahr von dem edlen, gestrengen und ehrenwerten Christoph v. Dobeneck zu Weißendorf meinem gestrengen Junker als ein neuer Müller über seine Mühle an der Weyda auf nachbeschriebenem Vertrag und Artikel angenommen worden. Alles schwöre und gelobe ich mit aufgeworfenen Fingern, einen rechten, treulichen und erforderlichen Eyd, daß ich seinen gestrengen und bewußten Artikeln allen nachkommen und jeden halte, wie einem getreuen Diener zusteht. Seinen Mut und Frommen und Wohlfahrt suche und schaffe, Schaden und Nachteil, Schimpf und Gefahr zum Treulichsten, warnen, wenden und abschaffen und sonst alles dasjenige tun, so und wie und wenn Gottes und rechtswegen einem frommen, gestrengen und unbetrüblichen Diener gebührt. So wahr als mein Gott helfe und sein heiliges Evangelium."*

Nach diesem, seiner Zeit entsprechenden Schwur, folgten die Vertragsartikel:
„Erstlich soll der Müller an allen was er mahlt, die dritte Metze von seinem Lohn haben, zum andern soll er dem Junker von allem was er mahlt, gar keine Metze haben,
zum Dritten: wenn er dem Junker eitel Korn mahlt, soll er ihm sechs Viertel Mehl berechnen und zumessen,
zum Vierten: Wenn er anderer Getreide mahlt, soll er sechs halb Viertel Mehl berechnen und zumessen,
zum Fünften: soll er dem Junker jährlich zehn Schock Bretter schneiden,
zum Sechsten: soll er dem Junker Reußen ins Wasser legen, aufheben und die Fische treulich überantworten,
zum Siebenten: soll er auf dem Rittergut pflügen, so oft das nötig und ihm geheißen wird,
zum Achten: soll er dem Junker die Mühle bauen helfen so auch dessen Nachkommen, wann er dazu aufgefordert wird,
zum Neunten: soll er dem Junker das Wasser auf die Wiesen bei der Mühle auf- und abschlagen, wie und wann dasselbe nötig bist. Dagegen soll er unter dem Wasserend für sich zu fischen Macht haben."
Die Bürde der Bedingungen zeigte uns ein 1586 erfolgter Eintrag im Gerichtsbuch, wonach der Müller Mattes Stockicht seine Mühlzinsen nachzuzahlen hatte und zusätzlich zwei aßo für das Getreide, das er zu mahlen versäumte. Außerdem verpflichtete er sich, am Schafstall noch einige Gesperre zu bauen, die Scheune zu verschlagen und zu decken sowie das Wehr, zwei Mahlgerüste und die Schneidemühle zu verfertigen. Stockicht bat um Verzeihung und dankte dem Unterhändler Bastian Oberländer, Hammermeister an der Weida, für die Vergebung. 1593 wurde durch Hanß Dobell, Mitmüller unter Weißendorf, die Mühle verstärkt. In den Verträgen der Stockichts-Müller waren keine Artikel vorhanden, die die Mühle als Hammer- oder Sichelschmiede bezeichneten. Archivar Robert Hänsel/Schleiz und der Triebeser Rektor Otto Behr übernahmen aus Überlieferungen, dass v. Dobeneck aus einem Hammerwerk eine Zwangsmühle gemacht hatte. Das müsste demnach um 1500–1550 gewesen sein. Otto Behr vermerkte außerdem, dass in keinem Ort der Pflege Reichenfels die Fronlasten so schier unerträglich waren wie in Weißendorf. Wagten sich die Bauern bei der reußischen Landesherrschaft in Schleiz darüber zu beschweren, so wurden sie *„in Krause und Fiedel"* gelegt, das heißt, sie bekamen ausgeschnittene Bretter um ihre Hälse und der Junker warf mit einem Dolch nach ihnen, sodass sie *„merklich geschädigt"* von ihm kamen. Die Familienchronik des Christoph Heinrich v. Dobeneck sagte zurückhaltend darüber aus: *„Bei seinen Untertanen scheint er nicht beliebt gewesen zu sein."*
Die Einhaltung des Mahlzwanges wurde mit einfachen Mitteln überprüft. Alle Bauern, die in der Rittergutsmühle mahlen lassen mussten, bekamen ein sogenanntes Kerbholz zugeteilt. Die andere Hälfte des Holzes verblieb in der Mühle. Für jeden Scheffel Mahlgut, den der Kunde zur Mühle brachte, schnitt der Müller in die beiden aneinander gehaltenen Hölzer eine Kerbe. Nur wenn beide Teile zusammenpassten, war der Mahlgast immer in der richtigen Mühle. Bei Unstimmigkeiten hatte er *„etwas auf dem Kerbholz"*.
1604 übernahm v. Dobenecks Schwiegersohn Hans Heinrich von Kauffung das Rittergut. Müller war damals Erhardt Sengewaldt aus Weißendorf, der gleichzeitig Zimmermann gewesen ist. 1640 verpachteten die Gebrüder Kauffungen ihren *„Hammer unter Weißendorf gelegen"* an Baltzer Seydel aus Kühdorf zu folgenden Bedingungen: *„Er erhält zum Gebrauch die Mühl- und Schneidgänge, ein Äckerlein neben dem Kleinodfelde auf dem Berge, dazu eine Kuh, aber nicht mehr, wie sie der vorige Müller eingebracht hat. Dagegen verpflichtet sich der Pächter, allen Schöppen, Dienern und Untertanen des Junkers zu mahlen, da es eine Zwangsmühle ist. Er zahlt jährlich 3 aßo Erbzins, muß auf dem Rittergut ausbessern, wofür er die Kost und eine Kanne Bier erhält, aber die Geräte stellen muß. Dagegen tragen die Lehnsherren die Schatzung. Der Müller muß die Fischreußen legen und für*

die 3. Kanne fischen und in Teichen und Wässern fischen helfen. Die Pacht beträgt 40 aßo. Das Inventar hat der Pächter nach Ablauf des Jahres zu übergeben. Aus dem Scheffel Korn hat er 6 Viertel Mehl, bei Halbkorn und Gerste sechshalbviertel zu ermahlen, zudem 1 Viertel Kleie. Zudem schneidet er dieses Pachtjahr 10 Schock Bretter umsonst und gibt 5 Scheffel Kleie. Als besondere Verpflichtung ist auferlegt, gute Achtung auf das Feuer zu geben…

Sichelmühle bei Weißendorf

Nach dem Brand vom 5. Juni 1957

Nach Angelobung dieser Verpflichtungen erfolgt die Aushändigung des Pachtbriefes." Die Bezeichnung *„Hammer unter Weißendorf"* wies auf ein altes Hammerwerk hin. Ab 1643 waren Rittergut und Mühle für über 100 Jahre lang im Besitz derer von Zehmen. Dorf und Gut Weißendorf mussten am Ende des 30-jährigen Krieges wieder aufgebaut und bevölkert werden. Hans Bastian v. Zehmen hielt dazu fest, dass der Ort *„durch Mord, Brand und jämmerliche Verjagung der Einwohner dermaßen verödet worden, daß ... über 3 Paar Ehevolk darinnen nicht gefunden... über die Hälfte noch abgebrannt, eingefallen und wüste lieget."*
Ein Kaufbrief vermerkte 1650 erstmals den Namen „Sichelmühle", als die Witwe des Sichelmüllers Hans Pöhrel ein wüstes Häuschen in Triebes für vier Gulden erwarb. 1656 war auch eine *„Katharina in der Sichelmühle, Tochter des Jakob Burckhardt"* verewigt. Einem Jagdbericht zufolge, schoss 1662 der Müller Martin Hase einen 17-endigen Hirsch. Einen Luchs, den er ebenfalls zur Strecke brachte, hatte der Gutsbesitzer dem Schleizer Reußen als Rarität geschenkt. Wölfe hingegen gab es noch etliche. Auf reußischem Gebiet wurden die letzten Bären im Winter 1730 in der Hart bei Langenwetzendorf erlegt. Doch Christoph Hase, Müller in der Hasenmühle, war 1669 noch zugegen.
Unter v. Zehmen wechselten die Pächter in der Mühle recht häufig. Ab 1669 war Mattheus Rothen der Müller, der 1676 starb und seine Witwe mit fünf Kindern hinterließ, die *„in ein Gütlein am Dorfteich zu Weißendorf"* zogen. 1675 wurde *„Christoph Liebold, molitoris in der Sichelmühle"*. 1683 verzeichneten die Zeulenrodaer Ratsprotokolle den Sichelmüller Glück. Diese Müllerfamilie war im Vogtland häufig ansässig. Der Sichelmüller Hans Kaspar Glück wurde 1694 als Gutachter vom Zeulenrodaer Rat bestellt, als sich Bäcker Zorn beklagte, dass er feuchtes Getreide aus Triebes gekauft habe. Als es eine Woche lang auf dem Boden ausgeschüttet gelegen hatte, war es um 2 ½ Maß eingetrocknet und beträchtlich leichter. Damit galt als erwiesen, dass es „genetzt" war und wurde beschlagnahmt. Der Rat meinte, solch ein trauriger Fall würde sich alle 50 Jahre höchstens einmal zutragen. Im selben Jahr hörten wir noch einmal von *„Hannß Caspar Glück"*, dem Pachtmüller in der Sichelmühle, der in seiner Mühle auch Malzgetreide mahlte, worüber sich Hans Steinmüller an der Triebes beschwerte. Da das Zugvieh beider Müller aber für Vorspanndienste bei kursächsischen Kürassieren eingesetzt war, scheiterte sein Verlangen, das Getreide zur Steinmühle zu fahren. Meister Georg Wilhelm Jacob, bislang Pachtmüller in der Katschmühle Weida, stand 1696 bis 1702 mit seiner Familie zu Buche. Die nächsten 20 Jahre war Hans Georg Schwarz aus der Triebeser Sandmühle Pächter der Sichelmühle. In den Jahren 1724–31 entstand ein *„Kaufanschlag über das Ritterguth Weißendorff und Pertinentien in Gräflichen Reußischen Landen bei Zeulenroda gelegen"*. Er gab Auskunft über die Besitzungen an Feldern, Wiesen, Wäldern, Fischwässer usw. Die Mühle mit zwei Mahlgängen und einem Schneidegang, Gebäuden und Ställen wurde auf 1020 Gulden taxiert. Gute Einnahmen erbrachten u.a. die Pferdefröner, die *„alles thun, was man sie heißt"*, die Hand- und Landfröner, die z.B. das Kornschneiden verrichten mussten *„wie und wann man sie brauchet"* und die Beilfron, *„so die Sichelmühle thut"*. Insgesamt ergab das alles über 40.000 Gulden. Graf Heinrich XI. Reuß zu Obergreiz erwarb nach langen Kaufverhandlungen schließlich 1753 Schloss und Gut der Familie v. Zehmen. Mit Hans David Mühlich wurde derzeit auch der letzte Mühlenpächter genannt. Eine neue Etappe in der Geschichte der Sichelmühle bahnte sich an. Bereits 1755 wurde in einem Kaufbrief Johann Michael Freitag als Besitzer der Sichelmühle genannt. Er kaufte für 500 Gulden ein Fischwasser an der Weida, wurde ein Jahr später damit belehnt und verkaufte es mit 100 Gulden Gewinn 1769 an seinen Nachfolger im Besitztum der Sichelmühle, Johann Gottlieb Schmeißer aus der Schmeißersmühle. Die Zeit war herangereift, in der Rittergutsmühlen aus herrschaftlichem Besitz in die Hände selbständiger Müller übergingen. Etwa 1780 bis 1800 konnten weitere Weißendorfer Bauern Ländereien des Rittergutes erwerben, das sich zusehends verkleinerte. Schmeißer setzte aus verschiedenen Gründen einen Pächter ein. Dies war aus einer Urkunde ersichtlich, nach der der ehemalige Pächter der Sichelmühle, Christian

Pöhler, 1795 den Gasthof „Zum Lamm" im Alaunwerk kaufte. Um 1813 schaffte Stammhalter Gottlieb Schmeißer (1775–1821) einen Umbau der Mühle durch Modernisierung des Mühlenwerkes. Lohn- und Selbstmüllerei brachten einen kleinen Aufschwung. Es war möglich, dass der Bauer selbst mahlte, während der Müller die Mahlgänge überwachte. Das alte Sprichwort: „Wer zuerst kommt, mahlt zuerst!" kam zum Zuge. Gegen 1820 wurde vielerorts *„der Mahlzwang dem allgemeinen Interesse zuwider."*

1826 kam Karl Gottlob Häckel (1801–1852) aus der Neunhofener Dorfmühle in die Sichelmühle, lernte des Müllers Tochter Caroline Friederika Schmeißer kennen und heiratete dort ein. Er legte den Grundstein für vier Generationen Häckel'schen Familienbesitzes. Doch der Kampf ums Dasein war hart. 1843 richtete Karl Gottlob Häckel ein Gesuch an den Landesherrn Heinrich LXII. in Schleiz. Er schrieb, dass sich seine ganz isoliert gelegene Sichelmühle zwischen beiden Großherzoglich Weimarischen Mühlen, der Büchersmühle und der Hammermühle befinde, und die Mahlgäste aus der eine Stunde entfernten Stadt Zeulenroda und den Dörfern Triebes und Weißendorf kämen. Er bat deshalb um Erlaubnis, das Getreide, das vorwiegend sonnabends auf dem Wochenmarkt in Zeulenroda gekauft würde, am Sonntag, außerhalb der Zeit des Gottesdienstes, mahlen zu dürfen. Natürlich werde er Bretterschneiden, Oelschlagen und Graupenmachen pp. nicht durchführen, da er wisse, dass der Sonntag als ein Tag des Ruhens auch Gott gewidmet sein solle und auch er den Kirchgang nicht vernachlässige. Schon im Voraus sicherte der Müller seiner Ew. Hochfürstlichen Durchlaucht den lebenslänglichen untertänigsten Dank bei Gewährung seiner Bitte zu. Das Gesuch wurde abgelehnt, aber bei eintretendem Wassermangel werde es gestattet. 1852 starb der rührige Müllermeister und ein *„Nachruf an den zu früh vollendeten Herrn Carl Gottlob Häckel, gewesener Besitzer der Sichelmühle bei Zeulenroda",* in Gedichtform im „Zeulenrodaer Tageblatt" veröffentlicht, erinnerte an ihn. Seine Tochter Alwine Louise Häckel heiratete 1862 den Starkenmüller Heinrich Schippel. Der 1842 geborene zweite Sohn Adolf Häckel, dem die Sichelmühle zugeschrieben wurde, war zum Zeitpunkt des Todes des Vaters erst zehn Jahre alt, so mussten die Mutter und der ältere Bruder Louis die Arbeit verrichten. In einer kleinen Zeitungsannonce bot Louis Häckel aus der Sichelmühle *„Rohes Knochenmehl a. Centner 2 Thlr. 15 Sgr."* im „Zeulenrodaer Tageblatt" 1859/15 an. Neben den Mahlgängen und dem Sägegatter waren eine Knochenstampfe und Ölmühle vorhanden. Zwei Wasserräder sorgten für die Antriebskraft. Die zahlreichen Bienenvölker im Häckel'schen Garten verwandelten die Umgebung in ein einziges Summen und Brummen. Durch einen Vortrag des Sichelmüllers Häckel über sachgemäße Bienenzucht angeregt, entstand 1866 der hiesige Verein der Bienenfreunde. Nach dem Tod der Mutter 1868 wurde traditionsgemäß der jüngste Sohn Wilhelm Adolf Häckel (geb. 1842) Mühlenbesitzer. In seiner Schaffensperiode entstanden 1884 die Gebäude der Sichelmühle, die durch viele Fotos, Aquarelle und Ölbilder mit dem Teufelsberg im Hintergrund bekannt wurden.

Rudolf Vöckler/Hammermühle erinnerte sich in seinen Aufzeichnungen an einen sogenannten Dreiherrenstein, der zu Beginn des Mühlgrabens der Sichelmühle am rechten Uferrand stand. Dieser Stein war etwa einen Meter hoch und als viereckige Säule zugerichtet, beschriftet und aus allen Richtungen gut sichtbar. Hier trafen einst drei Ländergrenzen zusammen. Die Inschriften zeigten die Buchstaben „FRG" (Fürstentum Reuß-Greiz), „FRS" (Fürstentum Reuß-Schleiz), „GSW" (Großherzogtum Sachsen-Weimar) und die Jahreszahl 1856. Eine durch Weidawasser angetriebene Mühle, die zur Greizer Reuß älteren Linie gehört hätte, gab es nicht. Ein ähnlicher Grenzstein befindet sich noch heute im benachbarten Triebestal nahe am Ritterhof.

Im Jahre 1909 ging das Mühlengut erblich an den um 1885 geborenen Louis Häckel über, der mit seiner Frau Selma etwa vier Jahrzehnte lang tüchtig in der Sichelmühle wirkte. 1911 genehmigte der Fürstliche Gewerbeinspektor zu Gera die Aufstellung eines Motors zur Verstärkung des Antriebes. Dazu war ein kleinerer Anbau an das Wohngebäude hin zur

Schneidemühle notwendig. Untergebracht wurden dort der Motorzylinder, Schwungräder, Antriebsscheiben, Transmissionen, Auspuffrohr und nebenan das Benzinlager. Diese Anschaffung sicherte die Funktion des Betriebes vorerst ab. Zur Frühstückszeit galt bei Louis Häckel für seine Gehilfen die Regel: *„Wer zweifach isst, muss auch zweifach arbeiten!"* Kratzte ein Knecht zur Butter auch noch Wurst auf seine Semmel, wurde er lautstark daran erinnert. Theo Häckel, ein Bruder von Louis, half in der Mühle ebenfalls mit und verstand das Müllerhandwerk gut. Jedoch war der Weg zur Sichelmühle für die Mahlkundschaft mit dem Fuhrwerk recht beschwerlich. Dafür traten mehr Wanderer in Erscheinung, denn der Mühlburschensteig führte mitten durch das Gehöft.
Nach Beendigung des 2. Weltkrieges wurde im Einwohnerbuch für den Landkreis Greiz 1949 Karl Häckel (1926–2018) als Schneidemüller mit seiner Mutter Selma als Mühlbäuerin aufgeführt. Die Landwirtschaft und die Mahlmühle waren mit Fünfjahresverträgen jeweils an Theo Claus aus Pommern und Reinhold Klebon verpachtet. Vor Jahren soll es auch schon einen Pächter Kirchner gegeben haben. Oben in Weißendorf nutzte die LPG die alten Gutsgebäude zur Jungviehaufzucht. Im ehemaligen Schloss, das wahrscheinlich im 16. Jahrhundert erbaut wurde, richtete sich ein Kindergarten ein. Bis 1954 wurde die Wasserkraft in der Sichelmühle zum Holzschneiden und Schroten verwendet. Die Antriebswelle setzte über lange Riemen auch Häcksel- und Dreschmaschinen in Bewegung. Mühlenpächter Klebon hatte eigens für die Stromversorgung ein Wasserrad errichtet, weil die Sichelmühle nicht am öffentlichen Netz angeschlossen war. Ab 1954 blieb die Mahlkundschaft nach und nach aus. Der letzte Mühlenbesitzer der Sichelmühle, Karl Häckel, konnte sich allein durch die Schneidemühle den Lebensunterhalt nicht mehr erwirtschaften und ging in der nahen Ziegelei zur Arbeit. In der Denkmalsliste des Kreises Zeulenroda von 1955 war die Sichelmühle bereits als stillgelegter, sehr alter Mühlenbetrieb verzeichnet. Am 5. Juni 1957 kam das tragische Ende der Sichelmühle. Die „Volkswacht" berichtete zwei Tage später unter der Überschrift: „Großbrand in der Sichelmühle" darüber. Scheune und Stallungen fielen den Flammen zum Opfer. Das Wohnhaus konnte gerettet werden. Am 13. Juni 1957 war in derselben Zeitung nachzulesen: *„Durch die intensiven Ermittlungen der Volkspolizei konnte der Großbrand in der Sichelmühle bei Weißendorf innerhalb von 24 Stunden aufgeklärt werden. Es liegt Brandstiftung vor. Als Täter wurde die Frau des Besitzers, Helga Häckel, ermittelt und in Haft genommen."* Zwei Fotos zeigten die verheerenden Folgen des Brandes. Einzelheiten und Hintergründe zu dieser unverständlichen Tat veröffentlichte die „Volkswacht" vom 10. August 1957 im Gerichtsbericht unter *„Ein teurer Racheakt"*. Danach waren Unstimmigkeiten zwischen der jungen Frau und der Schwiegermutter der Auslöser. Beide stritten um ihre Rechte auf dem Hof. Helga Häckel musste eine harte Strafe verbüßen. Beinahe wäre die Sichelmühle noch einmal zum Leben erweckt worden. Der Leipziger A. Daßler, der in dieser Gegend des Öfteren Urlaub machte, wollte die Ruine kaufen und im schönen Weidatal unterhalb des Teufelsberges ein Luftsanatorium einrichten. Das Vorhaben gelang aber nicht mehr. 1965/66 erfolgte der vollständige Abriss der restlichen Gebäude, die im Trinkwassereinzugsgebiet der 1955 fertiggestellten Weidatalsperre lagen. Karl Häckel, der letzte Sichelmüller, verzog damals in ein Dorf bei Greiz, wo er 2018 verstarb.
Die weitere Reihenfolge der inzwischen verschwundenen Mühlen hielt Lehrer Erich Maschauer mit seinem Ausspruch *„Hammer bissel Holz Franz?"* fest.

Quellen und Literaturangaben:
siehe Verzeichnis Nr. 10, 13, 14, 26, 41, 73, 76, 92, 98, 104, 112, 118, 136, 151, 158, 165 sowie Auskünfte durch persönliche Gespräche mit Willy Schreiber, Weißendorf, der Recherchen bei Karl Dörwang, wohnhaft in der Sichelmühle von 1947–1951, einholte

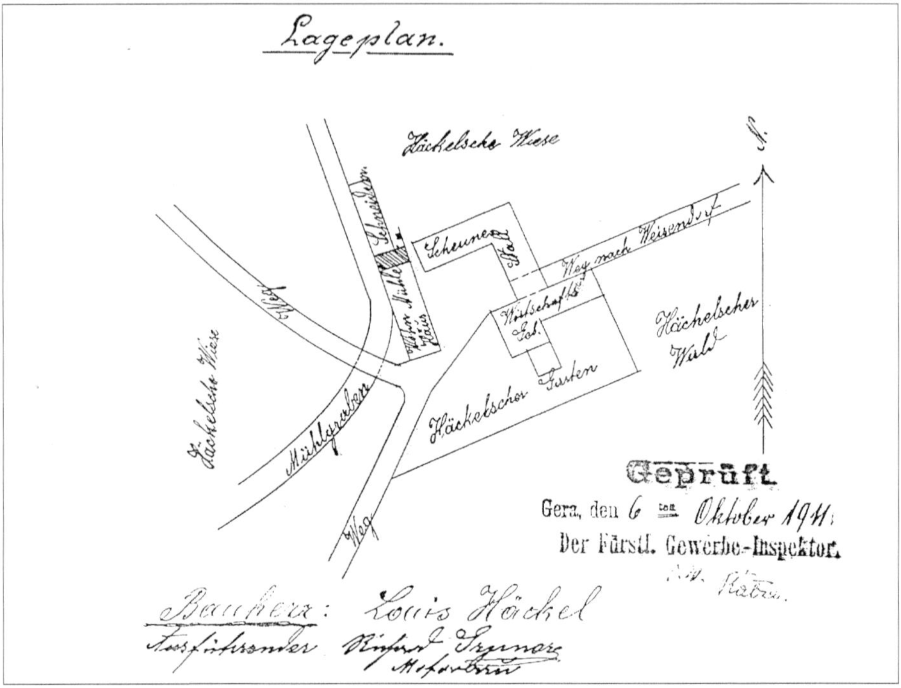

Lageplan.

Häckelsche Wiese

Schmiede

Scheune

Stall

Weg nach Weisendorf

Wohn Mühle Haus

Weg

Wirtschafts Geb.

Häckelscher Wald

Häckelsche Wiese

Häckelscher Garten

Mühlgraben

Weg

N.

Geprüft
Gera, den 6ten Oktober 1911.
Der Fürstl. Gewerbe-Inspektor.

Bauherr: Louis Häckel

Sichelmühle, etwa 1920

Blick vom Teufelsberg zur Sichelmühle

Die Müller in der Sichelmühle bei Weißendorf

Rittergutsbesitzer	Müller / Pächter / Mühlenbesitzer	
von Dobeneck 1495–1604	Heinrich Stockicht erw. 1582–1585	lt. Gerichts- u. Lehnbuch; Weißendorf
	Mattes Stockicht erw. 1586	lt. ebenda
	Hanß Dobell erw. 1593	lt. ebenda
von Kauffung 1604 – 1643	Erhardt Sengewaldt erw. 1639	lt. ebenda
	Baltzer Seydel erw. 1640-1641	lt. ebenda
von Zehmen 1643–1753	Hans Pöhrel erw. 1650	lt. ebenda
	Jakob Burckhardt erw. 1656	lt. Regeste 712; F.L. Schmidt, Archivar
	Martin Hase erw. 1662	lt. Erbregister Weißendorf
	Christoph Hase erw. 1669	lt. Kirchenbuch Döhlen, Merkendorf
	Mattheus Roth erw. 1669–1676	lt. Gerichts- u. Lehnbuch; Weißendorf
	Christoph Liebold erw. 1675	lt. Kirchenbuch Döhlen, Merkendorf
	Hans Kaspar Glück erw. 1683–1694	lt. Regeste 830, 953; F.L. Schmidt, Archivar
	Georg Wilhelm Jacob erw. 1696–1702	lt. Kirchenbuch Döhlen lt. Kirchenbuch Triebes
	Georg Schwarz erw. 1705–1726	lt. ebenda lt. Kirchenbuch Döhlen
	Hans David Mühlich erw. 1753	lt. ebenda
Graf Heinrich XI. Reuß 1753–1755	Johann Michael Freitag erw. 1755–1769	lt. Archiv Weißendorf; Robert Hänsel, Schleiz
	Johann Gottlieb Schmeißer geb. 1748 erw. 1769–1780	lt. Kirchenbuch Döhlen Archiv Weißendorf
	Christian Pöhler erw. 1795	lt. Stadtarchiv Zeulenroda; Aktenmaterial
	Johann Gottlieb Schmeißer geb. 1775 gest. 1821	lt. Pfarramt Triebes, Trauregister
	Karl Gottlob Häckel geb. 1801 gest. 1852	lt. Ahnentafel Scheibe/Schippel Zeulenroda
	Louis Häckel erw. 1852–1868	lt. Stadtarchiv Zeulenroda; Zeulenrodaer Tageblatt
	Wilhelm Adolf Häckel geb. 1842–1909	lt. ebenda
	Louis Häckel erw. 1909–1947	lt. ebenda
	Reinhold Klebon erw. 1947–1951	lt. Willy Schreiber, Weißendorf
	Karl Häckel geb. 1926 gest. 2018	lt. Stadtarchiv Zeulenroda; Tageszeitung

Die Hammermühle bei Silberfeld

Weidatal und Teufelsberg locken zum Weiterwandern. Unser Wanderweg ist als schmaler Pfad in Richtung „Weißer Stein – Anschluss Kranich“ ausgewiesen. Über eine unscheinbare Steinbrücke wird der einstige Mühlgraben der Sichelmühle überquert. Rechter Hand hebt sich die steile Diabaskuppe des Teufelsberges (392 m NN) 72 m aus dem Talkessel heraus. Geologisch betrachtet, überragt der harte Diabas die Sedimentgesteine des Devons. Diabas oder Grünstein ist ein Gemenge, das aus erstarrter Magmamasse entstanden ist. Kleinere Eisenerzlager konnten sich durch den Diabasvulkanismus bilden. Die Täler formten sich in die weicheren Tonschiefergesteine des Kulms. So kam es im Weidatal zu Talweitungen und Engstellen, zu Gleithängen und felsigen Prallhängen, wie sie hier zwischen Sichel- und Hammermühle deutlich zu sehen sind. Botaniker und Ornithologen finden manche Kostbarkeit. Gleich erreichen wir im Gestrüpp versteckte Mauerreste, die andeuten, dass hier bis 1966 die Hammermühle gestanden hat.

Bereits 1486 nannten Urkunden den *„Meister Hansen Kittelmann, Hammerschmied an der Weida gesessen“,* als er von Friedrich Quingenberg einen Acker, am Ziels gelegen, zum Erbkauf erwarb. *„Auf dem Zylos“* gab es wohl schon um die Jahrtausendwende sorbische Siedler. Das heutige Silberfeld wurde 1505 erstmals erwähnt und durch das Rittergut Wenigenauma gegründet. Über Jahrhunderte hinweg war Silberfeld als Oberziels und Quingenberg als Unterziels bekannt. Die zwischen Silberfeld und Zadelsdorf gelegene Binge erinnert an den Bergbau, der hier vor etwa 500 Jahren betrieben wurde. 1530 erließen die Herren von Gera, Schleiz und Lobenstein eine „Bergbefreiung“, die den Bergbau durch eine Reihe von Vergünstigungen förderte. Beweise von der Existenz einer Eisenschmelze und eines Hammerwerkes sind die meterdicken Schlackelager, die der letzte Besitzer der Hammermühle, Rudolf Vöckler, unter dem Rasen neben seinen Gebäuden vorfand.

Zur Reformationszeit, als die hiesige Bevölkerung zu Luthers Lehren überging, wurde auch das Dominikanerkloster Cronschwitz an der Elster aufgelöst. Die jungen adligen Töchter, die als Nonnen dort lebten, wollten sich möglichst gut und schnell verheiraten. Zu erfahren war,

Hammermühle, um 1920

dass *„Hans Reichmann, Hammerschmied zu Zeulenroda"*, 1537 Katharina von Schöpperitz, ehemalige Nonne zu Cronschwitz, als Ehefrau auserwählte. Damals waren die Familien Kittelmann und Reichmann gleichzeitig im Hammer tätig. 1545 hielt das Amt Weida das Dörflein Zylos mit dem Kittelhammer in seinen Akten fest. Laut Ersterwähnungsurkunde des Weißendorfer Gasthofes „Braunes Roß" war Hans Kittelmann 1559 beim Abschluss des Erbvertrages zugegen. Gegen 1568 starb er im Hammer an der Weida, der nach Merkendorf eingepfarrt war. Abgaben mussten deshalb an den Kirchendiener, der die Kinderlehre hielt, als sogenanntes „Umgangsbrot" geleistet werden. Hans Reichmanns Anteil am Hammer ging 1586 an Bastian Oberländer über, den Hammermeister an der Weida. 1610 endete die Ära Kittelmann auf dem Kittelhammer. Der alte Ulrich Kittelmann, ab 1552 erwähnt, verkaufte *„seinen halben* Anteil *an der Hammerschmiede neben Bastian Oberländers Anteil gelegen"*, an Georg Oberländer für 750 aßo. Als Zeuge trat Georg Reichmann, Ratskämmerer zu Zeulenroda, auf. Am 19. November 1611 starb Ulrich Kittelmann *„in der Schmiede"* an der Pest. 1617 erließen die reußischen Herrschaften erneut eine *„Ausschreibung wegen der Bergfreiheit"* mit der Aufforderung, *„hin und wieder noch mehr zu schürfen und Pack- und Schmelzwerke, auch Wasserkünste dienlich anzurichten..."* Das notwendige Bauholz stand waldzinsfrei bereit. Wasserräder wurden im Mittelalter auch benutzt, um die Blasebälge der Schmiedefeuer und die schweren Eisenhämmer auf und nieder zu bewegen. Die Oberländers führten den Hammer während des 30-jährigen Krieges, in dem er von den Holk'schen Reitertruppen verschont blieb. Viele Hufeisenfunde in den Schlackehalden bezeugten ihre Anfertigung in dieser Schmiede. Der enorme Holz- und Holzkohlebedarf für das Schmelzfeuer könnte aus der 2,5 km talwärts gelegenen Holzmühle herangeschafft worden sein. Immerhin verschlang das Frischfeuer etwa 50 Zentner Holzkohle, um zu einem Zentner des veredelten Roheisens zu gelangen. Friedrich von Kauffung zu Weißendorf, der 1630 als Pate erwähnt wurde, hatte demnach gute Beziehungen zum Hammerschmied Hans Oberländer. Während die Weißendorfer Rittergutsmühle vermutlich unter den v. Dobenecks von der Schmiede in eine Mahl- und Schneidemühle umgewandelt wurde, gab es in der Hammermühle noch weitere 150 Jahre lang das Schmiedefeuer. Ein Zufallsfund verriet, dass sich *„Hans Friede, Hansen Friedes im Mirkendorfer Hammer Sohn"* 1655 verheiratete. Demnach war Hans Fried(rich) derzeit im Hammer bei Merkendorf tätig. Hans Hemman, ein Hammerschmied aus Frankenthal, trat um 1663 für die nächsten 20 Jahre *„im Hammer"* an. Sein 1670 geborener Sohn Hans, ebenfalls Hammerschmied, musste am 14. Oktober 1695 seine junge Ehefrau, eine geb. Bratfisch, mit dem tot zur Welt gebrachten Töchterlein und einem noch *„im Mutterleib verschlossenen Kindlein"* beisetzen lassen. Damals lagen die Zahlen der Totgeburten sowie die Säuglingssterblichkeit unter der ländlichen Bevölkerung bei etwa 25 %, in Kriegszeiten sogar doppelt so hoch. Als Hammerschmiede arbeiteten nun Hans Grimm aus Triebes und ab 1709 Meister Samuel Michel, dessen Kinder in der Hammermühle geboren wurden. 1712 hörten wir erstmals von Christian Ditte (1676–1757), dem *„Hammerschmidt bey Merkendorf"*, dessen Familie viele Jahrzehnte lang dieses Handwerk dort ausübte. 1721 notierte Paul Trenckmann, ein sächsischer Landvermesser, dass der Eisenhammer Merkendorf, zwischen *„Biegersmühle"* und Pisselsmühle gelegen, über keinerlei Straßenverbindung verfügt. Angaben über Größe und Leistungsstärke des Hammers fehlten. Die Sichelmühle blieb unerwähnt, da sie zur Grafschaft Reuß j.L. gehörte. Nur ein schmaler Mühlburschensteig führte von einer Mühle zur anderen, der von Müllerburschen sowohl zur Arbeitssuche als auch zur Brautschau benutzt wurde. Nach dem Tod des 81-jährigen alten Vaters setzten die Brüder Johann Christian und Gottlieb Ditte dessen Werk fort, wobei Gottlieb 1760 als *„jitziger Pacht-Hammerschmied auf dem Merckendorfer Hammer"* bezeichnet wurde. Als Besitzer des Eisenhammers nannte das Kibu Döhlen derzeit Joh. Christian Friedrich.

Ab Mai 1765 ließ sich Georg Friedrich Schubert als *„Zeug Hammer und Waffenschmied, Pächter des Hammers Untermerkendorf"* hier nieder. Sein Vater war Bürger in Kirchberg. Das Kibu Merkendorf vermerkte am 18. Dezember 1766 die Geburt des Sohnes Christian Friedrich in der Hammermühle, die zu *„Ziels"* gehörte. Georg Friedrich Schubert wurde 1770/71 zum Erbauer des Liebsdorfer Eisenhammers. Im weiteren Verlauf betrieben die Brüder Ditte (Titter) den Hammer bis in die 1790er Jahre. Um diese Zeit begann der Übergang zur Müllerei, denn 1792 wurde Christian Titter *„Müller und Hammerschmied"* genannt. Der 1794 verstorbene Christian Ditter (D und T wechseln) war lt. „Weidaer Zeitung" vom 10.9.1928 als *„begüteter Hammerschmied"* eingetragen. Bei seinem Nachfolger gab es keinen Hammerbetrieb mehr. 1797 erschien Johann Heinrich Weiser als *„begüteter Müller auf dem Hammer bey Merkendorf"*.
Carl Heinrich Eichelkraut, geboren 1774 in Pausa, heiratete 1800 in Ziegenrück und war ab 1803 bis zu seinem Tod 1840 als Hammermüller anzutreffen. Sein 1812 geborener jüngster Sohn Ernst übernahm zwar die Mühle, erwarb aber 1847 die Grünmühle Zollgrün. Der ältere Sohn Carl Eichelkraut kaufte 1828 die Röblitzer Mühle, bekannt bis 1942 als Eichelkrautmühle. Johann Heinrich Eichelkraut, 1805 in der Hammermühle geboren, ehelichte die Tochter des Aumaer Mittelmüllers Köhler und war fortan Eigentümer der Fernmühle Ziegenrück. Seine Schwester Christiane wurde 1831 Ehefrau des Sörbitzmüllers Christian Heinrich Hirsch. Ergiebig war der Mahlbetrieb derzeit nicht, denn laut Justizakten wurde 1838 in Schuldsachen des Hammermüllers Carl Heinrich Eichelkraut vor Gericht verhandelt. Ein neuer Besitzer, Meister Johann Gottlieb Pohlers, trat 1845 an. Er suchte nun nach weiteren Erwerbsquellen. Das „Zeulenrodaer Tageblatt" schrieb 1866: *„Der Besitzer der Hammermühle bei Silberfeld, Johann Gottlieb Pohlers, beabsichtigt in seiner Mahlmühle eine Schneidemühle anzulegen und hat um landespolizeiliche Erlaubnis nachgesucht."*
Der Großherzogliche Sächsische Direktor des V. Verwaltungsbezirkes in Neustadt hat nach dem „Gesetz zum Schutz gegen fließende Gewässer" die Genehmigung erteilt. Die Hammermühle bekam 1866 eine Schneidemühle. Jedoch der wirtschaftliche Aufschwung blieb versagt. Drei gepfändete Mühlsteine mussten verkauft werden. Die Arbeitsgrundlage der Mühle schmälerte sich empfindlich. Das vorläufige Ende war nicht mehr zu vermeiden. Die Hammermühle kam unter den Hammer. Eine Versteigerung stand ins Haus. Das „Zeulenrodaer Tageblatt" meldete: *„Subhastation – Auf Antrag des bestellten Massevertreters wird die zur Pohlers'schen Concursmasse gehörige, im Gemeindebezirk Silberfeld-Quingenberg gelegene Hammermühle (Mahl- und Schneidemühle) nebst dazu gebundenen Arthland- und Wiesengrundstücken am Donnerstag, dem 27. Juli 1871, von vormittags 10 Uhr ab durch eine Deputation des unterzeichneten Justizamtes im Gasthaus zu Silberfeld gegen das Meistgebot öffentlich anderweit versteigert werden. Der Grundstücks-Complex ist auf 3455 Thaler abgeschätzt. Auma, am 8.4.1871"*
Rückblickend hielt Meister Pohlers fest, dass er in den vergangenen 25 Jahren manches Überbleibsel des früheren Hammerwerkes entdeckte. So glaubte er, beim Bau von Grundmauern den Nachweis über sechs im Gang gewesene Wasserräder gefunden zu haben. Eduard Gottlieb Freund (1840–1923) aus der Windmühle Kleinaga ersteigerte die Hammermühle und wurde fortan neuer Besitzer. Die Mühle, ein typischer mitteldeutsch-fränkischer Vierseithof, war eine Kleinmühle mit zwei Mahlgängen, die täglich höchstens 20 Zentner Mahlgut schaffen konnte. Das Wehr sicherte über den Mühlgraben einen gleichbleibenden Zufluss für zwei Wasserräder, wobei die Schneidemühle außerhalb des Gehöftes lag. Beide Mühlräder waren zwischen drei und fünf Meter hoch. In der Schneidemühle wurde auch Lohe für Gerbereien hergestellt. Das Wehr bestand aus einer Pfostenwand, die innen durch einen angeschütteten Lehmdamm verstärkt wurde. Große Steine sicherten die äußere Überlaufseite bis zur Kronenhöhe. Eine Wehranlage durfte nur nach Vorschrift errichtet werden. Über das Setzen des Eich-

pfahles, der die Höhe des Anstaues bestimmte, lag für das Hammermühlwehr ein 20-seitiges Protokoll vor. Diese Amtshandlung hat zweifellos einen geschichtlich-kulturellen Wert, deshalb soll einiges erläutert werden. Zugegen waren der zuständige Bezirkskommissar aus Neustadt/Orla, die Besitzer der Hammermühle sowie der benachbarten Sichel- und Pisselsmühle, der Bürgermeister von Silberfeld, ein Baumeister mit seinen Gehilfen aus Weida, der Besitzer der Nachbargrundstücke des Rittergutes Wenigenauma sowie die Feldgeschworenen und der Gendarm. Ein mächtiger Pfahl aus Eichenholz wurde vom Baumeister genauestens einnivelliert und oben mit einer 10 ¼ Zoll im Quadrat großen Kupferhaube versehen. Jede weitere Kleinigkeit, bis hin zur Anzahl und Länge der benötigten Nägel, stand zu Protokoll. Die Standfestigkeit sicherte zusätzlich ein Mühlstein ab, durch dessen Haue der Eichpfahl herausragte. Eigenmächtige Veränderungen wurden streng geahndet. Dieses Maß war bei allen Reparaturen und Erneuerungen am Wehr unbedingt einzuhalten, damit keiner der Nachbarn geschädigt werden konnte. Die Redewendung „*Man muss Oberwasser gewinnen*“ fand im Müllergewerbe ihren Ursprung. Zu jeder Mühle gehörte ein oberer und ein unterer Mühlgraben. Im etwa 300 m langen oberen Mühlgraben floss das Wasser vom Wehr auf die Wasserräder. Durch Heben und Senken des Regulierschiebers, des Schützen, konnte es bedarfsgerecht zugeführt werden. Die letzten fünf Meter legte das Wasser in einer Holzrinne zurück, die so breit war wie die Schaufeln des oberschlächtigen Wasserrades und setzte es in Bewegung. Das Fallwasser fiel vom Obergraben über das Wasserrad in den Untergraben, hatte somit seine Arbeit verrichtet und wurde zum „Unterwasser“. Die Gefällhöhe bestimmte den Durchmesser und die Kraftleistung des Wasserrades. Durch den längeren unteren Mühlgraben gelangte das Wasser wieder in das Wildbett der Weida und konnte von der flussabwärts gelegenen Pisselsmühle genutzt werden.

Inzwischen wuchs die Müllerstochter Klara Freund heran und der aus Merkendorf stammende Richard Vöckler heiratete 1904 in die Hammermühle ein. Die Vöcklers waren seit Generationen in Merkendorf beheimatet. Johann Gottfried Vöckler, der Urgroßvater Richard Vöcklers, war einer von zwei Merkendorfer Teilnehmern an den Freiheitskriegen 1806–1813. Richard Vöckler war allerdings kein Müller, sondern in jungen Jahren als Bauamtsassistent in Zeulenroda beschäftigt. Bald darauf zog er als Soldat in den 1. Weltkrieg. 1917 wurde Richard Vöckler, der infolge eines Kriegsleidens seine Baumeistertätigkeit aufgeben musste, Nachfolgebesitzer der Hammermühle, dem Elternhaus seiner Frau. In den Kriegszeiten 1914–1918 hat kaum Mahlbetrieb stattgefunden. Letzter gelernter Müller in der Hammermühle war der 1923 verstorbene Eduard Gottlieb Freund. Mit seinem Tod erlosch das Müllergewerbe. Hin und wieder ratterte das Räderwerk zum Eigenbedarf. Richard Vöckler suchte nach anderen Einnahmequellen und richtete zunächst die Mühlstube als Gaststube ein. Im Sommer 1925 wurde ihm die Konzession zum Bierausschank erteilt. Gern wanderten die Bergwerker sonntags mit ihren Familien zur Mühle, tranken Kaffee oder ein Glas Milch für 5 Pfennige. Unter schwierigen Bedingungen gelang es, 1927 ein Ausflugslokal mit einigen Fremdenzimmern zu schaffen. Elektrisches Licht, durch Wasserrad und Dynamo erzeugt, löste die alte Petroleumlampe ab. Nun hatte sich endgültig der Wechsel zum Gastwirtschaftsbetrieb vollzogen. Richard und Klara Vöckler legten den Grundstein für die weitere Entwicklung des Hauses. Ihr 20-jähriger Sohn Rudolf half tatkräftig mit, heiratete 1930 Toni Burucker aus Dörtendorf und zog dorthin. Aus dieser Ehe gingen die Kinder Adonis, Jürgen und Edeltraud hervor. Rudolfs Schwester Hildegard war vorerst mit Rechtsanwalt Viktor Oberländer verheiratet, mit dem sie die Söhne Rolf und Günter hatte. In 2. Ehe heiratete sie Robert Sirl aus Bayern und bekam ihre Tochter Anneliese sowie fünf weitere Söhne, die meist in der Hammermühle geboren wurden. Bei den alten Vöcklers hielten sich als Lebensexistenz die Saisongaststätte und die Landwirtschaft zunächst die Waage. Sogar das Gepäck der Feriengäste holperte mit dem Kuhgespann hinunter zur Hammermühle. Motorenlärm verschonte die Idylle. Fortan übernahmen Walter und Hermann Metzner den Landwirtschaftsbetrieb als Pächter. Nach einem Brand in den Nebengebäuden folgten 1932 die Renovierung und ein Neubau. Auf 15 Feriengäste erweiterten sich die Übernachtungsplätze. In der Schneidemühle wurden Balken und Bretter bis 1944 für eigene Zwecke hergestellt. Während des 2. Weltkrieges 1939–1945, als alle Lebensmittel rationiert waren, lag der Ausflugs- und Urlaubsverkehr fast am Boden. Die Landwirtschaft war zudem bis 1946 an Anton Beran aus Triebes verpachtet. Zu einem furchtbaren Schicksalsschlag mit tödlichem Ausgang für das Hammermühlehepaar Richard und Klara Vöckler, geb. Freund, kam es am 8. Mai 1946. Nächtliche Streifendienste der sowjetischen Besatzungssoldaten, die im Alaunwerk stationiert waren, gehörten zu deren Dienstablauf. So geschah dies auch zum 1. Jahrestag ihres Sieges über Deutschland. Anneliese Sirl, 1930 in der Hammermühle geboren, bewohnte zu dieser Zeit mit ihren Eltern und Geschwistern, den Großeltern sowie der Pächterfamilie Beran die Mühlengebäude. Eigene schreckliche Erlebnisse liegen ihrem Tatsachenbericht zugrunde:

„Es war kurz vor 1 Uhr nachts, als ich durch Stimmen und klirrende Fensterscheiben munter wurde. Schnell weckte ich meine Eltern, und wir sahen, wie vier Gestalten ins Haupthaus einstiegen. Mein Großvater stand im Halbdunkel oben an der Treppe und wurde von den Eindringlingen beschossen. Die vier Soldaten stürmten die Treppe hinauf, drangen in die Schlafstube der Großmutter und Kinder vor und schossen wild umher. Eine Kugel traf die Großmutter quer durch das Rückgrat, dabei wurde auch ein Russe verletzt und in die Hand getroffen. Meinen 10-jährigen Bruder Dieter zerrte ein Soldat aus dem Bett und versetzte ihm Schläge. Dann durchwühlten sie die Schränke und verschwanden mit einem Bündel Kleidungsstücke durch das eingeschlagene Fenster. Erst jetzt konnten wir es wagen, über den Hof ins Hauptgebäude zu eilen. Meinen Eltern und mir bot sich ein schrecklicher Anblick. Großvater lag oben an der Treppe. Sein Kopf hing über die obere Treppenstufe und das Blut tropfte langsam nach unten. Neben ihm lag ein Tintenglas. Er wollte wohl die Eindringlinge mit Tinte bespritzen. Richard Vöckler war tot. Wie sich bei der von der russischen Kommandantur angeordneten Autopsie herausstellte, war er von mehreren Schüssen getroffen und sein Herz regelrecht zerfetzt worden. Zu Beginn der Schießerei hatte Anton Beran den Hof nach hinten verlassen, um in Silberfeld telefonisch Hilfe herbeiholen zu können. Großmutter lag im Nebenzimmer, blutend und ohne Besinnung. Obwohl in die Kopfteile der Betten geschossen wurde, blieben die total verschreckten Kinder unverletzt. Klara Vöckler starb einige Tage später im Greizer Krankenhaus, hat aber nicht mehr erfahren, dass ihr Mann bereits tot war. Im Laufe der Unglücksnacht kamen Kripo sowie Offiziere der Russen in die Hammermühle. Durch die Verwundung des Soldaten und gefundene entwendete Dinge konnten die Täter schnell erkannt werden. Am frühen Vormittag erschien der russische Kommandant persönlich und holte meinen Vater (Robert Sirl) und meinen Bruder Dieter zu einer Gegenüberstellung ab. Das Folgende kann ich nur nach den Schilderungen der beiden wiedergeben. Im Lager Alaunwerk standen alle Soldaten in einem Kreis. In der Mitte befanden sich die Gruppen der nächtlichen Streifengänger. Dieter Sirl zeigte nach der Befragung sofort auf den Übeltäter. Daraufhin verblieben nur noch die überführten Vier in der Mitte, denen anschließend Koppel und Schulterstücke entfernt wurden. Ersparen Sie mir darüber zu berichten, was nun mittels geflochtener Peitschen, die an der Spitze mit Blei beschwert waren, geschah. Diese barbarische Methode der Bestrafung, wohl als Abschreckung gedacht, hat meinen Großeltern nichts mehr genützt. Wir Kinder hatten den größten Teil unserer Kindheit und Jugend bei ihnen in der Hammermühle verbracht und sie sehr geliebt."

Beide Vöcklers sind in Merkendorf zu Grabe getragen worden. Die breite Öffentlichkeit erfuhr darüber wenig. Ab 1946 führten Rudolf Vöckler (1907–1965) und Frau Toni das beliebte Ausflugslokal weiter. Seine Schwester Hildegard bekam die Landwirtschaft, die ihr Sohn Günter Oberländer bis 1951 übernahm. In diesen Jahren übersiedelte die Familie Sirl nach Bayern. Mit dem Bau der Weidatalsperre (1949–1956) wurden viele Grundstücke in das Talsperrengelände einbezogen. Rudolf Vöckler begann indessen mit dem Ausbau des Gaststätten- und Pensionsbetriebes. Mühlen- und Schneidemühlgebäude, die jahrelang ungenutzt standen, wurden 1950/55 entfernt und ein Gebäude mit Saal und Fremdenzimmern gebaut. Die Zahl der Betten stieg auf 70 an. Küchenneubau mit Speisesaal wurde notwendig und ein Pavillon zierte den Anbau. Als alles fertig war, übernahm

Hammermühle 1950, links altes Mühlengebäude

Hammermühle 1965 als HO-Gaststätte

1959 die staatliche Handelsorganisation der DDR (HO) die Bewirtschaftung. Die Hammermühle wurde HO-Gaststätte unter Leitung des bisherigen Inhabers. Gute Speisen und Getränke lockten die Besucher in Massen an. Ein Ferienbus brachte regelmäßig Urlaubsgäste aus Leipzig und Umgebung ins Weidatal. Aber auch diese Entwicklung fand ein jähes Ende. Das schöne Anwesen lag im Trinkwassereinzugsgebiet und musste aufgegeben werden. Rudolf Vöckler verkraftete dies nicht und starb zwei Tage vor seinem geplanten Umzug am 15. Oktober 1965 an einem Herzinfarkt in seiner geliebten Hammermühle. Seine Söhne zogen nach Bad Elster und gründeten neue Existenzen.

Pisselsmühle bei Merkendorf 1953

Vorsperre Pisselsmühle, Anstau 1955

Die Tageszeitung „Volkswacht" berichtete am 28. April 1966 vom Beginn des Abbruches der Hammermühle in Wort und Bild: *„Die Hammermühle ist eines der Objekte, das der volkswirtschaftlich so wichtigen Fernwasserversorgung aus den Weidatalsperren weichen muß. Die Besitzer sind entschädigt. Jetzt werden LPG und Gemeinden unseres Kreises das Baumaterial für andere Zwecke wieder verwenden..."*
Die Höhen und Tiefen der 480-jährigen Geschichte der Hammermühle sind Vergangenheit, bleiben aber unvergessen.

Quellen und Literaturangaben:
siehe Verzeichnis Nr. 3, 5, 13, 41, 42, 67, 70, 80, 88, 90, 92, 101, 112, 137, 151, 159, 161, 164, 165, 170 sowie Auskünfte durch persönliche Gespräche mit Jürgen und Adonis Vöckler, Bad Elster, Zuarbeiten von Anneliese Fackler, München und Günter Wetzel, Zeulenroda.

Die Hammermüller

Hammerschmiede:		
Hans Kittelmann (sen.)	erw. 1486	lt. Stadtgeschichte; F.L. Schmid
Hans Reichmann (sen.)	erw. 1537	lt. ebenda
Hans Kittelmann (jun.)	gest. 1568	lt. Lehnbuch Weißendorf
Hans Reichmann (jun.)	erw. 1580–1586	lt. Heimbl. 1942/4; F.L. Schmidt
Bastian Oberländer	erw. 1586–1610	lt. Lehnbuch Weißendorf
Ulrich Kittelmann	erw. 1552 gest. 1611	lt. Lehnbuch Hohenleuben
Georg Oberländer	erw. 1610–1630	lt. Stadtgeschichte; F.L. Schmidt
Hans Oberländer	erw. 1630	lt. Kirchenbuch Döhlen
Hans Friede(rich)	erw. 1655	lt. K.H. Schlegel, Dragensdorf
Hans Hemman (sen.)	erw. 1663–1682	lt. Kirchenbuch Döhlen,
Hans Hemann (jun.)	erw. 1692–1708	lt. ebenda
Hans Grimm	erw. 1705	lt. ebenda
Samuel Michel	erw. 1709–1712	lt. ebenda
Christian Ditte(r)	geb. 1676 gest. 1757	lt. ebenda
Gottlieb Ditte	geb. 1715 erw. 1781	lt. ebenda
Johann Christian Ditte	geb. 1712 gest. 1794	lt. ebenda
Georg Friedrich Schubert	erw. 1765–1769	lt. ebenda
Johann Christian Friedrich	erw. 1767	lt. ebenda (Besitzer)
Mahlmüller:		
Johann Heinrich Weiser	erw. 1797	lt. Weidaer Zeitung 10.9.1928
Carl Heinrich Eichelkraut	erw. 1803–1840	lt. Thür. Staatsarchiv Greiz (Justiz)
Ernst Wilhelm Eichelkraut	geb. 1812	lt. Günter Wetzel, Zeulenroda
Johann Gottlieb Pohlers	erw. 1845–1871	lt. Zeulenrodaer Tageblatt 1866
Eduard Gottlieb Freund	erw. 1871–1923	lt. Jürgen Vöckler, Bad Elster
Gastwirte:		
Richard Vöckler	erw. 1925 gest. 1946	lt. Zeulenrodaer Tageblatt u.
Rudolf Vöckler	geb. 1907 gest. 1965	lt. Adonis u. Jürgen Vöckler

Die Pisselsmühle zu Merkendorf

Etwa 1,5 km hatte das Wasser im Flussbett zurückzulegen, bis es von der Hammermühle zur Pisselsmühle gelangte. Fast unberührt scheint die Natur am Mortelgrund zu sein, wo ein Bächlein links in die Weida mündet. Unser Weg führt nordwestlich um den Teufelsberg, steigt leicht bergan, bis er am „Weißen Stein" auf den Verbindungsweg Kranich – Merkendorf stößt. Um den alten Standort der Pisselsmühle ausfindig zu machen, folgen wir dem Planetenwanderweg talabwärts in Richtung Merkendorf. In einer knappen Viertelstunde haben wir die Vorsperre Pisselsmühle, die zur Weidatalsperre gehört, erreicht. Der Staukörper besteht am Überlauf aus Beton mit Bruchsteinverkleidung, daran schließt sich ein Erddamm mit Lehmkern an. 10,70 m beträgt die Höhe des Bauwerkes ab Gründungssohle. Hier in der 800 m langen Vorsperre vollzieht sich die Vorreinigung des Flusswassers durch Absinken von Schwebestoffen, ehe es in das Hauptstaubecken der Weidatalsperre fließt. 1954 musste die Pisselsmühle dem Bau der Vorsperre weichen, deren Name diese nun trägt. Gleich hinter dem gekrümmten Mauerwerk, wasserseitig, stand die Mühle unten im Grund am rechten Weidaufer. Ihre letzte Heimatadresse war Merkendorf Nr. 54.

Merkendorf war als *„Myrkindorf"* 1324 vom Nonnenkloster Weida erstmals urkundlich erwähnt worden. Die in der Nähe gelegene Klöpfelsmühle, wohl die Vorgängerin der späteren Pisselsmühle, zahlte schon 1320 Zinsen an dieses Kloster. Die Merkendorfer Kirche war damals eine Filialkirche von Döhlen, deren Kirchenbuch ab 1571 geführt wurde. Die Familien Klöpfel und Pissel gehörten zu alteingesessenen Bewohnern von Merkendorf und Piesigitz. Mehrere Generationen der Pissels erbten fortan die Mühle. Wolf Pissel, 1610–1627 genannt, und *„Andreas Pissel, Müller in der Burkhardsmühle, Sohn des Wolf Pissel, Piesigitz"*, nachweisbar von 1620–1678, vertraten die Geschlechterfolge. Jakob Pissel wurde 1632 von Soldaten erschossen. *„Hans Pissel zu Merkendorf"*, Sohn des Andreas, übernahm aber die Mühle nicht mehr.

Die Döhlener Kirchenbücher sind im 30-jährigen Krieg stark beschädigt worden und daher lückenhaft. Der Pfarrer hielt fest, dass *„trotz fleißiger Bewahrung die Register den Soldaten in die Hände geraten, die sie übel genug traktieret, den Pferden untergestreut und zum Teil zerrissen haben."* Nach einem Lehnbucheintrag der von Kauffungs zu Weißendorf verkauften diese 1636 *„dem Andreas Pistel, Müller in der Burckarts-Mühle an der Weida ihr Holz, Feld und Leite neben dem Müfflingschen Holz für 190 Fl. Und 5 Dukaten."* Der Name „Pisselsmühle" war demnach noch nicht geläufig, weil Burckarts vorher auch dort ansässig gewesen sein müssten. Als diese vergessen waren, bürgerte sich der Name des letzten Besitzers für die Mühle ein. Schon 1555 gab es einen Adam Burkhardt als Besitzer der Sandmühle in Triebes, die früher zu Reichenfels gehörte, sodass dieser Müllername bestätigt werden konnte. 1638 stand ein fast unscheinbarer Eintrag im Döhlener Kirchenbuch. *„Georg Kresse mit Anna, Philipp Pissels zu Piesigitz, den 20. XI."*, ließ sich entziffern. Dieser Vermerk war die Beurkundung der Eheschließung Georg Kresses, der in unserer Gegend als legendärer „Bauerngeneral" auftrat. 1604 in Dörtendorf geboren, kämpfte er als junger Bursche mit einigen Gefährten gegen durchziehendes Kriegsvolk, um deren Gräueltaten zu rächen, bis zu seinem Tod am 1. Nov. 1641. Ob Philipp Pissel, der Vater Annas, unten im Weidatal bei Mühlenbesitzer Andreas Pissel als Müller tätig war, konnte noch nicht belegt werden. Heimat- und Sagenforscher Rudolf Schramm traf den Sachverhalt am besten und sprach von *„Anna, des Bauern Pissel Tochter aus dem nahen Piesigitz."*

Der alternde Andreas Pissel wollte 1673 seine *„Püßelsmühle"* an seinen Schwiegersohn Hanß Georg Müller und dessen Bruder verkaufen. Einige Zubehörungen, wie Feld und

Holz, waren *„sowohl Hochadlig Weißendorfische, wie Hohenleubische, wie Reichenfelsische Lehnstücke."* Das Amt Weida und die Weißendorfer Herrschaft gaben ihre Einwilligung nicht dazu. Der Besitzwechsel scheiterte auch *„wegen bereits erscheinender Verwüstung der Mühle."*

Dem Pissel wurde freigestellt, ob er seinen Eidam Hanß Georg Müller als Mühlknappe oder sonstwie behalten wolle. 1678 wurde der alte Familienbesitz endgültig aufgegeben. Urkundlich hielt das Gerichts- und Lehnbuch Weißendorf den *„Kauf und die Belehnung Michael Posers, Müller über 9 Scheffel feldt sampt zugehöriger gehöltze und gebeude an der sogenannten Püßelsmühle so unter Merkendorff lieget"* fest. *„Vor Gericht zeigen Andreas Püßel und sein Sohn Hanß zu Merkendorf, sowie der Schwiegersohn Hanß Georg Müller zu Neuhof an, daß sie insgesamt dem Michael Poser, bisher Müller zu Tintzig, außer der Mühle, die zum Teil im Fürstl. sächs.-Naumburgischen Amte Weida unter Merkendorf liegt, auch die 9 Scheffel Feld, samt zugehörigem Gehölz und den Mühlgebäuden, die dem Rittergut Weißendorf zu Lehn gehen mit allem Zubehör für 445 fl. verkauft haben."* Weder Sohn noch Schwiegersohn übernahm die Mühle, sondern ein ortsfremder Müller. Andreas Pissel hatte ziemliche Schulden gemacht. Seine Wiesen waren für 100 Gulden verpfändet. *„Michael Poser in der Pißelsmühle bey Merkkendorff"* wurde durch die 1682 im Neustädter Kreis stattgefundene Mühleninspektion bestätigt. Die damit verbundene Kontrolle über die sichere Aufbewahrung der Steuereinnahmen ergab, dass sein Gemäß kleiner als das weidische war und die Sammelbüchse ordnungsgemäß mit einem versiegelten Schloss in der Stube angebracht war. Nach 11-jähriger Tätigkeit verkaufte Michael Poser seine *„Püsselsmühle nebst anderen Zugehörungen"* für 400 Gulden an Michael Seelmann, der 12 Jahre lang Pachtmüller auf der *„Konzenmühle"* (Katzenmühle?) bei Pößneck gewesen war. Im Kaufvertrag wurde alles aufgeführt, *„was erd-, niet- und nagelfest war."* Das Haupthaus kam nicht gut dabei weg. Es wurde beschrieben als *„bey ziemlicher Ruin des Wohnhauses."* Bereits 1689 gab es *„die Säge bei der Schneidemühle"*. Weiterhin wurden Mahlgeräte, zwei Billen, zwei Mehlbeutel, ein Mehlkübel, Kleie und Mehlkasten, zwei eiserne Ketten, die Blase und Röhre im Ofen… besonders aufgezählt. Felder, Wiesen und Gehölze, eingeschlossen die Weißendorfer von Zehmischen und Reichenfelser Lehnstücke, gehörten zur Kaufsumme. 300 Gulden waren sofort zu bezahlen, der Rest wurde in jährlichen Raten zu 20 Gulden fällig. Michael Seelmanns Tochter heiratete 1695 den Zimmergesellen Hans David Eichfeld aus Pößneck/Öpitz, der zirka 15 Jahre lang vorwiegend in der Schneidemühle tätig war. Hans Andreas Seelmann übernahm im Todesjahr des Vaters 1714 die Mühle. Er heiratete Eva Röhler aus Merkendorf. *„Andreas Seelman in der Pistels Mühle"* unterstützte 1717 mit weiteren 18 Mühlenbesitzern ein Dokument im Amt Weida, worin es um eine Angleichung der Preise bei Schneidelohnkosten ging. Das Weidaer Handregister von 1721 bestätigte die Mühle unter Merkendorf als *„Pistelmühl mit zwei Gängen, eine Schneidemühl, ¼ Stunde südlich an der Weyda gelegen."* In Merkendorf gab es 44 Feuerstätten, darunter ein Wirtshaus und einen Schmied. Angebaut wurde meistens Korn, Gerste und Hafer. Die Steuern kassierte das *„Amt Weyda und Frondienste waren nach Gräffenbrück und ins Amt"* zu leisten. Den Brettschneidezins zu 8 Groschen nahm das Rittergut Weißendorf ein. Das einzige Kind aus oben genannter Ehe, ein Sohn, auch ein Johann (Hans) Andreas Seelmann (1719–1765), erhielt die Piselsmühle am 20. Juni 1742. Ein Jahr später heiratete er Christina Emmerich aus Merkendorf. Sein Vater starb 1758.

Oft rafften in früheren Zeiten sich rasch ausbreitende Seuchen die Menschen dahin. 1765 war ein solches Sterbejahr in der Müllerfamilie Seelmann. Innerhalb von 14 Tagen starb die alte Mutter Eva Seelmann, der erst 46-jährige Mühlenbesitzer Johann Andreas Seelmann und zwei seiner Kinder. Deshalb musste 1766 Johann Georg Seelmann (1745–1823) als der älteste Sohn die Mühle übernehmen. Seinen jüngeren Bruder zahlte er mit 200 meißnischen Gulden und verschiedenem Vieh, Getreide und Mobiliar, darunter ein Bett mit Himmel, aus. Meister Johann Georg Seelmann ehelichte 1766 Maria Christiana Schleif aus Triebes und wurde *„begütherter Eigenthums-Müller in der Büßelsmühle“.* Es ging zwar aufwärts, aber es erlosch die männliche Erbfolge. Aus dieser Ehe gingen vier Töchter hervor, deren jüngste, Anna Maria Seelmann (1780–1826), am 21. November 1808 den Müllerssohn Johann Christoph Hößelbarth (1780–1855) aus der flussabwärts gelegenen Holzmühle heiratete und in die Mühle brachte. Johann Christoph Hößelbarth wurde als viertes Kind des Mühlenbesitzers Johann Michael Häßelbarth am 20. Juni 1780 in der Holzmühle geboren. Des vom *„Allerdurchlauchtigsten Großmächtigsten Fürsten und Herrn, Herrn Friedrich August, König von Sachsen, bestellter Amtmann zu Weida, Johann Simeon Zumpe“,* empfing am 3. Oktober 1808 den *„Meister Johann Georg Seelmann in der Pißelsmühle unter Merkendorf als Verkäufer und einem Meister Johann Christoph Häßelbarth aus der Holzmühle als Käufer anderen Theils in hiesiger Amtsstelle.“* Am 7. November 1808, 14 Tage vor der Hochzeit mit Anna Maria Seelmann, kam Johan Christoph Hößelbarth durch Erbkauf zum Preise von 1000 Gulden in den Besitz der Pisselsmühle. Nach 4 Generationen Seelmann kam nun das Müllergeschlecht Hößelbarth auch in die Pisselsmühle. Die unterschiedlichen Schreibweisen, wie bei Heselbarth, Häßelbarth, Hößelbarth…, waren durchaus üblich, weil man schrieb, wie man sprach. Im 1809 vom Fürstlich-Reuß-Plauischen Amt der Pflege Reichenfels ausgestellten Kauf- und Lehnbrief über die auf reußischem Gebiet gelegenen Grundstücke der Pisselsmühle hieß es statt Seelmann nun Seelemann. Der Name des neuen Besitzers wurde mit ö beurkundet.

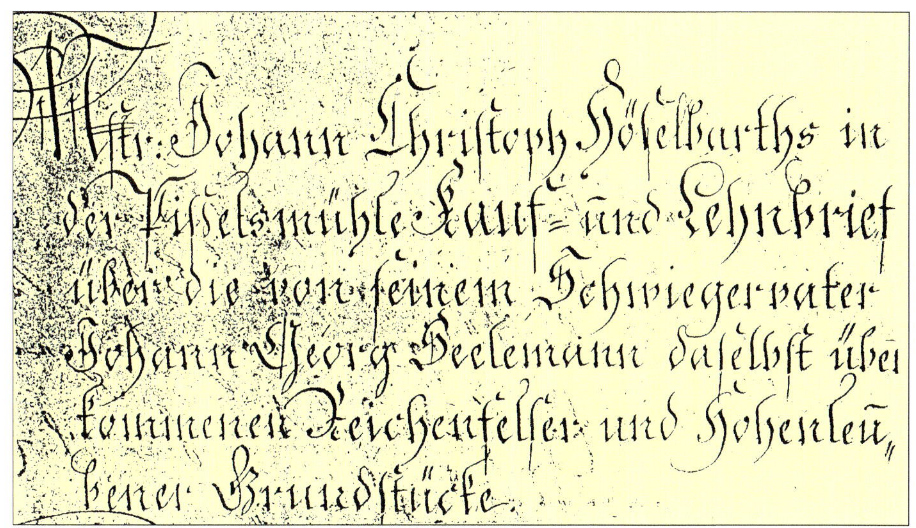
Mstr: Johann Christoph Hößelbarths in der Pißelsmühle Kauf- und Lehnbrief über die von seinem Schwiegervater Johann Georg Seelemann daselbst über kommenen Reichenfelser und Hohenleu- bener Grundstücke.

Die Weida als Grenzfluss machte der Pisselsmühle bei Amtshandlungen immer wieder zusätzliche Umstände. Georg Brückner, der Verfasser der „Landeskunde Reuß j. Linie“, bemerkte dazu: *„Von der auf weimarischem Boden gelegenen Bisselmühle steht nur der Backofen auf diesseitigem Gebiete.“* Wenige Meter rechts der Weida, am Stallgebäude entlang, verlief die Grenze zwischen den sächsischen und reußischen Landen.

Johann Christoph Hößelbarth hinterließ aus der Zeit seines Wirkens Aufzeichnungen, die er in den Jahren 1809 bis 1842 niederschrieb. Seine *„Büßelmühle"* war eine Mahl- und Schneidemühle, in der *„Bretter, Pfosten, Schwarten, Stacheten, Fenster, Bettstellen und Klötzer"* geschnitten wurden. Als Arbeitslohn gab es nicht immer Geld, sondern auch Getreide oder Branntwein. Mancher Bauer, der nicht gut genug bezahlen konnte, musste seine Schulden durch Arbeit in der Mühle abgelten. Im *„Schuldbuch"* notierte der Müllermeister auch die Entlohnung seiner Dienstleute. *„Der Knecht Johann Gottlieb Kramer hat 1809 bekommen: 16 Thaler Geld, 1 Elle Tuch, 1 Seidenhalztuch, ein Hut, ein Barstrümpfe, ein Sohlleder und 2 Hemden Leinewand. Der Kühhirt Hanna Sophia Fischern hat 4 Thaler, eine Schürtze, Baumwollene Ermel, ein Mancherstern Mieder und 6 Ellen Leinewand. Johann Friedrich Wittig aus Thierbach hat 19 Thaler nach neuer Landeswährung, zu zwei Hemden Leinewand und 5 Ellen grobe Leinewand erhalten, dazu 1 Thaler zu Weihnachten."*

1812, als Napoleons Armee mit 600 000 Mann bis nach Moskau vordrang, begann für die Müllersleute eine böse Zeit. Fortwährend gab es Einquartierungen durch Soldaten aus aller Herren Länder. Der Müller schrieb darüber: *„Soldaten Einquarthirung 1812 CHEV. LESERS REGIMENT, diese 9 Mann sind ausgezahlt worden mit 8 Groschen der Mann. Den 17. Merz 3 Mann, den 20. Merz 2 Mann, den 2. April 4 Mann, dieses sind bayrischen Soldaten gewesen."* Gleich 10 Franzosen quartierten sich ab 5. August 1813 ein und ließen sich verpflegen. Geschlagene Franzosen, abgerissen und ausgehungert, fluteten auf ihrem Rückzug aus Rußland durch die Gegend zurück. In der Völkerschlacht bei Leipzig im Oktober 1813 waren es noch 160 000 Franzosen, die sich zum Kampf stellten und unterlagen. Der Müller trug ein: *„Den 9. Januari 1814 2 Mann Rußen, den 14. Merz 3 Mann Oesterreicher, den 30. Juli 5 Mann Rußen, den 21. August 1815 4 Mann Rußen."* Die letzte Einquartierung erfolgte am 7. Juni 1817. Über einige Abgaben, wie das sogenannte Umgangsbrot, stand geschrieben: *„Der Herr Schullehrer in Merkendorf hat das Brod auf Jacobi bekommen im Febr. 1818, die Oster-Eyer den 21. May bekommen. Das Brod auf Jacobi 1819 am Weihnachtsheiligabend abgeholt. Herr Fröhling hat das Brod und Eyer bekommen im Monat May 1822. Die Eyer und Brod bekommen im November 1823."* Die Verpflegung war in Kriegs- und Nachkriegsjahren immer ein Problem. Für das Schlachten eines Schweines benötigte der Müller einen Schlachtschein. *„Vorzeiger dieses, Christoph Hößelbarth, schlachtet ein Schwein über 50 Pfund. Merkendorf, 16.2.1833, Kleinert."*

Da eine Mühle vom Wasser lebt, machte der Müller über einige Besonderheiten seit vielen Jahren Notizen. *„Vom 3. bis 6. October 1835 hatten wir Wasser gekauft. Die erste Woche im May 1836 wurde Wassermangel, den 28. May fing es an zu regnen und es wurde Wasser. Im Juni ward beständig überflüssig Wasser. Den 23. Merz und den 10. April 1837 waren die Mühlen angefroren. Den 6. Juni war Eis gefroren. Den 11. May 1838 hatte es stark gefroren. Den 23. Febr. 1839 Abends kam großes Wasser, es stand im Mülhauß 12,5 Zoll auf den Fußboden. Den 28. May war das Wasser so groß, daß es im Mülhauß über 2 Ellen auf den Fußboden stand."*

Als der Müller auf die 60 Jahre zuging, trat er einige Grundstücke ab. Darüber lag ein *„Kauf- und Lehnbrief des August Gottlieb Höselbarth in der Pisselsmühle über zwei von seinem Vater erkaufte ledige Feldgrundstücke"* vor. Der Verkauf des Hohenleubener Ackers wurde *„erb- und eigenthümlich jedoch Vorbehalt des Obereigenthums beliehen... und unter Amtshand und Siegel am 24. Mai 1839 vom Justizamt der Pflege Reichenfels bestätigt."* Nachdem die auswärts im reußischen Gebiet gelegenen Felder übereignet waren, verkaufte der Vater eine Woche später seine Mühle mit *„9 Scheffel Feld nebst Gehölze wie die auf hiesigen Boden erbauten Gebäude... für Fünf Hundert Gülden in Laubthalern á 40 Groschen"* an seinen Sohn August Gottlieb Hößelbarth (1817 bis um 1890). Bemerkenswert an diesem Vertrag war, dass die Kaufsumme in Laubtalern, einer französischen Silbermünze, die mit

Lorbeerlaub verziert war, beglichen werden sollte. Der Müllerberuf hatte auch einen gewissen Anteil daran, *„daß der 1817 geborene und militärdienstpflichtige August Gottlieb Hößelbarth einen Stellvertretungsvertrag mit dem Kriegsreservisten Johann Christoph Dietsch aus Wiebelsdorf genehmigt bekam."* Das Schreiben unterzeichnete der *„Großherzogliche Landrath des Neustädter Kreises"*. Der junge Müller brauchte nicht einzurücken und konnte die Pisselsmühle in den nächsten Jahrzehnten führen.
In den benachbarten Städten entstanden zunehmend Industrieanlagen. Auf dem Gebiet der Landwirtschaft machten sich dringend einige Reformen notwendig. Der Zwangsgesindedienst war bereits abgeschafft worden. Die aus der Feudalzeit stammenden Trift- und Weiderechte gingen ihrem Ende entgegen. August Gottlieb Hößelbarth erhielt die Versicherung, *„daß von nun an alles Hutungsrecht, welches die Gemeinde Triebes zeither auf dessen Grundstücken ausgeübt hat, auf ewige Zeiten aufhört, und daher mit keinem Vieh, es mag den Namen haben wie es wolle, von der Gemeinde Triebes darauf gehütet werden darf. 17. März 1847."* Dafür war ein *„Triftablösungsquantum von 12 Thalern 20 Silbergroschen 8 Pfennigen"* an die Gemeinde Triebes abzuführen. Die Ereignisse der Pariser Julirevolutionstage von 1830 und die Unruhen im Februar 1848 strahlten in diesen Jahren auf die Kleinstaaten des Deutschen Bundes aus. Noch im hohen Alter, nämlich im Revolutionsjahr 1848, baute sich Johann Christoph Hößelbarth ein kleines Wachthaus oben auf dem Mühlberg. Dort saß er stundenlang und beguckte die Gegend, um rechtzeitig drohende Gefahren zu erkennen. Nach einem arbeitsreichen Leben starb er 1855 75-jährig. Wenn auch die 1848er Revolution scheiterte, setzte sich doch zögernd eine Reformpolitik in kleinen Schritten fort. Die Fürstlich Hohe Kammer zu Greiz und Mühlenbesitzer Hößelbarth kamen 1861 überein, einen Lehn- und Erbzinsablösungsvertrag für Grundstücke in der Weißendorfer Flur zu unterzeichnen. Das Ende der grundherrlichen Lasten bezahlte der Pisselsmüller mit 141 Talern, 40 Silbergroschen und 4 Pfennigen. Zirka 15 Jahre später wurde Franz Hößelbarth (geboren um 1855), Sohn des August Gottlieb H., Besitzer der Mühle und bewirtschaftete diese bis 1917. Die Kundschaft der Pisselsmühle kam vorwiegend aus Merkendorf mit 302 und Piesigitz mit 156 Einwohnern. Das Gehöft bestand aus einer Reihe ansehnlicher Gebäude. Neben dem Wohnhaus lagen Scheune und Stallungen. Zwischen Mühle und Schneidemühle floss der Mühlgraben und bewegte zwei oberschlächtige Wasserräder. Eine massive Steinbrücke führte zum Eingangstor. Der letzte Hößelbarth in der Pisselsmühle war Albin H. (1890–1965), der mit seiner Frau Martha 1917 die Mühle übernahm. 1920 wurde ihnen ihre Tochter Marianne geboren. Am 1. Juli 1924 suchte Einbrechergesindel, welches es auf Lebensmitteldauerware abgesehen hatte, die einsam gelegene Mühle auf, meldete das „Zeulenrodaer Tageblatt". 1940 heiratete Marianne Hößelbarth den aus der Franzenmühle stammenden Rudolf Hößelbarth. Doch der 2. Weltkrieg forderte seine Opfer. Rudolf H. fiel 1944 und kehrte aus Russland nicht wieder zurück. Die junge Witwe zog mit ihrem 1941 in der Franzenmühle geborenen Sohn Dietmar 1947 wieder in die elterliche Pisselsmühle. Im gleichen Jahr heiratete sie den Weißendorfer Paul Oettel (1923–2010), der in der Fachschule Altenstein seinen Müllermeister machte. Der Antrieb der Pisselsmühle war inzwischen durch einen Dieselmotor verstärkt worden. Die schweren Mühlsteine des Schrotganges und ein Walzenstuhl für die Mehlgewinnung mussten in Bewegung gehalten werden. Auch die Stromversorgung für die Beleuchtung hing mit dran. Innerhalb von 24 Stunden konnte in der kleinen Mühle eine Tonne Getreide verarbeitet werden. In der Schneidemühle, die ihr eigenes Wasserrad hatte, stand eine einfache Gattersäge. Doch immer mehr wurde zur Gewissheit, dass die Mühle dem Bau der Vorsperre zur Weidatalsperre weichen musste. Der gewerbliche Mahlbetrieb endete 1951. Noch etwa ein Jahr lang wurde für den Eigenbedarf gearbeitet. Dem rührigen Paul Oettel gelang es, gemeinsam mit seinem Schwiegervater Albin Hößelbarth,

Pisselsmühle im Abbruch, 1954

oben in Weißendorf von 1951 bis 1953 eine Mahlmühle mit Elektroantrieb und größerer Kapazität zu errichten. 1952 verließen beide Familien ihre Pisselsmühle und zogen in die neue Weißendorfer Mühle. Dabei gingen leider einige der ältesten ab 1765 handgeschriebenen Familienbücher, die in einer Lade aufbewahrt waren, verloren. Über aufgefundene Restbestände berichtete seinerzeit die Tagespresse. 1953 nutzte der „Wasserwirtschaftsverband Weiße Elster" den Mühlenkomplex noch einmal als Kinderferienlager, bevor es 1954 zum Abriss der Mühle kam, die vom alten Müllergeschlecht der Pissels einst ihren Namen bekam. Noch 20 Jahre lang, bis 1972, produzierte die Weißendorfer Mühle unter Paul Oettel Mehl und Schrot. Die Müllerfamilien Albin Hößelbarth und Otto Hößelbarth aus der Franzenmühle verbrachten dort ihren Lebensabend.

Quellen und Literaturangaben:
siehe Verzeichnis Nr. 6, 16, 41, 58, 66, 67, 92, 98, 99, 101, 105, 120, 122, 138, 151, 156, 165, 169, 170
sowie Auskünfte durch persönliche Gespräche mit Paul und Marianne Oettel, geb. Hößelbarth, Weißendorf, die die Familienchronik „Nachkommen des Nicol Heselbarth" zur Verfügung stellten

Die Pisselsmüller

Burckart	erw. um 1500	lt. Lehnbuch Weißendorf
Wolf Pissel	erw. 1610–1627	lt. Kirchenbuch Döhlen
Andreas Pissel	erw. 1620–1678	lt. ebenda
Michael Poser	erw. 1678–1689	lt. Lehnbuch Weißendorf
Michael Seelmann	erw. 1689 gest. 1714	lt. Kirchenbuch Döhlen
Johann Andreas Seelmann	geb. 1677 gest. 1758	lt. ebenda
Johann Andreas Seelmann	geb. 1719 gest. 1765	lt. ebenda
Johann Georg Seelmann	geb. 1745 gest. 1823	lt. ebenda
Johann Christoph Hößelbarth	geb. 1780 gest. 1855	lt. ebenda
August Gottlieb Hößelbarth	geb. 1817 um 1890	lt. Stadtarchiv Zeulenroda
Franz Hößelbarth	erw. 1880–1917	lt. Familienchronik
Albin Hößelbarth	geb. 1890 gest. 1965	lt. ebenda
Paul Oettel	geb. 1923 gest. 2010	lt. ebenda

Holzmühle Merkendorf, um 1930

Die Holzmühle bei Merkendorf

Blicken wir vom Staukörper der Vorsperre Pisselsmühle talabwärts in die Weidatalsperre hinein, so lässt sich nur noch erahnen, wo einst die Holzmühle gestanden hat. Pissels- und Holzmühle lagen etwa 1,2 km auseinander. Dort, wo der Stausee nach rechts abbiegt und unseren Blicken entschwindet, hätten wir sie gefunden. Von Merkendorf aus war die Mühle in einer viertel Stunde zu erreichen. Links der Weida zweigte der Mühlgraben ab. Der bewaldete Höhenzug gegenüber gliedert sich in den Weidenberg, den Mittelberg und den Wachtberg (370 m ü. NN). Oben liegt versteckt die Wüstung „Altes Schloss". Abraumgesteine und Geröllflächen lassen ein uraltes Erzfördergebiet vermuten.
Erste Kunde über *„den Holzmüller"* lieferte das Erb- und Lehnbuch des Jungfrauenklosters Weida aus der Zeit von 1533–1539. Namentlich wurde er 1552 als Jacob Holzmüller aufgeführt. 30 Jahre später war *„die Holzmüllern an der Weida"* verwitwet und ihr Sohn Conrad Becker mit Gütern ihres verstorbenen Mannes belehnt. Demnach hieß der Holzmüller mit Familiennamen Becker. 1595 war es *„Hanß Becker aus der Holzmühle"*, der laut Gerichtsbuch als Kläger auftrat, weil der Fahrweg zur Mühle in unbefugter Weise aufgeackert war. Als Hanß Becker 1643 bei seinem Vetter Hanß Kittelmann 57 aßo und 11 Groschen schuldig blieb, wurde sein Holz auf dem Weidenberg verpfändet. Vielleicht gab es dort Kohlenmeiler, die Holzkohle für die Erzschmelze in der Hammermühle herstellten. Aktenkundige Vermerke darüber wurden nicht gefunden. Hanß Becker (Lecker) starb 1645. *„Hanß Becker, weiland Hanß Beckers, Holzmüllers Sohn"* erschien 1661 laut Gerichtsbuch der v. Zehmens in Weißendorf und verkaufte ein Stück Holz, die Wiese und das Wasser auf dem Weidenberg, die im reußischen Grenzgebiet lagen. Am 7. Juni 1664 ging die Holzmühle in den Besitz von Jacob Schmeißer (1615-1669) über, einem Sohn Nicol Schmeißers. Darüber gab es in Weißendorf keinen Vermerk, da die Mühle zu dieser Zeit kursächsisch war. Die Weißendorfer Lehnstücke am Weidenberg erwarb der Müller 1667 für 60 aßo. Jedoch starb Jacob Schmeißer 14 Tage vor Lichtmess 1669 und hinterließ seine Witwe Maria mit fünf unmündigen Kindern.
1672 begann die 280-jährige Geschichte des Müllergeschlechtes Hößelbarth auf der Holzmühle. Hans Heselbarth, das 4. Kind des Grochwitzer Müllers Nicol Heselbarth (gest. 1663), dessen Vorfahren schon um 1550 in der Mittelmühle am Seebach bei Weida saßen, kaufte am 28. Juni 1672 die Holzmühle unter Merkendorf und heiratete die Müllerswitwe Maria Schmeißer, eine geborene Steinbock aus Dörtendorf. Er wurde wohl zum ersten Hößelbarth, der sich im Weidatal niederließ. Der Kaufvertrag gab für die Mühle zwei Mahlgänge, einen Brettgang und einen wüsten Ölgang an. Der Brettgang war die Schneidemühle. Der Kaufpreis betrug 350 alte Schock, wovon jedes der fünf Kinder 50 aßo Erbteil erhielt. Ein Altschock (aßo) bestand aus 20 Meißnischen Groschen. Diese Münzeinheit wurde später durch neue Schock und den Thaler abgelöst. Damals wurde Thaler mit Th geschrieben. Erst Konrad Duden schaffte einige Th-Schreibweisen ab. Zum Viehbestand der Holzmühle gehörten 5 Kühe, 2 Ochsen, 3 Kälber, 2 Ziegen und 4 Schweine. Ende des Jahres 1672 erschien *„Hans Heselbarth in Gegenwart von Jacob Schmeißers, des Holzmüllers Witwe, jetzt aber des Käufers Frau und den Kindern 1. Ehe, nämlich Andreas, Georg, Michel, Catharina und Eva Schmeißer"* bei v. Zehmen im Rittergut Weißendorf, um Lehnsfragen von Grundstücken, die in der Weißendorfer Flur lagen, die *„einst Jacob Schmeißer, jetzt aber dessen Erben gehörten"*, zu klären.
Auch die Holzmühle wurde im Jahre 1682 einer Mühleninspektion unterzogen. Junker von Meusebach und der Weidaer Amtmann Jesaja Hickmann kontrollierten die Gemäße sowie die Abgabebüchse, worin der Mahlgroschen hinterlegt werden musste. Hans Heselbarths Viertel

hatte *„das weidische umb ein guth Nößel übertroffen."* Gemessen wurde damals nach Scheffel, der 4 Viertel oder 224 Kannen zählte. Ein Viertel hatte 4 Maß, ein Maß waren 2 Metzen. Eine Kanne konnte in 2 Nößel geteilt werden. Trotzdem kamen unterschiedliche Mengen zustande, da beispielsweise die Schleizer Kanne 0,86 Liter fasste, die Greizer aber 1,48 Liter. Etwa 20 Jahre nach seinem Einzug in die Holzmühle starb Hans Heselbarth. Sein einziger Sohn, der wieder *„Hannß Heselbarth"* hieß, erbte den Mühlenhof. Seine Lebenszeit lag in den Jahren 1674 bis 1713. Der junge Müller erweiterte seinen Grundbesitz ständig. Von einigen Merkendorfer Bauern, die Rückstände bei der Bezahlung der Kriegssteuer hatten, konnte er gutes Ackerland erwerben und heiratete Anna Emmerisch, deren Vater ein *„Pferdefrongütlein"* besaß. Ein altes aus der Holzmühle stammendes Schriftstück von 1709 beurkundete den Kauf einer Wiese durch *„Hannß Heselbarth, Müller in der Holtz Mühle unter Merkendorf."*

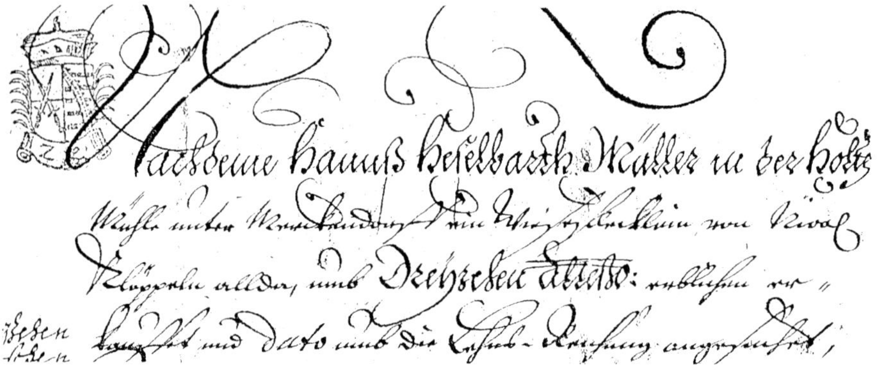

Noch keine 40 Jahre alt, starb der Mühlenbesitzer 1713. Seine Witwe hatte drei Söhne und eine Tochter, die alle noch im Kindesalter waren. Das war zunächst eine schwierige Situation. 1715 wurde die Mühle deshalb für 12 Jahre an den Meister Paul Schröter verpachtet, der die Witwe Anna Heselbarth heiratete. Eine bereits bei anderen Mühlen erwähnte Urkunde, die von 19 Müllern der Umgebung im Amt Weida zwecks einer Übereinkunft über Schneidelohnkosten im Jahre 1717 angenommen wurde, stellte sich als wahre Fundgrube betreffs des Müllernamens Heselbarth dar. Den ältesten Sohn des so zeitig gestorbenen Hannß He., auch wieder ein Hannß He., vermerkte das Dokument als *„Pacht-Müller in der Holtz Mühle unter Merkendorf"*. Er hatte demnach neben seinem Stiefvater auch Anteile an der Mühle. Weitere „Heselbärthe" gaben ihre Zustimmung aus der talabwärts gelegenen Erzmühle, der am Seebach bei Weida zu findenden Grochwitzer Mittelmühle sowie der Mühle Frießnitz. Die Holzmühle, die mit zwei Mahlgängen und einer Schneidemühle ausgestattet war, hatte laut dem Weidaer Handregister von 1721 auch wieder eine intakte Ölmühle. Nach Beendigung der Pachtzeit Paul Schröters übernahm am 1. März 1728 der zweite Sohn des Hannß He., Hans Christoph Häßelbarth (1709-1797), die Mühle von seinem Stiefvater. Die Mutter und jedes seiner vier Geschwister erhielten 210 aßo. Sein jüngster Bruder, der eigentliche Hoferbe, musste zusätzlich mit 70 aßo *„Chürgeld"* abgefunden werden. Alle Geschwister sollten, wenn sie heirateten, ansehnliche Ehrenhälften (Hochzeitszutaten) erhalten, das waren 9 Eimer Bier (1 Eimer zu 70 Liter), 1 Scheffel und 2 Viertel Weizen, 2 Scheffel Korn zur Brotung, 1 Viertel Korn zu Branntewein, 1 gemästet Rind, 1 gemästet Schwein,

1 Stein Fische zu 20 Pfund, 1 Thaler Geld zu Würze, 1 Fäßchen Butter von 10 Kannen, 1 Maß gebackene Pflaumen, 1 Viertel Salz, 3 gemästete Gänse, 8 Hühner, 1 Schöps oder Kalb, 2 Schock Käse, 6 Mandel Eier und 2 Pfund Hirse. Dazu kamen die Ehrenkleider (Hochzeitsgewand) und Hausrat, wie Betten, Schränke, Spinnrad, Zuber und Rührfass, Leinewand, gemödelte (karierte) Tafeltücher und 2 Dutzend feine Schnupftücher. Dieser Einblick in die Familienchronik zeigt uns ein Bild von der damaligen wirtschaftlichen Leistungsfähigkeit unserer heimatlichen Mühlen, die es doch zu einem gewissen Wohlstand gebracht haben.
Hans Christoph Häselbarth war mit Eva Pufe aus Birkigt verheiratet und besaß die Mühle 40 Jahre lang. Beide hatten 7 Kinder. Der jüngste Sohn Johann Michael Häßelbarth (1740–1811) wurde am 5. Mai 1768 Mühlenbesitzer. Der Siebenjährige Krieg (1756–1763) brachte auch in unserer Gegend eine ziemliche Geldentwertung, sodass die Mühle für 1700 aßo erkauft werden musste. Durch hohe Steuern und Kontributionen ruhten auf der Mühle plötzlich 500 aßo Schulden. Nach Wohlstandsjahren folgten immer wieder schlechte Zeiten. Johann Michael Hä. verheiratete sich am 18. November 1771 mit Maria Rosina Peter aus Langenwetzendorf. Auch aus dieser Ehe gingen 7 Kinder hervor. Der alte Vater Johann Christoph Hä. lebte nach der Mühlenübergabe noch fast 30 Jahre lang und starb hoch betagt am 20. September 1797 an Faulfieber. Im Übergabevertrag hatte der Sohn dem Vater einen guten Auszug zugesichert. Er verpflichtete sich, *„dem Vater auf seine Lebenszeit die freie Wohnung in der Mühle zugestatten, ihn mit notdürftigem Essen und Trinken an seinem Tische, sowie die Stube überm Hofe auf dem neuen Gebäude und die Kammer daneben zu seiner Wohnung einzuräumen, mit freiem Holze und Licht, desgleichen Waschen, Backen und Kochen zu versehen, im Alter oder Krankheit zu pflegen und zu warten mit dienstlichen Medikamenten zu versehen, auch wenn er dereinst nach Gottes Willen sterben sollte, auf seine Kosten christlichem Gebrauche nach zur Erde bestatten zu lassen."* Für den Fall, dass man sich an einem Tische nicht vertragen sollte, musste genügend Nahrung und Kleidung gereicht werden. Erst etwa 100 Jahre später wurde im Deutschen Kaiserreich 1889 eine Alters- und Invalidenversicherung eingeführt. Bis dahin galt der sogenannte „Auszug", also die Verpflichtung der Kinder, für den Unterhalt der Eltern zu sorgen. Deshalb wiederum hatte Johann Michael Hä. die Aufgabe, aus seinen sieben Kindern etwas Ordentliches zu machen. Der jüngste Sohn wurde traditionell der Hoferbe, die älteren Brüder zogen in die Fremde. Aus dem Jahre 1806, dem Beginn des Krieges zwischen Preußen und Frankreich, stammte ein Brief des Holzmüllers an seinen Sohn, der wahrscheinlich irgendwo in die Lehre ging. Pfarrer Kühne/Döhlen fand ihn und hinterließ ihn in seinen „Heimatklängen" wie folgt:

„Lieber Sohn".

Deinen Brief haben wir den 16. Novemb. erhalten, wir, Dein Vater und Mutter und geschwister, sind Gott sey Dank noch alle frisch und gesund, und wenn Du Dich wohl befindest, so wird es uns lieb seyn, Dein Großvater ist den 17. Octob. gestorben, was aber Ruhe und Friede bedrifft, so ist den 8. Octob. bey Saalburg, der erste Scharrmützel gewesen, und den 9. bey Schleitz, den 10. sind die Frantzoßen in Auma eingerückt, den 11. und 12. ist die gantze große Armee durch Auma gegangen, wo alles verhert und verzehrt worden, daß gedreidte verbrandt, das vieh geschlacht, und alles ausgeplüntert, bey mir und bey deinen Bruder ist nicht geplüntert worden, deine Schwestern aber hat das unglück auch betroffen, ihr gedreidte und ihr vieh haben sie erhalten, das Marschieren der Franzosen gehet durch Auma noch beständig, und die Dörfer haben noch beständig ein Quartierung, und große Beschwerden, wir grüßen Dich alle insgesamt, und Freuen uns Deiner Gesundheit.

und ich verbleibe Dein Lieber vater

Johann Michäl Hößelbarth.

Holtzmühle den 16. Novemb. 1806.

Nachsatz im Brief: *„Noch eins zu erinnern, in Merkendorf sind 13 Ochsen verlohren gegangen, Säu und Schafe nur zum theil, aber Gäntze und Hüner sind alle weg. Da sind die Leute in großen Aengsten gewesen, und haben sich geflüchtet, und die Häuser allein gelaßen. Da haben wir große Sorge um Dich getragen, zumal Deine Mutter. Wir waren ernstlich gesonnen, Dir hier von etwas zu schreiben. Darum lebe wohl und fürchte Gott."*

Die Postbeförderung war in jenen Zeiten landesherrliches Hoheitsrecht. Noch heute erinnern Postmeilensäulen in Auma und Neustadt an die kursächsische Post. Erst ab 1815 besorgte wieder die Fürstl.-Thurn-und Taxissche Post, wie schon früher im alten Deutschen Reich, den Postdienst. Die Holzmühle des Johann Michael Hä. dürfte in diesen Kriegsjahren noch glimpflich davongekommen sein. Räuberische Brandschatzungen der Franzosen, von denen manchmal berichtet wurde, bestätigte die Familienchronik nicht. Weitaus schlimmer erging es den umliegenden Dörfern. Die Nächte waren

durch Feuerschein rundum erhellt. Selbst der Kanonendonner von der Schlacht bei Jena dröhnte unaufhörlich herüber. *„Es war das Größte, das Ungeheuerste, was ich in meinem Leben gehört habe"*, schrieb Pfarrer Meißner in seinen Aufzeichnungen. Die Söhne des Holzmüllers gründeten in den nächsten Jahren ihre Existenzen. In dieser Generation vollzog sich eine weitere Ausbreitung der „Hößelbärthe" im Weidatal. Das 4. Kind, Johann Christoph Hä., erwarb durch Einheirat 1808 die Pisselsmühle. Der älteste Sohn, Johann Georg Hö., baute 1815 die Berbismühle bei Staitz (Bermichsmühle) neu auf. Johanna Christina, das 6. Kind, wurde die Ehefrau des Franzenmüllers Johann Christoph Vogel. Der jüngste Sohn, Johann Gottlieb Häßelbarth (1788–1872), übernahm durch Erbkauf am 29. April 1809 die elterliche Holzmühle für 1800 aßo. Er war mit Christina Burucker verheiratet. Im verschnörkelten Titelblatt des Kaufvertrages wurde der Landesherr Friedrich August, König von Sachsen, vorangestellt. Die Holzmühle gehörte in der napoleonischen Zeit von 1806-1815 zum Königreich Sachsen. Meister Johann Michael Hä. verkaufte seinem 21-jährigen Sohn Johann Gottlieb *„seine seither besessene, unterm 5. May 1768 käuflich an sich gebrachte sogenannte Holzmühle unter Merkendorf, dem Königl. Amte Weida mit ¼, mit ¾ aber dem abgegangenen Nonnenkloster Weida lehnrührig, mit allen Wohn-, Mühl- und Eingebäuden, mit zwei Mahlgängen, Schneidemühle und Oelmühle, nebst Feldern, Wiesen, Gärten, Gehölzen, Fischwässern,... ingleichen einem Stück Holz und Wiesenfleck an dem Weidenberg, wo beydes ja doch Fürst. Reuß. Kammerguth Weißendorf zu Lehn geht..."* Zwei Jahre später, also 1811, starb der Vater. Die Mutter, Maria Rosina H., verschied 1826 an Altersschwäche. Im Kirchenbuch stand sogar vermerkt, dass sie Herr Dr. Hedrich aus Weida behandelt habe. Ein Arzt wurde damals selten zu Rate gezogen, da man gewöhnlich mit alten Volksheilmitteln kurierte. In den Folgejahren ging es mit der Holzmühle wirtschaftlich weiter bergauf. Dies zeigten mehrere Grundstückserwerbe 1821, der sogenannten Holzwiese 1830 *„von ungefähr 179 weimarischen Ruthen"*, einer Wiese *„von 10 Metzen Flächengehalt"* sowie weitere Dörtendorfer Wiesengrundstücke 1837, wobei *„5 pro Cent"* der Kaufsumme an das Großherzogliche Rentamt zu entrichten war. Ein Beleg des Holzmüllers war 1847 gar in zwei Währungen, nämlich in 100 Meißnischen Gulden oder 87 Thaler neuer Landeswährung, ausgeschrieben. 1848 überließ Johann Gottlieb Hä. seinem Sohn gleichen Namens, also auch Johann Gottlieb (1823-1899), die *„sogenannte Holzmühle unter Merkendorf gelegen,... nebst allen pertinentiell dazu gehörigen Feldern, Wiesen, Gärten und Gehölzen..."* Sämtliche Gebäude waren genauso aufgeführt wie in früheren Kaufverträgen. Demnach wurden die Kriegsjahre gut überstanden. Die Bezeichnung *„Schiff und Geschirr"* für das Mühlen- und Wirtschaftsinventar trat ebenfalls wieder auf. Der Sohn zahlte an seinen Vater *„eine brave Kaufsumme von 2000 Thalern Landeswährung"* und gewährte ihm außerdem noch vier Jahre lang die unbeschränkte Wirtschaftsführung. Dazu wurden noch die üblichen Auszugsbedingungen, wie freier und ungehinderter Aufenthalt in der Mühle, kostenloses Essen und Trinken, die Versorgung im Krankheitsfalle usw. vertraglich vereinbart. Naturalien sollten nach Zeulenrodaer

Gemäß in guten reinen Kannen bereitgestellt werden. Auch die beiden ledigen Schwestern hatten unentgeltlichen Aufenthalt in der Mühle zu beanspruchen. Johann Gottlieb Hä. heiratete um 1852 in 2. Ehe Christiane Sophie Völkel. Sein Bruder August Gottlieb wanderte in die Kölbelmühle ab. In diesen Zeiten könnte nach mündlicher Überlieferung Feuer in der Holzmühle ausgebrochen sein, weil Funken aus dem Schornstein einen Reisigbündel entzündeten und eine lodernde Brandstelle verursachten. 1854 entstanden die meisten der Mühlgebäude, die genau 100 Jahre später dem Bau der Weidatalsperre weichen mussten. Das Wohnhaus war gemauert und oben aus Steinfachwerk, zum Teil mit Schieferbeschlag. Die Stallgebäude hatten massive Gewölbe und oben Fachwerk. Auch die Scheune bestand aus festen Grundmauern und Fachwerk. Als kleine Rarität war am Wohngebäude zwischen dem 2. und 3. Fenster eine Sonnenuhr zu bestaunen. Der einzige Sohn und Hoferbe Johann Gustav Hä. wurde am 8. Juli 1857 geboren. Weiterer Zuwachs an Feldern und Wiesen ergab sich 1866. Mühlenbesitzer Häßelbarth kaufte den Angeracker von Franz Lautenschläger zu Silberfeld und später Grundstücke auf Merkendorfer Flur. 1882 ließ Johann Gottlieb H. seine Gebäude, die aus Wohnhaus, Mahl- und Schneidemühle, Ölmühle, Seitengebäude, Scheune, Toreinfahrt, Ställe und Schuppen sowie Fisch- und Bienenhaus bestanden, versichern. Der 61-jährige Vater konnte somit per 1. Januar 1885 seinem 27-jährigen Sohn Johann Gustav (1857–1924) ein stattliches Anwesen vererben. Erbgut war aber zu erkaufen. Der Kaufvertrag dazu datierte vom 25. Oktober 1884. Zunächst erklärten jedoch die Erschienenen vor Gericht, dass ihr Familienname Hößelbarth sei und dass es nur auf Irrtum beruhe, wenn der Verkäufer Häßelbarth genannt werde. Sogleich wurden im Kaufvertrag der Mühlengutsauszügler und der Gutsannehmer als Hößelbarth eingetragen. Offenbar war der Gerichtsschreiber dadurch etwas verwirrt, denn einige Zeilen tiefer gab es als Neuschöpfung den Namen *„Hößelbärth"*. Nach der Aufführung der einzelnen Grundstücke fügte der Merkendorfer Schullehrer Macht noch eine Bemerkung hinzu: *„Von fraglicher Mühle ist jährlich an die Schule zu entrichten: 1 Kante Flachs, 2 Eier, ½ Metze Weizenmehl und 26 Pfennige Orgelgeld."* Thaler, Gulden und Kreuzer wurden im Kaiserreich 1875 von der einheitlichen Währung Mark und Pfennig abgelöst. Der Lehrer Leander Macht schloss übrigens mit einer der Töchter des Holzmüllers Johann Gottlieb H. die Ehe. Seine Enkelin Käthe, Tochter des Realschullehrers Johann Macht, war als Gattin Rudolf Bauerfeinds in dessen Fabrik für Bandagen und Gummistrümpfe in Zeulenroda und Darmstadt führend tätig. Ihr Sohn Hans B. Bauerfeind, der in 3. Generation ab 1994 neue, große Werke in Zeulenroda aufbaute, die mit über 800 Beschäftigten modernste Qualitätsprodukte liefern, findet also seine Vorfahren mütterlicherseits in der Holzmühle. Käthe Bauerfeind schwärmte in ihren letzten Jahren noch von den schönen, alten Zeiten, die sie gern unten im Weidatal verbrachte.

Ab 1885 führte Johann Gustav Hößelbarth nunmehr in 7. Generation die Mühle in den nächsten 35 Jahren. Lina Heuschkel aus Merkendorf wurde seine Ehefrau. Durch fleißige Arbeit gelang es ihnen, ihre Nutzflächen weiter zu vergrößern. Sichelmüller Wilhelm Adolf Häckel verkaufte 1892 seine Wiesen, die vom unteren Mühlgraben der Pisselsmühle bis zum Holzmühlwehr reichten, für 200 Mark an Hößelbarths. Ein Jahr später kam die neben der Holzmühle gelegene Hempelsche Wiese dazu. Diese Neuerwerbungen waren für die Viehhaltung vorteilhaft, da sie in unmittelbarer Nähe lagen. Schließlich wurde auch der Grundbesitz auf dem Weidenberg erweitert, welcher bisher zu Hartmanns Bauerngut aus Dörtendorf gehörte. Die Einrichtungen der Ölmühle wurden 1899 abgebaut und der Raum zum Abstellen von Wagen und Geräten benutzt. 1903 war die grundhafte Renovierung der Schneidemühle an der Reihe, für die ein neuer Anbau geschaffen wurde. Ein eigenes Wasserrad setzte die Gatter- und Kreissäge in Bewegung. Eine Vorgelegewelle mit ihrem Getriebe, die Kurbelwelle mit dem Schwungrad und dem Kurbelstock sorgten für einen reibungslosen Antrieb. Über einen Wagen gelangten die Stämme im Zuschiebegang an das Gatter. Mühlenbesitzer und Landwirt Johann Gustav Hö. hinterließ einige Aufzeichnungen aus den Jahren 1908 bis 1920, die einen

Einblick in die Ausstattung des Mühlengutes ergaben. Neben den beiden Mahlgängen stand ein Walzenstuhl, also eine Maschine zum Mahlen von Getreide, zur Verfügung. Der Landwirtschaftsbetrieb erforderte auch Maschinen. Es gab Ackergeräte, eine Dreschmaschine, eine Häcksel- und Sämaschine, eine Zentrifuge, eine Buttermaschine und eine Wurstmaschine. Zwei Ackerpferde und zwei Zugochsen halfen als Arbeitstiere. Fünf Kühe, vier Stück Jungvieh und vier Kälber, dazu sechs Schweine bevölkerten den Stall. Aus der laufenden Ernte fuhr man u.a. 40 Schock Roggen, 20 Schock Gerste, 20 Schock Hafer, 6 Schock Weizen, 300 Zentner Heu und 200 Zentner Grummet ein. Drei Wirtschaftswagen, ein Kutschwagen, ein Schlitten und drei Lastschlitten gehörten zum Fuhrpark. Nach Unterlagen des Thüringer Mühlen- Versicherungsvereins zu Triptis war 1914 in der Holzmühle eine eigene elektrische Lichtanlage mit Dynamo und Akkumulator vorhanden. Kraftstrom gab es nicht. Zwei Wasserräder mit eisernen Schaufeln standen für die Mahlmühle bereit. Neben den althergebrachten französischen und deutschen Mühlsteinen verrichteten ein Quetsch- und ein Schrotstuhl ihre Arbeit. Zur weiteren Einrichtung gehörte eine gesonderte Spitzmühle mit einer Reinigungsmaschine. Zwei Aspirationsfilter mit Handabklopfer, ein Trieur, welcher Unkrautsamen auslas, ein Magnet zum Entfernen von Eisenteilen, ein Vorsichter und zwei Sieb- bzw. Sichtmaschinen sicherten eine saubere Mehlherstellung ab. Sieben Elevatoren, verschiedene Rohrleitungen und eine Transportschnecke dienten als Nahfördermittel. Ein Exhaustor saugte lästigen Staub ab. Alles in allem – eine typische, solide Mühleneinrichtung.
Johann Gustav Hößelbarth, 63 Jahre alt, trat am 1. Oktober 1920 das Mühlengut mit dem gesamten lebenden und toten Inventar an seinen ältesten Sohn Gustav Alexander Hö. (1889-1968), 31 Jahre alt, ab. Die beiderseits vereinbarte Kaufsumme von 60 000 Mark bestätigte das Amtsgericht Auma. Auch der jüngste Sohn Albin Martin Hö. blieb dem Müllerberuf treu und wurde Kuxmüller in Langenwetzendorf, während sich die Tochter Frieda in Merkendorf mit Bauerngutsbesitzer Alban Köber verheiratete.
Alexander Hö., genannt Sander, wurde der letzte Holzmüller. Seine Frau Frieda, geb. Gerold, starb schon 1939. Beide blieben kinderlos. Die lange Erbfolge ging zu Ende. In der Zeit des 2. Weltkrieges ließ ab 1943 die Mahlkundschaft beträchtlich nach und blieb schließlich ganz aus. Alexander Hö. ging zu seinem Bruder Martin in die Kuxmühle nach

Quittung

von

G. Hösselbarth

Holzmühle bei Triebes, R.

Den 31.12. Dezember 1920

Langenwetzendorf. Die Landwirtschaft pachtete Herbert Bergner aus Merkendorf. Mit dem Bau der Weidatalsperre kam das Aus für die auf lange Traditionen zurückblickende Holzmühle. Bis zum Abriss 1954 behielt Sander Hößelbarth das Wohnrecht in seiner Mühle mit der Anschrift Merkendorf Nr. 53. Seine letzten Jahre verbrachte er in der Teichmühle Triebes, da er die dortige Müllerswitwe Martha Hupfer geheiratet hatte. Für den Eigenbedarf ratterte dort der Schrotgang noch wenige Jahre. Am 22. Juni 1968 starb Alexander Hößelbarth und fand seine letzte Ruhestätte neben seiner ersten Frau auf dem Friedhof in Merkendorf.

Quellen und Literaturangaben:
siehe Verzeichnis Nr. 20, 65, 67, 90, 98, 99, 101, 139, 151, 165, 169
sowie Auskünfte durch persönliche Gespräche mit Käthe Bauerfeind, Zeulenroda, Johannes Köber, Merkendorf, der umfangreiches Urkundenmaterial bereitstellte und Brigitte Krehl, geb. Kühne, mit deren Zustimmung Ausschnitte aus dem Werk ihres Vaters (Heimatklänge aus dem Weidatal) Verwendung fanden

Die Holzmüller

„der Holzmüller"	erw. 1533-1539	lt. Erb- und Lehnbuch, Jungfrauenkloster Weida
Jakob Holzmüller	erw. 1552	lt. ebenda
Conrad Becker	erw. 1582-1591	lt. Gerichts- und Lehnbuch Weißendorf
Hanß Becker	erw. 1595-1645	
Hanß Becker	erw. 1661	lt. ebenda
Jacob Schmeißer	geb. 1615 gest. 1669	lt. Kirchenbuch Döhlen
Hans Heselbarth	erw. 1672-1698	lt. ebenda
Hans Heselbarth	geb. 1674 gest. 1713	lt. ebenda
Paul Schröter (Stiefvater)	erw. 1715-1728	lt. ebenda
Hans Heselbarth	erw. 1717	lt. Stadtarchiv Zeulenroda
Hans Christoph Häßelbarth	geb. 1709 gest. 1797	lt. Kirchenbuch Döhlen
Johann Michael Häßelbarth	geb. 1740 gest. 1811	lt. ebenda
Johann Gottlieb Häßelbarth	geb. 1788 gest. 1872	lt. ebenda
Johann Gottlieb Häßelbarth	geb. 1823 gest. 1899	lt. ebenda
Johann Gustav Hößelbarth	geb. 1857 gest. 1924	lt. ebenda
Gustav Alexander Hößelbarth	geb. 1889 gest. 1968	lt. ebenda

Holzmühle Merkendorf, 1954

Am Mühlgraben

Franzenmühle bei Staitz, 1954

Pfaffenbrücke, 1954

Die Franzenmühle bei Staitz

Auch die nächste Mühle werden wir nicht mehr zu Gesicht bekommen. Wie die Holzmühle, so liegt die Franzenmühle ebenfalls im Grunde der Weidatalsperre. Versunken ist auch das 1907 entstandene Triebeser Wasserwerk. Eine uralte Steinbrücke wölbte sich dort über die Weida. Es war die Pfaffenbrücke, über die der Pfarrweg von Döhlen nach Piesigitz und Merkendorf führte.
Um die Weidatalsperre zu umwandern, gibt es ab Vorsperre Pisselsmühle zwei Möglichkeiten. Im weiten Bogen führt rechts der Hauptwanderweg über den Ortsteil Kranich, blau markiert, nach Döhlen. Kleine Pfade auf dem Rücken der Weidaberge, die 1935 der Zeulenrodaer Kantor Fritz Sporn beschrieb, sind fast zugewuchert. Der Wegweiser am Kranich verrät uns, dass es bis nach Döhlen 5 km weit ist. Vor dem Dörtendorfer Wasserwerk halten wir uns links und erreichen den „Schönen Blick" am Grubsch. Dort unten lag versteckt die Franzenmühle. Über den mit Holzbohlen bedeckten Mühlgraben führte einst der Weg durch das Gehöft. Auf dem nahen Bergsporn befand sich eine aus dem 13. Jahrhundert stammende Wehranlage, die Burgstatt von Staitz, die in den Jahren 1949-1951 von Professor Radig freigelegt wurde. Er entdeckte kleinere kellerartige Steinwände und fand Scherben aus der frühdeutschen Zeit. Als alter Flurname blieb der „Mühlwinkel" erhalten. Die zweite Wandermöglichkeit ab Vorsperre Pisselsmühle geht linksseitig der Talsperre entlang, führt über die Holzmühlhütte und die langgezogene Piesigitzer Bucht, bis hinunter zum Wärterhof. Dort hat man schon die Bermichsmühle in Sichtweite. Schließlich bringt uns der rot markierte Weidatalweg am Ausgleichsbecken und der Erzmühle vorbei ebenfalls nach Döhlen. Beide Wege sind empfehlenswert.
Die Franzenmühle gehörte zu Staitz, einer seit 1283 urkundlich erwähnten einstigen altsorbischen Siedlung, die damals *„Stewiz"* hieß. Die Frondienste der Bauern waren in diesen Zeiten meist auf das Vorwerk Gräfenbrück zu leisten. Pfarrer Kühne hielt als erste namentlich bekannte Müller Balzer und Christoph Franz fest. Bereits 1607 vermerkte das Kibu Döhlen *„Christoph Frantz Molitor"* als Pate bei Hans Vogels Tochter zu Piesigitz. Die Mühle des *„Christof Franz"* stand 1618 unter Lehen des Marquart von Raschau zu Frießnitz. Sein Sohn Hans Franz, der *„Frantzenmüller"*, starb 1687 ohne einen Stammhalter zu hinterlassen. Bis in die Neuzeit blieb der Name „Franzenmühle" erhalten. Die Vorfahren stammten wohl aus der nahe gelegenen Erzmühle, denn dort gründete 1556 Wolf Frantze eine Mühle. Schlimme Zeiten musste die Bevölkerung während des 30-jährigen Krieges erdulden. Das Dorf wurde ausgeplündert und die Pest eingeschleppt. Von rund 140 Einwohnern blieben 43 übrig. Melchior Steinmüller, der eingeheiratet hatte, blieb bis um 1685 in der Franzenmühle. Dies bestätigte eine Mühleninspektion 1682, die die *„Frantzmühle, unter Steitz, dem von Meußbach Zu Frießnitz gehörig, Melchior Steinmüllers"* festhielt. Nachfolgend kam ein Schwiegersohn aus der bekannten Müllerfamilie Schmeißer ins Haus. Andreas Schmeißer aus der Holzmühle war bis zu seinem Tod 1703 der *„Frantzmüller"*. Sein Sohn Hans Schmeißer (1684–1716) wurde sein Nachfolger. Als neunfacher Vater starb er aber schon mit 32 Jahren. Deshalb musste 1717 eine wichtige Urkunde *„Hanß Schmeißers Witwe in der Frantzen Mühle zu Stäitz"* unterzeichnen. Zu Staitz gehörten ferner die Bermichs- und Erzmühle. Die Franzenmühle arbeitete laut „Handregister des Amtes Weida von 1721" mit zwei Mahlgängen, hatte eine Schneidemühle und lag ¼ Stunde südöstlich von Staitz. Der Müller hieß nun Christoph Adam Vogel (1687–1765). Er kam aus der Hammermühle bei Hirschberg und hatte 1721 die Witwe Hans Schmeißers geheiratet, die eine geborene Barthel aus der Mittelmühle Auma war. Adam Vogels Sohn Johann Heinrich (*1725) wurde 1748 *„Besitzer der Frantzenmühle"*. Von seinen sieben Kindern standen die Söhne Johann Christoph (*1753) und Hans

Georg (*1765) als Nachfolger bereit.

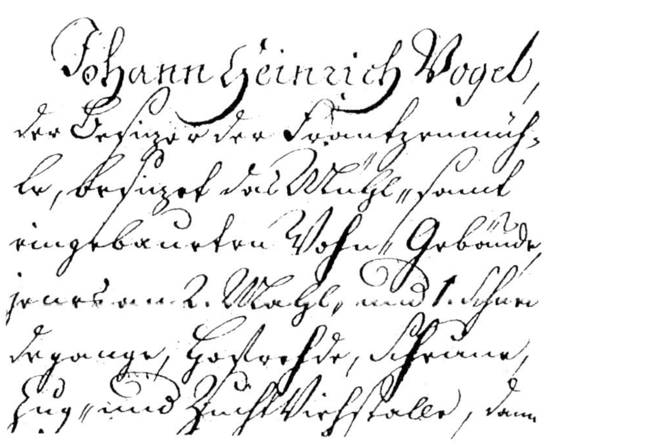
Johann Heinrich Vogel,
der Besizer der Frantzenmühle, besizet das Mühl- samt
eingebauten Wohn Gebäude
jenes an 2. Mahl- und 1. Schneidegange, Hofrehde, Scheune,
Zug- und Zuchtviehstalle, dann

Staitz, an der alten Post- und Heeresstraße Leipzig-Weida-Saalfeld gelegen, wurde immer wieder von Drangsalen heimgesucht. Im Siebenjährigen Krieg (1756–63), in dem Preußen und Österreich um die Vormachtstellung rangen, nahmen preußische Soldaten Quartier und mussten verpflegt werden. Die drei Staitzer Mühlen waren ständig gefordert und hatten wegen ihrer zwei Mahlgänge und des Schneideganges sehr hohe Steuern zu zahlen.

Die *„Individual-Consignation der Neustädter Creyß-Einnahme Anno 1795“* vermerkte noch *„Johann Heinrich Vogel, Besizer der Frantzenmühle, besizet das Mühl- samt eingebauten Wohngebäude, jenes an 2 Mahl- und 1 Schneidegange,*
Hofrehde, Scheune, Zug- und Zuchtviehstalle, dann an Zubehörungen: in der Burgstatt, im Ziebisch, der Garten genannt, hat Gartenrecht, die Schupfenwiese, der Wehrberg.“

Die Geldzinsen kassierte das Rittergut Frießnitz und die Steuern, wie Hufengeld, Müllergeld und Landgeschoss flossen ins Amt Weida. Opfergeld und zwei Rauden Flachs bekam der Pfarrer in Döhlen und dem Schulmeister in Staitz standen ein Taler und 10 Pfennige zu. Der Franzenmüller verfügte über einen großen Garten und lag deshalb bei seinen Abgaben recht hoch. Die Felder, Wiesen, Wälder und Gärten umfassten 8 Scheffel und 8 Metzen Land. Dazu kamen 20 Scheffel schlechteres Land am Berge beim Grubsch. Ein Scheffel war zwar kein Flächenmaß, sondern ca. 100 Liter, doch wurde er mit einer solchen Größe verglichen, die man mit einem Scheffel Saatgut bestellen konnte.

1806 marschierten Napoleons Truppen durch Staitz. Kirche, Schule, Rittergut und 32 Häuser brannten 1812 vollständig ab. Aus einer Urkunde des Jahres 1818 ging hervor, dass inzwischen Johann Christoph Vogel (geb. um 1785–1846) und seine Ehefrau Johanna Christina, geb. Häßelbarth aus der Holzmühle, die Mühle besaßen. Ab 1826 war es möglich, dass sich Untertanen von Fronleistungen bei Zahlung einer Ablösesumme freikaufen konnten. Doch im benachbarten Reußenland war man sich nicht so sicher, ob diese Aktion längere Zeit aufrechterhalten werden könnte, indem man feststellte, dass *„zu befürchten wäre, dass die Untertanen, durch aufwiegelnde Reden gewisser Neuerer bestärkt, die frevelhafte Meinung hätten, dass die Feudallasten mit der Zeit von selbst ohne jede Ablösung fallen müssen.“*

Von außergewöhnlichen Wetterkapriolen wurde auch berichtet. Vom 30. Mai bis 16. Juni 1845 war ein großes Hochwasser. Blitz und Donner, sogar Schneemassen sorgten für Überschwemmungen, die die hölzerne Brücke vor der Franzenmühle mit fortspülte. Laut Kataster Staitz übergab der Vater 1844 an Joh. Gottlieb Vogel, genauer wohl Karl August Gottlieb (1820–1879), sein Anwesen. Gegen 1850 ließ der Franzenmüller neue stabile Gebäude errichten, also jene, die rund 100 Jahre später wegen des Talsperrenbaues abgerissen worden sind. Wegen Besitzwechsel von Feldern und Wiesen hatte Vogel einen *„Siegelthaler“* und 10 Prozent Lehngeld an das Rittergut zu begleichen. Zur Bestätigung einer Urkunde war grundsätzlich Siegelgeld in Höhe von einem Thaler und zehn Silbergroschen zu bezahlen. Der Weidaer *„Gotteskasten“* verlangte ebenfalls jährlich einen Silber-

Staumauer der Weidatalsperre 1954, links Franzenmühle

groschen und acht Pfennige von Gottlieb Vogel. Diese Abgaben dienten der kirchlichen Arbeit und waren für bestimmte Vergehen zur Buße zu hinterlegen. Nach dem *„Gesetz über die Ablösung grundherrlicher Rechte"*, welches 1848 zustande kam, hatte Mühlenbesitzer Gottlieb Vogel an seinen Lehensherren, den Rittergutsbesitzer von Frießnitz, 1857 die Riesensumme von 215 Talern zu zahlen. Das Rittergut Steinsdorf forderte auch seinen Anteil. Die Aufhebung der Feudallasten war durch dieses Opfer zu quittieren. Ein letzter Generationswechsel vollzog sich lt. Katastereintrag ab 1876 bis 1894, als Gustav Eduard Vogel Mühle, Felder, Wiesen und Wälder bewirtschaftete. Der Familienbesitz ging aber zu Ende. Franz Emil Rau und seine Frau Selma, geb. Röhler, erwarben das Mühlengut. Seit 1. Juli 1906 betrieb Otto Neudeck (1869–1936), Sohn des Holzfällers Karl Friedrich Neudeck (1834–1889), die Schneidemühle des Franzenmüllers und eröffnete eine Fassfabrikation. Aus Baumstämmen wurden Fassdauben hergestellt und zu Holzfässern verarbeitet. 1907 pachtete er die Sägemühle der weidaabwärts gelegenen Loitschmühle, führte Lohnschnitt aus und bot Handelsholz an. 1911 siedelte er nach Zeulenroda um und errichtete ein Dampfsägewerk. Ebenfalls 1911, als Mühlenbesitzer Rau seinen Alterssitz in Weida bezog, kaufte der 25-jährige Otto Albin Hößelbarth (1887–1967), ein Sohn des Erzmüllers Karl Hößelbarth, die Franzenmühle nebst Zubehör mit *„Vieh, Schiff, Geschirr, Inventar und Mobilar"*. Mit seiner Frau Anna, geb. Pechmann, wirkte er vier Jahrzehnte in der Mühle.

Zwei große Wasserräder hielten den Betrieb in Schwung. Eines der Räder sorgte für die Lichtstromerzeugung. Um 1930 wurde vom Mühlenbauer Schröter aus Triptis ein neues mächtiges Wasserrad erbaut. Der Mahlbetrieb mittels Wasserkraft war damit für die nächsten Jahre bis zum Abriss der Mühle 1954 abgesichert. Rudolf Hößelbarth (1915–1944), Sohn des Franzenmüllers Otto Hößelbarth, heiratete 1940 Marianne Hößelbarth, Tochter des benachbarten Pisselsmüllers Albin Hößelbarth. 1941 wurde ihnen ihr Sohn Dietmar in der Franzenmühle geboren. Der furchtbare 2. Weltkrieg zerschlug diese Familie. Rudolf Hößelbarth kam aus dem Russlandfeldzug nicht zurück und fiel 1944. In dieser schweren Zeit halfen kriegsgefangene Franzosen, Polen und Russen, den Mahlbetrieb aufrechtzuerhalten. Die Sägemühle verfiel allerdings. Am 16. April 1945 rückten amerikanische Panzer von Auma gegen Staitz vor. 38 Artillerietreffer schlugen im Dorf ein. Der Kirchturm wurde getroffen. In den Sommermonaten 1945 besetzte die Rote Armee das Gebiet. Das ging nicht ohne Plünderungen in der Franzenmühle ab. Marianne Hößelbarth berichtete, dass neun Säcke voller Kleidung gestopft worden sind und die Müllersleute mit dem Gewehr bedroht wurden. Die junge Kriegerwitwe zog 1947 mit ihrem sechs Jahre alten Sohn wieder in die elterliche Pisselsmühle zurück. Für beide Mühlen kam mit dem Bau der Weidatalsperre 1954 der Abriss. Otto Hößelbarth, der die Franzenmühle seit 1948 an Hans und Gerda Zorn, geb. Hößelbarth (Erzmühle) verpachtet hatte, suchte nach einem passenden Alterssitz. Der Döhlenmüller Walter Schaller hatte um 1950 seinen Betrieb eingestellt und Otto Hößelbarth kaufte die leerstehende Mühle. Mit Hilfe einigen Inventars aus der Franzenmühle und Restmaschinen der Döhlenmühle wollte er es noch einmal wagen. Nach wenigen Monaten gab er auf, veräußerte 1953 die Döhlenmühle an Siegfried Herz und zog nach Weißendorf in eine neue Elektromühle. Marianne Hößelbarth hatte inzwischen den Weißendorfer Paul Oettel geheiratet und mit ihren Eltern, den Pisselsmüllern, 1953 eine Mahlmühle mit Elektroantrieb in Weißendorf eröffnet. Ihr Sohn Dietmar war der letzte der „Hößelbärthe", der Ende der 50er Jahre den Müllerberuf erlernte und in der Crienitzmühle Wünschendorf arbeitete. Weder die Franzenmühle noch die Pisselsmühle konnte er übernehmen.

Quellen und Literaturangaben:
siehe Verzeichnis Nr. 20, 48, 53, 59, 67, 92, 96, 98, 99, 101, 118, 140, 165
sowie Auskünfte durch persönliche Gespräche mit Marianne Oettel, geb. Hößelbarth, Weißendorf, Hilmar Hößelbarth, Erzmühle, Siegfried Herz, früherer Döhlenmüller und Jörg Neudeck, Firma Martin Neudeck KG Sägewerk Zeulenroda

Die Franzenmüller

Balzer Franz	geb. um 1580 gest. 1641	lt. Kirchenbuch Döhlen,
Christoph Franz	erwähnt 1607	lt. ebenda
Christof Franz	geb. um 1600 gest. 1630	lt. ebenda
Hans Franz	geb. um 1620 gest. 1687	lt. ebenda
Melchior Steinmüller	erw. 1675–1685	lt. ebenda
Andreas Schmeißer	erw. 1683 gest. 1703	lt. ebenda
Hans Schmeißer	geb. 1684 gest. 1716	lt. ebenda
Hans Schmeißers Witwe	geb. 1684 gest. 1746	lt. ebenda u. Amt Weida
Christoph Adam Vogel	erw. 1721 gest. 1765	lt. ebenda
Johann Heinrich Vogel	geb. 1725 erw. 1795	lt. ebenda u. Steuerliste Staitz
Johann Christoph Vogel	geb. 1753	lt. ebenda
Johann Christoph Vogel	erw. 1818 gest. 1846	lt. ebenda
Karl Aug.Gottlieb Vogel	geb. 1820 gest. 1879	lt. ebenda
Gustav Eduard Vogel	erw. 1876–1894	lt. Kataster Staitz, Hilbert
Franz Emil Rau	erw. 1894–1911	lt. ebenda
Otto Albin Hößelbarth	erw. 1911–1953	lt. Privaturkunde Hößelbarth

Franzenmühle bei Staitz, ab 1911 im Besitz von Otto Hößelbarth

Die Franzenmüller (von rechts):
Otto, Marianne, Anna Hößelbarth und Mitarbeiter um 1942

Links: Die Pisselsmüller: (von links) Paul Oettel, Albin und Martha Hößelbarth, Marianne Oettel und Kinder um 1950.

Bermichsmühle Staitz – Ehem. Mahl-, Schneide- und Knochenmühle – Gastwirtschaft von Otto Schaff 1925

Die Bermichsmühle bei Staitz

Unsere Wanderung führt nun zur Bermichsmühle, einer Mühle, die ebenfalls zu Staitz gehört. Sie liegt unterhalb der Hauptstaumauer der Weidatalsperre nahe am Ausgleichsbecken. Von ihren Bewohnern wird das Anwesen gepflegt und in Ordnung gehalten. Vom „Schönen Blick" am Grubsch senkt sich der Weg hinab in das Weidatal und gibt die Sicht zur Wasserfläche frei. Im Grund angekommen, biegen wir links in Richtung Erzmühle ab, um das Wanderziel zu erreichen. Dieser kleine Abstecher flussaufwärts ist auf dieser Route nicht zu vermeiden. Wem das nicht behagt, dem bietet sich ab Vorsperre Pisselsmühle die schon erwähnte Streckenführung über die Holzmühlhütte zur Triebabucht bei Piesigitz und weiter als schöner Waldweg bis zur Bermichsmühle an.

Der Name dieser Mühle könnte von dem 1303 urkundlich nachweisbaren *„Berwigisdorf"* abgeleitet worden sein. Alte Flurkarten verzeichneten diesen untergegangenen Ort als Wüstung. Erste Eintragungen über *„Hans Heußkel in der Mühl unter Staitz"* hielt das Erb- und Lehenbuch des Jungfrauenklosters Weida aus der Zeit von 1533–39 fest. Abgaben und Zinsen, die der Müller aufzubringen hatte, waren registriert. Der hiesige Kirchner erhielt zu Weihnachten von den Staitzer Mühlen je ein sogenanntes Umgangsbrot. Die 1581 gestorbene *„alte Behrmin"* ist vermutlich ein Hinweis auf längst vergessene Müllersleute. In der Kronfeld`schen Landeskunde fanden sich weitere Details über Staitz und die frühe Bermichsmühle. 1618 gehörte der Ort mit 4 ½ Hufen und 41 Einwohnern bzw. Hofstätten zu den größten Weidaer Amtsdörfern. Die Lehens- und Zinsherren wurden benannt. Außerhalb des Dorfes lagen die Franz(en)mühle des Christof Franz, weiter in Richtung Döhlen die Colditzmühle, also die spätere Erzmühle und schließlich unter Staitz die Zierold- oder *„Bermsmühle"* des Hans Zierold. Lehnsherr der letztgenannten Mühle war der Staitzer Rittergutsherr Hans Quirin von Hain, dessen Herrschaft 1630 Hans Wilhelm von Hain zu Staitz übernahm.

Das Ende des 30-jährigen Krieges, in dem Mord und Totschlag gang und gäbe waren, überstand *„Hans Zieroldt, der molitor"*. Lehnbrief und Kirchenbuch nannten ab 1666 den Müller Michael Siegel, der Verbindung zur Waltersdorfer Mühle hatte. Auch die 1682 durch die Lande gezogenen sächsischen Mühleninspektoren verzeichneten *„die Bermsmühle Michael Siegels"*. Die *„Commissare"* waren mit der Pflichterfüllung des Müllers zufrieden und bescheinigten *„richtig Maß und Büchse."* Nachfolgend war *„Georg Siegel in der Bermitsmühle"* anzutreffen. Wie schon in benachbarten Mühlen, so wurden auch hier Schmeißers sesshaft. Daniel Schmeißer heiratete 1689 Susanna Siegel und wurde für die nächsten 25 Jahre der *„Berbismüller"*. Sein Sohn Georg (1693–1758) übernahm um 1715 das Anwesen. Zur Mahlmühle gehörte auch ein kleines Sägewerk. Wegen *„Ungleichheit des Schneider Lohns..., indem mancher weniger Lohn als der andere, und dadurch veruhrsachet, daß manche Schneide Mühle müßig stehen müßen..."* kam es 1717 im Amt Weida zu einem Vergleich zwischen 19 Müllern, die an der Weida und der Auma mit dem Frießnitzer Seebach, ihren Sitz hatten. Man einigte sich darauf, dass *„Herren Breter und die gemeinen"* unterschiedliche Größen haben sollten. Vom *„Schneider Lohn und nichts drüber noch drunter zunehmen"* wurde von den Müllern akzeptiert, dabei auch von *„George Schmeißer in der Berbis Mühle"*. 1718 suchte sich Georg Schmeißer seine Müllerin aus der Mühle Döblitz bei Triptis. Zur Ausstattung der *„Bermsmühl"* hielt das Amt Weida 1721 im Handregister fest, dass die Mahlmühle mit zwei Gängen bestückt war und eine bereits erwähnte Schneidemühle ihre Dienste tat. Staitz bestand damals einschließlich der Mühlen aus 43 Häusern. Angebaut wurden Korn, Gerste und Hafer. Kartoffeln waren seltener. Freud und Leid wechselten 1735 und 1750 einander ab. Schmeißers

siebenjähriges Kind fiel in die Weida und ertrank. 15 Jahre später copulierte *„der Hochwohlgebohrne Herr, Herr Hanns George Traugott von Poelenitz, Erb-, Lehn- und Gerichtsherr auff dem Rittergute zu Staitz. Mit Jfr. Susanna Schmeisserin, Mstr. George Schmeissers, Bermis Müllers ehel. mittelste Tochter.“* Im Siebenjährigen Krieg (1756–63), als Sachsen mit Österreich verbündet war und gegen Preußen kämpfte, kamen in unsere Gegend oft plündernde Soldatenhaufen, die es auf Geld und Schlachtvieh abgesehen hatten. Auch Schmeißers mussten Tribut zollen. Der junge Müller Simon Schmeißer (1734–1762) wurde nur 28 Jahre alt. Nun übernahmen sein Bruder Meister Hans Christoph Schmeißer (geb.1738) und nachfolgend der Sohn gleichen Namens (geb.1764) das Anwesen. Laut einer Steuerliste *„der in Staitz befindlichen Einwohner“* aus dem Jahre 1795 *„besizet Hanns Christoph Schmeißer die Bermis-Mühle, am Wohnhause, mit 2 Mahl- und einem Schneide-Gange.“* Seine Felder und Wiesen bestanden aus *„2 Scheffel und 4 Mezen Land in allem.“* Seit jeher zahlte die Mühle ihren Erbzins dem Rittergut Staitz, das seit 1703 den Herren von Pöllnitz gehörte. Zwei Taler und 15 Groschen Müllergeld zog das Amt Weida ein. Das jährliche Opfergeld für den Pfarrer in Döhlen betrug 3 Groschen und 6 Pfennige, während der Schulmeister in Staitz einen Taler und 10 Pfennige erhielt. Nach dem Tod des Mühlenbesitzers kam 1796 Johann Georg Hößelbarth (1773–1847), der Holzmüllerssohn, als *„angehender Müller in die Bermismühle“* und heiratete die Witwe Rosina Schmeißer, geb. Kaufmann.
Die Jahrhundertwende stand vor der Tür. Im ganzen Land kriselte es. Napoleon zwang 1806 Kaiser Franz II. die Krone des Heiligen Römischen Reiches Deutscher Nation, welches seit 962 bestand, niederzulegen. Kursachsen, dem auch die drei Staitzer Mühlen angehörten, kämpfte auf Preußens Seite gegen die *„Grande Armee“*. 250.000 Franzosen, unter ihnen der Kaiser höchstpersönlich, wälzten sich am 11. und 12. Oktober 1806 von Auma in Richtung Gera. Riesige Lagerfeuer loderten in Staitz. Das dumpfe Getöse der Trommeln und die hellen Lichter der bei Nacht marschierenden Soldaten verbreiteten Angst und Schrecken unter der Bevölkerung. Nach der preußischen Niederlage bei Jena und Auerstedt traten Kursachsen, Sachsen-Weimar und die reußischen Fürstentümer schnell dem unter französischer Vorherrschaft stehenden Rheinbund bei, der das alte Reich ablöste. Als Dank ernannte Kaiser Napoleon umgehend Sachsen zum Königreich. Jedoch wendete sich das Kriegsglück und Sachsen verlor im Ergebnis des Wiener Kongresses 1815 große Gebiete an Preußen. Es entstand die Provinz Sachsen mit der Hauptstadt Magdeburg. Ein Weidaer Chronist schrieb dazu: *„Am 1. Juni 1815 kam hier die erste Kunde, daß der Neustädter Kreis an Preußen abgetreten sei. Die Bevölkerung war darüber zunächst nicht erbaut. Die Mitteilung von dem Übergang des Neustädter Kreises an Preußen wurde in allen Straßen Weidas angeschlagen und von der Kanzel herab verkündet. Am 15. Juni wurde am Posthaus der erste preußische Adler befestigt und am 3. August der Übergang festlich begangen…“*
Beinahe wäre die festliche Begehung schon wieder eine Abschiedsfeier gewesen, denn die Zugehörigkeit zu Preußen währte offiziell nur vom 22. Mai bis 15. November 1815. Da das Herzogtum Sachsen-Weimar-Eisenach den Rheinbund schnell verlassen hatte, avancierte es zum Großherzogtum und erhielt den Neustädter Kreis mit fast 33.000 Einwohnern zugeschlagen. Staitz mit der *„Berbis-, Erz- und Franzenmühle“* gehörte dazu. Diese Fakten erklären eine Inschrift, die sich an der Bermichsmühle befindet. Johann Georg Hößelbarth erneuerte die *„Berbismühle“* und hielt als Datum den *„25. Julius 1815“* am Hausbalken fest. Es entstanden Gebäude, wie wir sie heute noch kennen. Ein einzigartiges historisches Kulturdenkmal stellt die im Frontbalken des Haupthauses eingeschnitzte 16 m lange Schriftzeile dar, die dieses Stück Schicksal unserer engeren Heimat festhält: *„Als mich mein Herr zum Bau bereit / da war noch Sächsische Hoheit / In deß regierte die*

allirte Macht / so Friede in Frankreich zu Stande bracht / Da man aber ietzt mit Gottes Hülfe mich errichtet / war der Neustädter Kreis an König von Preußen verpflichtet: Meister Johann George Hößelbarth B.H. (Bauherr) – Hanß Nicol Hemann B.M. (Baumeister) / den 25. Julius 1815.“
Keine andere Mühle des Weidatales hat solch ein erhaltenswertes Dokument aufzuweisen. Wenn auch die Besitzer oft wechselten, den Spruch sogar überputzten, wurde er doch von verantwortungsbewussten Müllersleuten neu entdeckt und hin und wieder restauriert. Für Meister Hößelbarth bahnte sich 1817 eine zweite Ehe mit Christine Kästner an.
Die *„Großherzogl. Sächß. Cammer“* hatte im Januar 1826 *„die gnädigste Entschließung gefaßt“*, für den Amtsbezirk Weida und somit auch für Staitz, die Ablösung der sogenannten *„Weidaischen Schloßfrohne“* gegen eine *„hinlängliche Entschädigung“* zu veranlassen. 31 Staitzer Bauernhöfe hatten insgesamt eine Ablösesumme von 738 Talern und 8 Groschen zu zahlen. Der Name Hößelbarth war darunter nicht zu finden. Mitunter war der Müller, da er für die Ernährung seiner Mitmenschen sorgte, nach der damaligen Rechtslage von Frondiensten befreit. 1828 fiel die Ernte besonders schlecht aus und die Getreidepreise stiegen auf 5 Taler pro Dresdner Scheffel Korn. Nur die Erdäpfel, die mittlerweile hier auch angebaut wurden, brachten reichliche Ausbeute. Nicht immer gab es für die *„Bermsmühle“* genügend Kundschaft. Not und Krankheiten machten sich breit. Laut Kirchenbucheintrag *„starb den 30. Dezember 1843 Christine Wilhelmine Hößelbarth, Meister Hößelbarths in der Börmsmühle Ehefrau, welche gegen 12 Jahre lang siech und 10 Jahre lang auf einer Stelle gelegen und gesessen hatte.“* Auch Meister Johann Georg Hößelbarth, Eigentumsmüller in der *„Bärmsmühle“*, lebte nicht mehr lange und verschied am 21. April 1847, nachdem sein Sohn Heinrich Traugott H. schon vor drei Jahren die Geschäfte übernommen hatte. Er heiratete jedoch 1849 in die Erzmühle ein und wurde Erzmüller, blieb aber vorerst auch Besitzer der *„Bärmsmühle“*. Der alte Johann Georg H. hatte seinen Anteil mit 18 *„Reichsthalern“* rechtzeitig abgelöst, bestätigte Rittergutsbesitzer Hermann von Görschen zu Steinsdorf. Ein weiterer Sohn, August Gottlieb H. (1819–1903), Vater des späteren Büchersmüllers August Hermann H. (1852–1922), übernahm die Lemnitzmühle bei Triptis. Tochter Christiane Friederike H. verheiratete sich nach außerhalb ins Schwarzburgische. Pfarrer Kühne/Döhlen stellte dazu in seinen Unterlagen fest: *„Nachdem der bisherige Besitzer der Börmsmühle Joh. Heinrich Traugott Hößelbarth diese an den früheren Besitzer der Tegauer Mühle Meister Franz Weck verkauft hatte, zog derselbe am 31. Mai 1860 ein.“* Allerdings war vorher für Heinrich Traugott H. am 1. Januar 1860 eine Ablösesumme von 250 Talern für Rittergutsfelder, die zur *„Börmismühle“* gehörten, fällig. Das Geld, das Rittergutsbesitzer Leutnant und Forstmeister Rudolf von Pöllnitz erhielt, wurde zwar bei der Weimarischen Bank geborgt, doch konnte damit die Ablösung der Lehns- und Zinslasten beim Rittergut Staitz erreicht werden. Erst dann kam es zum Verkauf der Mühle und die nicht allzu lange Ära Hößelbarth in der Bermichsmühle war beendet.
Als *„Besitzer der Bormismühle Staitz“* standen 1867 der Mühlenbauer Christian Friedrich Voigt (1835–verunglückt 1873) aus Kleinreinsdorf, 1873 Müllermeister August Wilhelm Bleyer aus Schwarzburg und 1880 Carl Enke zu Buche. Friedrich August Hücker (1845–1925), Sohn eines Triebeser Webermeisters, verheiratet mit Wilhelmine Zaumseil aus Pansdorf, wurde im März 1881 Mühlenbesitzer. 1890 kam ihre Tochter Frieda auf die Welt. Hückers schufen 1901 einen ansehnlichen Erweiterungsbau, ein Backsteingebäude, welches den Hof rechtsseitig abschloss und Schutz vor Hochwasser bot. Der stattliche Vierseithof prägt immer noch die schön gelegene Bermichsmühle.
Die letzte große Schaffensperiode in der Bermichsmühle gestaltete Müllermeister Karl Otto Schaff (1887–1963). Er war der Sohn des Mühlenbesitzers Friedrich Schaaf

(Namensänderung) in Nienburg an der Saale und kam über Annaburg/Schwarze Elster ins Weidatal. Wanderjahre gehörten seit der 1659 im Kurfürstentum Sachsen bestehenden Müllerinnung zu festgelegten Pflichten und waren Voraussetzung zur Ablegung einer Meisterprüfung. Zunftgemäßes Auftreten sowie das mitgeführte Wanderbuch sicherten Verpflegung und Beherbergung in den Mühlen ab. 1919 heiratete Otto Schaff die Müllerstochter Frieda Hücker und übernahm die Bermichsmühle. In dem von seinen Schwiegereltern erbauten Nebengebäude entstand in einer gemütlichen Bauernstube eine kleine Gastwirtschaft. Am Giebel des Hauses prangte die Schrift „Gastwirtschaft Otto Schaff – Sommerfrische Bermichsmühle“. 1929 bat Otto Schaff im „Zeulenrodaer Tageblatt“ um gütigen Zuspruch. Diese Entwicklung zeigte auf, dass es notwendig war, sich neben der Müllerei und der Landwirtschaft eine weitere Erwerbsmöglichkeit zu schaffen. Dabei wurde der Mahlbetrieb nicht vernachlässigt. Ein Schrotgang, ein Mahlgang, ein Walzenstuhl sowie Vorsichter, Schälmaschine und Plansichter arbeiteten mit Wasserkraft. Für Elektroenergie sorgte ein Dynamo, der an derselben Antriebswelle hing.

Besuchen Sie die herrlich im Weidatal gelegene
Gartenwirtschaft und Sommerfrische
Bermigsmühle
Sie bekommen dort diverse
Speisen und Erfrischungen
und werden aufs zuvorkommenste bedient.
Um gütigen Zuspruch bitten
Otto Schaff u. Frau.

Nach Auma, Triebes, Zeulenroda und den umliegenden Dörfern wurde recht umfangreich Handelsmüllerei betrieben. Ein weiteres Wasserrad setzte die Knochenmühle in Bewegung. Knochenmehl als Düngemittel fand guten Absatz. Vier hintereinander angeordnete Knochenstampfen pochten und klopften unter entsprechender Geruchsverbreitung die Knochen entzwei. Die Hörner wurden per Gespann von Meuselwitzer Kunden zur Herstellung von Knöpfen abgeholt. Daneben schloss sich ein Sägewerk an. Zwei bis drei Sägeblätter konnten im Sägegatter eingehängt werden. Die Antriebskraft des zweiten Wasserrades verstärkte ein Rohölmotor. Nach einem Lageplan des Jahres 1935 bot der Mühlgraben hinter dem Haus eine Oberwasserhöhe von 293,44 m über NN. Nachdem er die beiden oberschlächtigen Wasserräder passiert hatte, floss das Unterwasser in 290,30 m Höhe wieder ab. Gegenüber am Berghang legte der Müller ein Kellerhaus und Rohöllager an. Diese vielseitige, erfolgreiche Tätigkeit brachte Otto Schaff den Titel eines Obermeisters der Müllervereinigung ein, woraus sich besondere Verpflichtungen ergaben. Unter anderem folgte er als Gast einer Einladung zur 100-Jahr-Feier der Niederböhmersdorfer Windmühle am 28. Mai 1944. Einer seiner Söhne, Waldemar Sch. (1927–2012), absolvierte im gleichen Jahr seine Gesellenprüfung als Müller bei Paul Schippel in der Starkenmühle, nachdem er zuvor in der Bermichs- und Büchersmühle lernte. Das Zubinden eines Mehlsackes mit einem ordentlichen, exakten Schnäuzel war eine der Spezialitäten des Meisters Paul Schippel, an die sich Waldemar Schaff aus eigener Erfahrung noch erinnern konnte. *„Leere Säcke stehen nicht!“* ist nicht nur eine alte Müllerweisheit. In den letzten Kriegsmonaten musste der junge Müllergeselle noch als Soldat einrücken. Nach der Kapitulation der deutschen Wehrmacht, als zunächst einmal die Besatzungsmacht ein 1,5 Zentner schweres Schwein aus dem Stall mitgehen ließ, arbeiteten Vater, Sohn und Schwiegersohn Kurt Thieme bis Anfang 1949 in der Mühle und halfen, schwierige Situationen in der Ernährungslage abzufangen. Schneller als geahnt, kam in diesen Tagen das Ende des

Mahlbetriebes in der Bermichsmühle. Schon vor dem 1. Weltkrieg gab es Pläne zum Bau einer Trinkwassertalsperre an der Weida. Etwa 25 Jahre später berichtete die „Triebeser Zeitung" vom 2. Februar 1937: *„In der Errichtung einer Weidatalsperre sind weitere Fortschritte zu verzeichnen. Vorläufig ist der Bau zwischen Bermichsmühle und Holzmühle vorgesehen. Sollte er jedoch dort nicht entstehen können, käme eventuell der Teil von der Büchersmühle bis zur Riedelmühle in Frage. Auch ein Gebiet bei Döhlen bleibt nicht unbeachtet."* Weitere Einzelheiten enthielt 1939 die Beilage zum „Reußischen Anzeiger". Man wusste schon genau, dass der Stausee 10 Millionen Kubikmeter Wasser enthalten werde und alle Mühlen oberhalb der Bermichsmühle bis zur Hammermühle weichen müssten. Auch ein kleiner Staudamm aus Lehm an der Pisselsmühle war eingeplant. Die Vorhaben scheiterten an den beiden Weltkriegen. Umso erstaunlicher war es, dass in der damaligen sowjetischen Besatzungszone am 19. August 1949 der Ministerpräsident des Landes Thüringen, Werner Eggerath, den ersten Spatenstich zum Bau der „Weidatalsperre Bermichsmühle" ausführte. Das gesamte Gelände wurde „Ernst-Thälmann-Baustelle" genannt, deren Verwaltung, Bauleitung und Kantine in die Bermichsmühle einzogen. Die Wasserwirtschaftsbehörde hatte das Objekt gekauft und Müllerfamilie Schaff siedelte noch 1949 unter Mitnahme ihrer Müllereimaschinen in die 10 km talwärts frei gewordene Loitschmühle um.
Indessen wuchs die Betongewichtsmauer ab Gründungssohle 32,50 m in die Höhe. Nach einer Bauunterbrechung 1950/51 wegen fehlender Finanzen kam es 1953 auf der Staumauer zu einem standesgemäßen Richtfest unter Teilnahme von Irma Thälmann, der Tochter Ernst Thälmanns. 1956 war die Bauzeit beendet. Neben der 170 m langen Hauptmauer entstand noch eine 225 m lange Sattelmauer mit zwei Fischbachklappen und Überlaufkaskaden. Bei Vollstau erreicht der Wasserspiegel eine Höhe von 316,50 m über NN. Die Aufbereitungsanlage Dörtendorf, die 1971 in Betrieb ging, gab bislang etwa 50.000 Kubikmeter Trinkwasser pro Tag ab.
In der Bermichsmühle blieb vorerst eine Konsumverkaufsstelle erhalten. Ab 1958 war das Gebäude für einige Jahre an das Rote Kreuz Gera für Ausbildungszwecke vermietet. Im Mai 1966 zog Familie Jobst in das rechte Seitengebäude ein und kaufte dieses 1983 der Gemeinde Staitz ab. 1984 erwarb der Berliner Professor Günter Mayer das Mühlengebäude Staitz Nr. 64. Bauliche Veränderungen, wie die Entfernung der Wasserräder und der Knochenmühle, führten leider 1995 zur *„Aufhebung der Unterschutzstellung"*. Der Mühlgraben erhielt kein Wasser mehr und wurde zugeschüttet.
Die Zeulenrodaer Wanderfreunde konnten sich damals von der gediegenen Innenausstattung, der stilvoll angebrachten Urkunden und Fotos verflossener Müllergeschlechter und der fortgeführten Restaurierungsarbeiten, überzeugen. Nachfolgende Besitzer haben zur Freude und Erbauung aller Heimatfreunde tatkräftig an der Erhaltung des Fachwerkes und historischen Hausbalkens gewirkt und sollten es auch weiterhin tun.

Quellen und Literaturangaben:
siehe Verzeichnis Nr. 6, 8, 20, 49, 53, 59, 66, 67, 97, 99, 101, 106, 113, 141, 165, 170 sowie Auskünfte durch persönliche Gespräche mit Prof. G. Mayer und Familie Jobst, Bermichsmühle, Hilmar Hößelbarth, Erzmühle, Erhard Hilbert, Ortschronist von Staitz und Waldemar Schaff, Schömberg, der bis 1949 in der Bermichsmühle tätig war.

Die Müller in der Bermichsmühle

Hans Heußkel	erw. 1533-1539	lt. Erb- u. Lehnbuch , Junfrauenkloster Weida
Hans Zierold	erw. 1618–1654	lt. Kirchenbuch Döhlen
Michael Siegel	erw. 1666–1685	lt. ebenda
Georg Siegel	erw. 1685–1690	lt. ebenda
Daniel Schmeißer	erw. 1689 gest. 1716	lt. ebenda
Georg Schmeißer	geb. 1693 gest. 1758	lt. ebenda
Simon Schmeißer	geb. 1734 gest. 1762	lt. ebenda
Joh. Christoph Schmeißer	geb. 1738 erw. 1776	lt. ebenda
Joh. Christoph Schmeißer	geb. 1764 erw. 1795	lt. ebenda u. Steuerliste Staitz
Johann Georg Hößelbarth	geb. 1773 gest. 1847	lt. Ahnentafel Schulze-May, Wünschendorf
Heinrich Traugott Hößelbarth	geb. 1820 gest. 1893	lt. Ahnentafel Hößelbarth
Franz Weck	erw. 1860	lt. Kirchenbuch Döhlen
Christian Friedrich Voigt	geb. 1835 gest. 1873	lt. Kirchenbuch Triebes
August Wilhelm Bleyer	erw. 1873 gest. 1906	lt. Franke, Hagen
Carl Enke	erw. 1880	lt. Lexikon Weimar 1880
August Hücker	geb. 1845 gest. 1925	lt. Ahnentafel Schaff
Otto Schaff	geb. 1887 gest. 1963	lt. ebenda
Waldemar Schaff	geb. 1927 gest. 2012	lt. ebenda
Kurt Thieme (Inhaber) Schwiegersohn	erwähnt 1949	lt. Einwohnerbuch 1949/ Kreis Greiz

Bermichsmühle bei Staitz, 1995

Ausgleichsbecken zwischen Bermichs- und Erzmühle

Mühlgraben an der Erzmühle

Die Erzmühle Staitz (ab 1958 zu Göhren-Döhlen)

Etwa zwei Kilometer beträgt die Entfernung ab Bermichsmühle bis zur Erzmühle. Wir wandern über den Damm des fast 750 m langen Ausgleichsbeckens bis zur Überlaufmauer. Hier wird die gleichmäßige Wasserabgabe in das Flussbett der Weida geregelt. Am betonierten Auslauf wäre man früher auf das Wehr der Erzmühle gestoßen. Dort zweigte der 550 m lange Mühlgraben ab. Hinter uns liegt die sich gut in das Landschaftsbild einfügende Sattelmauer mit ihren Kaskaden. Ein besonderes Schauspiel ist es, wenn hier die Wassermassen hinunterstürzen. Nebenan erhebt sich der Grobisch, kurz Grubsch genannt. Eine alte Ansichtskarte der 20er Jahre nannte ihn den „Kochel". Da das Ausgleichsbecken nichts mehr mit der Trinkwassergewinnung zu tun hatte, war hier in dieser erholsamen Idylle jahrzehntelang fröhliches Badeleben möglich, welches von Einheimischen und Gästen des Betriebsferienheimes der „Wasserwirtschaft Weiße Elster" rege genutzt worden ist. Nach wenigen Minuten tauchen talwärts die Erzmühle und dahinter der Döhlener Kirchturm auf. Unser Wanderziel, die Erzmühle, in der Meister Hilmar Hößelbarth Heimat- und Wanderfreunde gern willkommen hieß, liegt in einem sehr schönen Fleckchen des Weidatales. Das Gehöft, bestehend aus dem Wohnhaus mit der ehemaligen Mahlmühle, dem Torgebäude, Stallungen und Scheune mit einer Dreschmaschine, macht einen sehr gepflegten Eindruck. Es ist von satten, grünen Wiesen und angrenzenden Waldhängen umgeben. Kein Wunder, dass sich hier im Umfeld der Heimatverein „Weidaperle", der Männerchor Dörtendorf und die Heimatstuben in Göhren etablierten. Endlich begegnen wir einer Mühle, die damals noch ihr Original-Wasserrad besaß. Bisher hatten wir auf unserer Wanderung noch keines gefunden. Versteckt an einer Hauswand, im ausgetrockneten Mühlgraben, lässt es den Zahn der Zeit an sich nagen. Die vor und neben dem Haus aufgestellten Mühlsteine werden das Wasserrad bestimmt überleben.

Der in der Heimatforschung sehr aktiv gewesene Döhlener Pfarrer Kühne fand im „Handelsbuch des Amtes Weida" eine Urkunde vom Jahr 1556 über den Wiederaufbau der heutigen Erzmühle aus einer alten Mühlstatt, der früheren Colditzmühle. Der Erbauer war Wolf Frantze zu Staitz. Die verfallenen Gemäuer überließ ihm sein Schwager Peter Heuschkel. Zudem war eine Beschwerde des Döhlener Müllers aufgeschrieben *„daß ihm sein Wasser aus dem gewöhnlichen Fluß, und also von seiner Mühle durch diesen Mühlenneubau möchte entführt werden. Nachdem aber heutigen Tages durch mich Johan Mistel, Schösser zu Weida, im Beisein Caspar Heerwagens, des von Wallenrodes Schösser zu Mildenfurth in Besichtigung dieses neuen Mühlbaues klar befunden, daß das Mühlwasser wieder in seinen gewöhnlichen Fluß geleitet und also dem Müller zu Dölau unschädlich, so ist dem Wolf Frantze zu Staitz amtshalber solche Mühle kraft Fürst. Befehl zu bauen vergünstet worden... Geschehen Sonnabend nach Lätare im Jahre 1556."*

Die Wasserzufuhr war also gewährleistet und der Neubau konnte beginnen. Nachfolgend vermerkte ein Lehnsbuch 1592 den Müller Erhard Frantz, der laut Kirchenbuch Döhlen als *„Erhart Franz molitor"* am 08.10.1611 verstarb. Erhart Franzens Mühle, die Erhardtsmühle, wurde umgangssprachlich kurz *„Ertzmühl"* genannt. Anschließend wurden die Mühlengründer durch drei Generationen der Familie Wolf abgelöst. Unter den 1618 aufgezählten drei Staitzer Mühlen wurde die heutige Erzmühle als Franzen- oder Colditzmühle, nunmehr Jacob Wolf gehörend, zu Lehen des Döhlener Pfarrers genannt. Aktenkundig gab es aber auch noch die Franz(en)mühle des Christof Franz, die nach Frießnitz lehnte. Da beide Mühlen zu Staitz gehörten, kam es mitunter zu Verwechslungen. Nach *„Jacob Wolff in der Ertzmühle"* (1587–1662) folgten *„molitor"* Jacob Wolf (1610–1694) und sein Sohn Georg (1635–1672). Letzterer starb sehr zeitig und hinterließ seine junge Witwe Catharina mit ihren Kindern. Jacob Wolf, *„der alte Erzmüller",* stand hilfreich zur Seite, während der um 1660 geborene Andreas Wolf in die Weidaer Aumühle wechselte.

1673/74 begann die Ära Hößelbarth in der Erzmühle. Georg Heselbarth, geboren etwa gegen 1635, ein Sohn des Grochwitzer Mittelmüllers Nicol Heselbarth, heiratete die Witwe Catharina Wolf. Von seinem Vater, der 1663 verstarb, erhielt er einen Erbteil von 52 aßo (alte Schock). Damit zog er aus, um sein Glück zu suchen. *„Georg Heßelbarth jun."* wurde 1675 geboren. *„Die kleine Erzmühle, Georg Heselbarths, der Pfarre Dölen Lehn"* geriet 1682 in die Mühlenkontrolle des Neustädter Kreises. Zwischenzeitlich wurde die Mühle auch Neumühle genannt. Georg Heselbarth (1675–1726) sorgte 1708 für seinen Nachfolger, der Johann Georg hieß. Außerdem fanden wir seine Zustimmung, die er auf einer schon erläuterten Urkunde aus dem Jahre 1717 betreffs einer Übereinkunft zum Schneidemühlenbetrieb gab. Er war verewigt mit *„George Heselbarth in der Ertz-Mühle zu Stäitz"*. Nach Paul Trenckmanns Weidaer „Geographischem Handregister" von 1721 besaß die unter Staitz aufgelistete Erz- oder Neumühle zwei Mahlgänge zur Schrot- und Mehlherstellung. Nebenan in der Schneidemühle wurden Bretter und Latten geschnitten. Die nächste Schaffensperiode trat Johann Georg Heselbarth (1708-1783), oft kurz Hans genannt, schon in jungen Jahren an. Auch seine beiden Söhne blieben der Müllerei treu. Sein ältester Sohn Georg, geb. 1735, wurde *„Bürger und Eisenschmied Müller in Auma"* und dessen Bruder Johann (1739–1778) übernahm 1762 die väterliche Mühle. Trotz seiner acht Kinder wurde zunächst die männliche Erbfolge unterbrochen. Kurzfristig musste um 1780 Joh. Paul Grienert aus Triptis als Pächter eingesetzt werden, bis 1783 Joh. Gottlieb Pensoldt als Schwiegersohn auftauchte.

Die von der *„Neustädter Creyß-Einnahme"* aufgestellte Liste über *„Steuer- und andere Onerum"* (Verbindlichkeiten) verzeichnete 1795 den bereits gestorbenen *„Hanns Heselbarth als Besitzer der Erzt-Mühle, leztere an 2. Mahl- und 1. Schneide-Mühlen-Gange, samt Zug- und Zucht-Vieh-Ställen, und 8. Mezen Gras-Garten an der Mühle, ferner an Zubehörungen: in der Hartleide, der Schneide-Mühlen-Acker, der Eichacker, die Spitze, im Sternbusche, die Schneidemühlenwiese. Sua: 3 Scheffel 12 Mezen Land in allem. Die bloße Mühle lehnet der Pfarre zu Döhlen, die Scheune und übrige Grundstücke dem Amte Weyda."*

Das Amt kassierte außerdem jährlich 3 Taler 9 Groschen Müllergeld und 8 Groschen Hufengeld. Für den Pfarrer waren 4 Groschen Zins oder 1 Henne, 3 Groschen Opfergeld und ¼ Scheffel Korn bestimmt. Der Schulmeister erhielt ein Brot und ein Maß Korn. *„Ferner besizet Häselbarth: ...den Enkenacker, die Coldiz-Wiese, ... den Währacker über dem Mühlbache, ...wofür er theils Closterzins nach Weyda zahlte."*

Ausschnitte aus der Staitzer Steuerliste von 1795 zeigen auf, dass selbst bei Familiennamen auf eine genaue Schreibweise kein Wert gelegt wurde. Trotz dieses Mangels kam der Steuerzahler nicht drum herum, seine Abgaben zu begleichen. Weitere Forderungen wie Jagdgeld, Kalbgeld, Pfluggeld und Schafschergeld häuften sich. Kirchenzehnt und Erbzinsen waren fällig. Für die, die ihren Zahlungen nicht nachkamen, ließ sich die Obrigkeit auch etwas einfallen: *„Zinsschulden sind doppelte Schulden!"*

Schon 1788/89 kamen Johann Wilhelm Staudte und Frau Magdalena in die Erzmühle. Ob er aus der vogtländischen Staudtenmühle stammte, ist ungewiss. Über viele Jahrzehnte wird der Name Staudte in der Erzmühle verbleiben. 1793 wurde den Eheleuten ihr Sohn Friedrich Wilhelm in der Mühle geboren.

Der Weidaer Heimatdichter Max Zörner erzählte aus der Zeit der napoleonischen Besetzung eine kurze Episode:

„1806 zeichneten sich hier die Franzosen durch besondere Grausamkeit aus. So wollten sich die Mühlenleute bei einem plötzlichen Plünderungseinfall in die oberen Räume des neuerbauten Wohnhauses retten, als auch schon die Franzosen die verschlossenen Türen mit Gewehrkolben einschlugen und den Besitzer, der an einem Pferdeschweif festgebunden wurde, mit fortschleppten. Alles Bitten der Müllerin um Freigabe ihres Mannes wurde hohnlachend verweigert. Erst als die furchtlose Frau der Franzosenabteilung weiter folgte, haben diese Unmenschen den zu Tod geängstigten Müller frei gegeben..." Ein Dielenbrett mit der Aufschrift „1815" brachte darüber keine Aufklärung, sondern vermerkte nur, dass es im Sommer „viel Pflaumen" gegeben hatte.

Der junge Friedrich Wilhelm Staudte (1793–1848) gründete 1821 mit Christiane Wild aus Dörtendorf eine Familie und wurde *„begüterter Eigenthumsmüller in der Erzmühle"*. 1826 wurde ihnen ihre Tochter Christiane Sophie geboren, die im weiteren Verlauf wieder erwähnt werden wird. Carl August Staudte, ein Bruder des Mühlenbesitzers, blieb ebenfalls in der Mühle. 1841 verheiratete Friedrich Wilhelm Staudte seine älteste Tochter Johanna Christine an den Döhlener Gastwirt Gottlieb Engelhardt. Im seitlichen Grundmauerwerk der ehemaligen Schneidemühle sind heute noch die eingemeißelten Buchstaben „St" mit der Jahreszahl 1848 zu erkennen, die an die Epoche der Staudtes in der Erzmühle erinnern. 1848 war das Todesjahr des Müllers. Der Lauf der Zeit wollte es so, dass Heinrich Traugott Hößelbarth (1820–1893), Sohn des Bermichsmüllers Johann Georg Hößelbarth und Enkelsohn des Holzmüllers Johann Michael Häßelbarth, nach Ablauf des Trauerjahres 1849 die 23-jährige Hoferbin Christiane Sophie Staudte (1826–1892) ehelichte und die Erzmühle wieder in Hößelbarths Hände brachte. Das schöne Familienwappen mit der Inschrift H.T. Hößelbarth/Erzmühle, der Symbolik der Müllerei und des Mühlenbaues, wie Kammrad, Zirkel, Winkel und Beil, eingerahmt von zwei Füchsen, welches aus jener Zeit stammt, ist auf der Rückseite des 1932 erschienenen Büchleins „Heimatklänge aus dem Weidatal" von Pfarrer Kühne abgebildet.

Nach der Märzrevolution 1848 sah sich die Herrschaft veranlasst, dem Volk einige Zugeständnisse zu machen. Der *„Receß über die Ablösung der dem Großherzoglichen Staatsgute Gräfenbrück zustehenden Trift- und Weiderechte"* wurde ein teuer erkaufter Vertrag. Bisher war es üblich, dass die mehrere hundert Stück zählende Schafherde des Kammergutes auf die Weideflächen der Gemeinden getrieben worden war. Klagen über die *„Ungebührnisse der Schafviehknechte"* drangen schon vor Jahren bis zur Regierung in Weimar. Diese Triftablösung kostete die Gemeinde Staitz 860 Taler. Für Traugott und Sophie Hößelbarth fielen reichlich 10 Taler als Beitrag an. In den Jahren 1851–53 ging es der Gemeinde Staitz gegenüber der Geistlichkeit in Weida, der Pfarrei zu Döhlen und dem Rittergut Steinsdorf darum, die Ablösung der Lehns- und Zinslasten zu erreichen. 5% Lehngeld hatte Traugott H. in Veränderungsfällen bei Feld-, Wald- und Wiesengrundstücken bisher an das Rittergut zu zahlen, während die Erzmüllerin aus ihren Anteil 5% und jährlich *„eine alte Henne zu drei Groschen"* der Kirche Döhlen schuldete. Um davon loszukommen, berappten Hößelbarths als Ablösesumme nach Steinsdorf 45 Taler und an die Pfarrei Döhlen 32 Taler und 24 Groschen. Über die Streichung des Dezems an die Schule, der sogenannten Schulrente, verhandelte die Gemeinde 1852. Dafür hatten beide zusammen 18 Taler und 33 Groschen zu entrichten. Schließich kam es 1857 noch zur Ablösung der Lehngelder beim Rittergut Frießnitz, die von der Erzmühle mit 16 Talern und 15 Silbergroschen zu begleichen waren. Viele Staitzer Bauern benötigten runde 50 Jahre lang, um sich von all diesen Lasten freizukaufen. Belege über solche Abzahlungen lagen auch vom späteren Erzmüller Karl Hößelbarth noch bis 1903 vor. Am 1. Januar 1863 trat in Sachsen-Weimar-Eisenach ein Gewerbegesetz in Kraft. Mit der Verkündung der Gewerbefreiheit entfiel der Innungszwang. Zwei Jahre zuvor fand im Handelsverkehr *„der Centner zu 100 Pfund"* Einzug. Neue Müllereimaschinen, wie der Aspirateur und der Trieur, kamen aus Frankreich. Der um 1870 entwickelte Walzenstuhl erreichte zirka 20 Jahre später die Erzmühle. Der Plansichter wurde 1888 erfunden. Solche Maschinen verlangten stabile Mühlengebäude. Über der Einfahrt zur Mühle weist ein Torstein mit den Initialen H.T. HB. und der Jahreszahl 1867 auf Erneuerungen durch Mühlenbesitzer Heinrich Traugott Hößelbarth hin. Ende 1883 hatte Karl Otto Hößelbarth (1855–1924) die Erbfolge übernommen und Hulda Wolf, Tochter des Schmeißersmüllers Hermann Gustav Wolf, geheiratet. Ihr Sohn Otto (1887–1967) erwarb 1911 die Franzenmühle/Staitz und Sohn Alwin (1891–1969) wurde Nachfolger in der väterlichen Mühle. Er heiratete 1916 Klara Pechmann aus Staitz. Seine Brüder Otto und Arno, letzterer Bürgermeister in Staitz, verehelichten sich ebenfalls mit Pechmanns Mädels, sodass die drei Brüder Hößelbarth drei Schwestern Pechmann zur Frau hatten. Nach den Inflationsjahren wurde die eigene Stromversorgung vollständig mittels Wasserkraft bis 1954 abgesichert. Die Erzmühle entwickelte sich zu einer der leistungsfähigsten Schneidemühlen des Weidatales. Die Kraftübertragung vom Wasserrad zum Sägegatter musste von der Drehbewegung in eine senkrechte Hin- und Herbewegung umgewandelt werden. Dazu waren Exzenterscheiben und Pleuelstangen nötig. Der Baumstamm wurde auf einem Holzwagen zum Gatter geschoben und durch einen Seilzug reguliert. Mehrere Sägeblätter reduzierten die notwendigen Arbeitsgänge. An der langen Hausfront floss der Mühlgraben direkt zur Schneidemühle. Der große Holzplatz am Hang bot ein buntes Bild voller Stämme und schon gestapelter Bretter. Sauber aufgeschlichtetes Brennholz gehörte auch dazu.

1947 schloss Alwin Hößelbarths Sohn Hilmar (1924–2012) mit Waltraud Matthes aus Göhren die Ehe und bestand ein Jahr später in der Weidaer Rothenmühle seine Meisterprüfung im Müllerhandwerk. Ab 1949 sorgte ein Walzenstuhl der Firma Kühl/Leipzig für gutes Mehl. Die Kapazität der Mahlmühle betrug etwa eine Tonne pro Tag. Die beiden Wasserräder, die je 6 bis 7 PS leisteten, erhielten zur Unterstützung ab 1954 einen Elektromotor. 1958 wurde die Erzmühle dem näher gelegenen Döhlen zugeordnet und erhielt die Hausnummer 13. Ab 1960 gehörte der Mühlenbetrieb zur LPG und produzierte für diese. Für die Schneidemühle gab es seit einiger Zeit keine Aufträge mehr, sodass sie 1962/63 zum Abriss kam. Ein Zeugnis des uralten Sägemüllerhandwerks verschwand für immer. Als 1966 die Radwelle in der Mahlmühle brach, war die Epoche des Wasserrades in der Erzmühle abgelaufen. Ein 7,5-kW- Elektromotor war fortan allein für den Antrieb der Haupttransmission zuständig. Der Mühlgraben trocknete aus und die Wasserwand der Mahlmühle konnte erneuert werden. Anfang der 70er Jahre ging der gewerbliche Mahlbetrieb stark zurück, dann folgte per 31. Dezember 1973 mit dem letzten Schrotbetrieb die totale Einstellung. Großmühlen versorgten die Gegend und deckten den Bedarf ab. Hilmar Hößelbarth verdiente sein Geld als Traktorist in der LPG. Von der Inneneinrichtung seiner

Mühle konnte sich der Müllermeister aber nicht trennen und beließ sie der Nachwelt. Bereitwillig führte er unsere Wandergruppe vom Keller bis zum Boden und versetzte uns in alte Zeiten. Ausgangspunkt war natürlich das oberschlächtige Wasserrad. Das Gefälle ließ einen Durchmesser von 3 m zu. 1956 wurde es durch Mühlenbauer Schröter aus Triptis noch einmal neu eingebaut. 300 Liter Wasser stürzten sich pro Sekunde über die Metallschaufeln. Unten im Keller ist noch die Schalttafel der einstigen 120-Volt Anlage zu sehen, denn das Wasserrad tat bis 1966 noch seine Dienste zur zusätzlichen Elektroenergiegewinnung für Beleuchtungszwecke. Jedoch war nicht zu verhindern, dass Radarme, Kranz und Setzschaufeln, die ständig der Witterung ausgesetzt waren, ihre Alterserscheinungen offenbaren mussten. Die Radstube, die alles schützte, war längst nicht mehr da. Der mächtige Wellbaum aus Eichenholz verläuft durch einen Mauerdurchbruch in die unteren Räume. Eine Hochwassermarkierung verrät, dass hier 1977 das Wasser bis auf 1 m anstieg. Ein stehendes Vorgelege mit Zähnen aus Hartholz übertrug die Kraft des Wasserrades über ein Winkelgetriebe mit Kegelrädern in das nächste Stockwerk. Der alte Steinmahlgang wurde durch einen Unterantrieb versorgt. Bütte und Rüttelschuhgerüst sind sehr gut erhalten. Der viereckige hölzerne Aufschütttrichter über dem Schrotgang wirkt fast mittelalterlich. Das gesamte Mahlgerüst ist komplett zu bewundern. Die schweren Mühlsteine stammen aus heimischem Quarzporphyr, der sich teils von selbst wieder schärft. Mussten Mahlfurchen von Hand nachgearbeitet werden, war ein scharfer Hammer, eine so genannte Bille, dazu nötig. Neuere Steine mit einem Durchmesser von 100 cm waren aus hartem griechischen Naxosschmirgel. Riemenscheiben mit Transmissionen setzten von der Hauptwelle aus den Walzenstuhl und die Haferquetsche der Firma Kermssen/Chemnitz in Bewegung. Im Walzenstuhl zermahlten zwei Hartgusswalzen das Getreide. Vorratsbehälter, Schälmaschine Typ „Gegrolo" sowie der 7,5-kW-Elektromotor befinden sich ein Stockwerk höher. Noch weiter oben in der 3. Etage sind Reinigungsfilter, Trieur und Exhaustor untergebracht. Förderrohre und Elevatoren lieferten das zerkleinerte Mahlgut zur Sichtanlage. Im an der Decke hängenden Einkasten-Plansichter wurden Mehl und Kleie voneinander getrennt. Müllermeister Hilmar Hößelbarth erklärte uns, dass sich dieser Vorgang etwa zehnmal wiederholen konnte, um alles auszumahlen. In früheren Zeiten hatte die Sichtung ein Beutelwerk übernommen, das zusammen mit dem Mahlgang *„ein lautes Geklapper verursachte und sich mit dem Ächzen der großen Mühlradwelle und dem Quitschen der Zahnräder zu einem ohrenbetäubenden Lärm verband."*
Die Führung, die uns Hilmar Hößelbarth durch seine Mühle bot, gehörte zu den absoluten Höhepunkten der Wandertour der Zeulenrodaer Wanderfreunde (e.V.). 1994 übernahm Gunder Hößelbarth, der Sohn des letzten Erzmüllers, den sehenswerten, schönen Vierseithof im Weidatal bei Döhlen. Gern wurde am „Deutschen Mühlentag", der jährlich am Pfingstmontag begangen wird, diese Mühle als Wanderziel angesteuert.

Quellen und Literaturangaben:
siehe Verzeichnis Nr. 9, 20, 34, 53, 59, 66, 67, 99, 101, 142, 164, 165, 169, 170 sowie Auskünfte durch persönliche Gespräche mit Hilmar Hößelbarth, letzter Erzmüller

Die Erzmüller

Colditz	vor 1556	lt. Handelsbuch Weida
Wolf Frantze	erw. 1556	lt. ebenda
Erhard Frantz	erw. 1592 gest. 1611	lt. Lehnsbuch Hohenleuben; Kirchenbuch Döhlen
Jacob Wolf	geb. 1587 gest. 1652	lt. ebenda
Jacob Wolf	um 1610 gest. 1694	lt. ebenda
Georg Wolf	um 1635 gest. 1672	lt. ebenda
Georg Heselbarth	um 1635 gest. 1710	lt. ebenda
Georg Heselbarth jun.	geb. 1675 gest. 1726	lt. cbcnda
Johann Georg Häßelbarth	geb. 1708 gest. 1783	lt. ebenda
Johann Heselbarth	geb. 1739 gest. 1778	lt. ebenda
Johann Gottlieb Penzoldt (Schwiegersohn)	erw. 1783	lt. ebenda
Johann Wilhelm Staudte	erw. 1789 bis 1793	lt. ebenda
Friedrich Wilhelm Staudte	geb. 1793 gest. 1848	lt. ebenda
Christiane Sophie Staudte	geb. 1826 gest. 1892	lt. Ahnentafel Hößelbarth
Heinrich Traugott Hößelbarth	geb. 1820 gest. 1893	lt. ebenda
Karl Otto Hößelbarth	geb. 1855 gest. 1924	lt. ebenda
Alwin Gustav Hößelbarth	geb. 1891 gest. 1969	lt. ebenda
Hilmar Hößelbarth	geb. 1924 gest. 2012	lt. ebenda

Das Müllergeschlecht **Hößelbarth** im Weidatal

Leitlitz Reißigsmühle	Silberfeld Büchersmühle	Merkendorf Pisselsmühle	Merkendorf Holzmühle	Staitz Franzenmühle
• Stammvater: Nicol Heselbarth / gest. am Sonntag nach Laurentii 1663 in der Mittelmühle Grochwitz bei Weida				
			2.1 Hans Heselbarth erw. 1672 – 1698 Sohn von 1 Dö.	
			3.1 Hans Heselbarth *1674 +1713 Sohn von 2.1 Dö.	
			4.1 Hans Heselbarth erw. 1717 Hans Chr. Häßelbarth *1709 +1797 Söhne von 3.1 ZS./Dö.	
			5.1 Joh.Michael Häßelbarth *1740 +1811 Sohn von 4.1 Dö.	
		6.2 Johann Christoph Hößelbarth *1780 +1855 Sohn von 5.1 Hö.	6.3 Johann Gottlieb Häßelbarth *1788 +1872 Sohn von 5.1 Dö.	
7.3 Karl Häßelbarth erw. 1872 - 1874 (aus Auma) OW.		7 August Gottlieb Hößelbarth *1817 +um 1890 Sohn von 6.2 ZS.	7.2 Johann Gottlieb Häßelbarth *1823 +1899 Sohn von 6.3 Dö.	
	8 August Hermann Hößelbarth *1852 +1922 Enkel von 6 AH.	8.2 Franz Hößelbarth erw. 1880-1917 Sohn von 7 Hö.	8.3 Johann Gustav Hößelbarth *1857 +1924 Sohn von 7.2 Dö.	
	9 Oskar Otto Hößelbarth *1878 +1944 Sohn von 8 AH.	9.3 Albin Hößelbarth *1890 +1965 Sohn von 8.2 Hö.	9.2 Gustav Alexander Hößelbarth *1889 +1968 Sohn von 8.3 Dö.	9.1 Otto Albin Hößelbarth *1887 +1967 Sohn von 8.1 Hö.
	10 Charlotte Hößelbarth verh. May *1908 +1968 Tochter von 9 AH.	10.2 Marianne Hößelbarth verh. Oettel *1920 +2000 Tochter von 9.3 Hö.		10.1 Rudolf Hößelbarth *1915 +1944 Sohn von 9.1 Hö.

Quellen:

OW. = Heinrich Oertel/Weckersdorf
AH. = Ahnentafel Hößelbarth
ZS. = Zeulenroda Stadtarchiv
Hö. = Familienchronik Hößelbarth (nach Kirchen-, Gerichts- und Handelsbüchern)
Dö. = Döhlen Kirchenbuch

Das Müllergeschlecht **Hößelbarth** im Weidatal

Staitz Bermichsmühle	Staitz / Döhlen Erzmühle	Döhlen Döhlenmühle	Mildenfurth Schlossmühle	
• Stammvater: Nicol Heselbarth / gest. am Sonntag nach Laurentii 1663 in der Mittelmühle Grochwitz bei Weida				
	2 Georg Heselbarth *um 1635 +1710 Sohn von 1 Dö.			
	3.2 Georg Heselbarth *1675 +1726 Sohn von 2 Dö.		3 Andreas Heselbarth erw. 1690 Enkel von 1 (?) Bü.	
	4 Johann Georg Häßelbarth *1708 +1783 Sohn von 3.2 Dö.			
	5 Johann Heselbarth *1739 +1778 Sohn von 4 Dö.	5.2 Johann Gottfried Hößelbarth erw. 1795 (aus Grochwitz) Dö.		
6 Johann Georg Hößelbarth *1773 +1847 Sohn von 5.1 AH.		6.1 Johann Gottfried Hößelbarth *1775 erw. 1813 Sohn von 5.2 Dö.		
7.1 Heinrich Traugott Hößelbarth *1820 +1893 Sohn von 6 AH.	7.1 Heinrich Traugott Hößelbarth *1820 +1893 dto. AH.			Weitere Angehörige des Müllergeschlechtes Hößelbarth im Einzugsgebiet der Weida: Auma mit Seebach: Teichmühle Auma, Eisenschmidtmühle Auma, Mühle Frießnitz, Mittelmühle Grochwitz Leuba: Kuxmühle Langenwetzendorf Triebes: Teichmühle Triebes
	8.1 Karl Otto Hößelbarth *1855 +1924 Sohn von 7.1 AH.			
	9.4 Alwin Hößelbarth *1891 +1969 Sohn von 8.1 AH.	9.1 Otto Albin Hößelbarth *1887 +1967 erw. 1953 Sohn von 8.1 Hö.		
	10.3 Hilmar Hößelbarth *1924 +2012 Sohn von 9.4 AH.			

Quellen:

Bü. = Familienchronik Büchner/Trautloff/
Mildenfurth/Zossen

Erzmühle, um 1920

Hilmar Hößelbarth, der letzte Erzmüller in seiner Mühle

Erzmühle – Wasserrad im Jahre 1998

Mühlstein mit bogenförmigen Mahlfurchen

Stehendes Vorgelege

Die Döhlenmühle

Nachdem wir uns vom Erzmüller Hilmar Hößelbarth verabschiedet haben, überqueren wir nach wenigen Schritten die Weida und treffen auf den vom Grobisch herunterkommenden Hauptwanderweg, der ebenfalls nach Döhlen führt. Eine Viertelstunde später stehen wir vor der links am Talrand gelegenen Döhlenmühle. Hier an der Verladerampe herrschte in der vom Müllermeister Siegfried Eberhard geleiteten Mühle bis gegen 1990 noch reger Verkehr. Ausgeliefert wurden vorwiegend geschrotete Futtermittel und Quetschgerste als Malzgetreide für Brauereien. Oben am Hang grüßt die von 1749–51 erbaute schöne Döhlener Kirche. Schon in katholischen Zeiten war 1230 ihre Vorgängerin, die zum Kloster Mildenfurth gehörte, erwähnt worden. Döhlen und Göhren sind alte sorbische Ansiedlungen. Der Wortstamm *„dol"* verrät uns, dass die Döhlener die Talbewohner sind, während sich gegenüber auf der Höhe das Bergdorf Göhren (gora = Berg) anschließt. Beide bilden heute eine Gemeinde.
Sehr weit zurück reicht das Urkundenmaterial, in dem *„die Mühle Dolentz"* genannt wurde. Bereits 1260 hieß es: *„Ein Herr von Gera mitsamt einem Herrn von Plauen haben dem Kloster die Wiese zwischen der Mühle Dolentz bis zur Obermahl der von Mildenfurth mit allem Nutz und Fischerei ewiglich zu besitzen ohne jegliches Hindernis frei gegeben und zugeeignet."* In diesen alten Zeiten war die ausgedehnte Pfarrei Döhlen, ebenso wie die Pfarrei in der Weidaer Altstadt, dem Kloster Mildenfurth einverleibt. Das Kirchspiel Döhlen ging während der Reformation zur Lehre Luthers über und wurde evangelisch. Der neue Pfarrer zu Döhlen, Bonifatius Schweidnitz, sicherte sich im selben Jahr durch einen Vertrag mit dem Müller frühere Rechte über die Nutzung des Mühlenwehres zur Wasserentnahme und Fischerei ab. Aus Zinsbüchern der Jahre 1540–42 ging hervor, dass die Mühle dem Kloster zu Lehn war und der Müller zweimal jährlich 13 Groschen Zins abzuführen hatte. Der Mühlwehrvertrag war 1552 zwischen dem Döhlener Pfarrer Adam Wolf und dem Müller Jacob aus der Döhlenmühle Anlass zu Auseinandersetzungen. Die Rinne am Wehr nutzte der Pfarrer, um Wasser und Fische zu erhalten, aber fünf darüber liegende Bäume waren dabei hinderlich. Nach Absprache wurde festgelegt, dass ein Drittel der Fische der Müller einbehalten durfte. Bei der Verhandlung waren zugegen: Altpfarrer Schweidnitz, der Adam Wolf vertrat, Jacob Holzmüller aus der Holzmühle Merkendorf, Peter Schmeißer aus der Schmeißersmühle, Ulrich Kittelmann aus der Hammermühle und Ulrich Sandmüller, wohl aus Weida. Die Lebenszeiten dieser Müllergenerationen lassen sich kaum ermitteln, da das *„Register der Verstorbenen des Kirchspiels Döla, sampt den zugethanen Dorffern und Mhuelen, angefangen Anno 1571"* noch nicht geführt wurde.
Streitigkeiten wegen des Wassers, des Wehres und des Mühlgrabens gab es zwischen Anliegern und benachbarten Mühlenbesitzern des Öfteren. Als 1556 Wolf Frantze aus Staitz die wenige 100 m oberhalb der Döhlenmühle gelegene verfallene Colditzmühle wieder aufbauen wollte, befürchtete der Döhlenmüller, dass er dadurch in Wassernot geraten würde und versuchte dies zu verhindern. Seine Beschwerde wies das Amt Weida ab, weil das Mühlwasser dem Flussbett ordnungsgemäß wieder zugeführt werde. Wie wir schon wissen, entstand die spätere Erzmühle trotz der Proteste des Döhlener Müllers. Das *„Verzeuchniß derer so Wirtschaft gehabt"*, das älteste erhalten gebliebene Döhlener *„Register der Copulierten"*, ein Trauregister von 1571, konnte auch keine Auskunft über Müllersleute geben, da Berufsangaben fehlten. Endlich nannte uns das Kirchenbuch um 1610 mit Caspar Rothe wieder einen Müller. Der Döhlener Pfarrer hieß derzeit Georg Rothe. Eine Visitation sagte ihm 1617 nach, dass er *„ziemlich ärgerlich und übel haushalte"*. Auch sollten *„unzüchtige Tänze, Rockenstuben sowie lange Mahlzeiten und Gesäufe vor der*

Hochzeitspredigt abgestraft werden.“ In der Mühle traten in weiteren Generationen jeweils die Söhne Tobias (1610–1676), Georg (erw. 1670-1700) und wieder ein Tobias (erw. 1679–1706) die Nachfolge an. 1682 wurde *„die Döhlnische Mühle, Tobias Rothen, Müldenfurther Lehen“* einer Inspektion unterzogen, die der sächsische Kurfürst angeordnet hatte. *„Es berichtet aber der Müller hierbey, daß der Pfarrer des Orts, H. Johann Müller bißhero etliche mahl ohne Abgabe des Mahlgroschens bey ihm gemahlen, unterm Vorwand, die Geistlichkeit hette deßhalber umb befreyung suppliciert. Es ist ihm aber bey der gesezten Straffe von 10. thlr. befohlen worden, ins künfftige nicht eher aufschütten Zu laßen, biß so wohl das praeteritum, als das praesens abgestattet war.“*
Kurz gedrängt reihten sich nun 1694 Mattheus Schmidt, 1695 Mattheus Heinold, 1697 Georg Preller und schließlich 1700 sein Sohn Christian Preller als *„molitoris“* ein. Zehn Jahre später zog Nicol Strauß (1672–1746) mit Frau und Kind aus der Mühle Frießnitz in die Döhlenmühle. 1717 kam es im Amt Weida zu einer Übereinkunft zwischen 19 Müllern, deren Mühlen im Amtsbezirk lagen. Dabei ging es um eine Regelung der Lohnkosten in der Sägemühle. *„Nicol Strauß zu Dölen“* gab dazu sein Einverständnis. Wichtige Dokumente, Rechnungen, Siegel und Zunftsbuch mussten in der Zunftlade verwahrt werden. Im Weidaer Handregister von 1721 stand außerdem geschrieben, dass die Mühle mit zwei Gängen arbeitete, also einem Schrotgang und einem Mahlgang für feines Mehl. Im Umfeld des Dorfes wurden meistens Korn, Gerste und Hafer angebaut. Die Bodenverhältnisse waren hier *„mittel und geringe und sehr bergigt.“* Der Kartoffelanbau setzte sich nur zögernd durch. Im Weimarischen befahl Herzog Ernst August 1739 den Anbau von *„Erdtuffeln“* in den Kammergütern für Futterzwecke. Im Reußenland war die Kartoffel als menschliche Nahrung *„die jüngste, erst um 1770 mit Mißtrauen bei den Bauern eingeführte Pflanzenkost.“* Der Müllerssohn Hans Strauß (1708–1765) sowie der Enkelsohn Hans Georg (geb. 1738) waren ebenfalls Döhlenmüller. Der Ort bestand damals nur aus sieben Feuerstätten, darunter ein Gasthof und eine Schmiede. Die Zahl der Mahlgäste war deshalb gering, sodass auch Bauern aus Dörtendorf den Weg hinunter ins Tal suchten. Nachdem die Ära Strauß 1770 zu Ende ging, kam Johann Georg Koch mit seiner Frau Christiane Poser *„aus der Heynholdsmühle“* bei Schömberg für viele Jahre in die Döhlenmühle. 1784 verkaufte Gottfried Eckardt eine 1711 in der Zeulenrodaer Teichstraße erbaute Bockwindmühle und erwarb die Mühle zu Döhlen. Eckardt war erbschaftshalber recht wohlhabend, hatte aber infolge seines Lebenswandels kein gutes Ansehen. Er verstand es nicht, sein Hab und Gut zu erhalten. In wenigen Jahren wirtschaftete er die Döhlenmühle so weit herunter, dass sie wegen hoher Schulden abgestoßen werden musste. Er zog wieder nach Zeulenroda und beantragte den Bau einer neuen Windmühle. Ein ablehnender Bescheid hielt fest, dass es Eckardt nicht vermöge, eine neue Mühle aufzubauen, da es ihm an Ordnung und Reinlichkeit fehle. Deshalb kam *„Johann Georg Koch als Müller und Einwohner allhier“* wohl schon 1789 wieder zurück. Wenig später besaß Johann Gottfried Hößelbarth aus der Mittelmühle Grochwitz das Döhlener Mühlengut. 1795 galt er bereits als *„begüterten Müller in Döhlen“* und war mit Johanna Christina Wolf aus der Fuchsmühle verheiratet.
Weiterhin erwähnenswert ist eine alte, überdachte Hausbrücke, die hinter dem benachbarten Pfarrhaus verborgen ist. Mächtige Balken halten alles zusammen, selbst ein Abort fehlte nicht. Trockenen Fußes gelangte der Pfarrer vom Pfarrhaus in seinen Obstgarten und in die Wiesen. Diese Brücke ist eine der wenigen noch vorhandenen gedeckten, erhaltenswerten Holzbrücken unserer Heimat. Der Pfarrer zu Döhlen hatte umsichtig *„zur sicheren Nachricht aufgezeichnet und in das hiesige Pfarrarchiv zu jedermanns Wissenschaft beigelegt“,* dass 1799 diese Brücke erbaut wurde, nachdem die vorherige einem starken Eisgang zum Opfer fiel. Die Döhlenmühle hatte hinter dem Haus ihren eigenen Steg, der in

die landwirtschaftlich genutzten Talauen führte. Ein tragischer Unfall passierte hier am 8. Mai 1837. Zwei achtjährige Mädchen aus Dörtendorf rutschten beim Spielen ins Wasser und ertranken. Noch manche Fakten, glücklicher oder trauriger Art, ruhen in den Döhlener Kirchenbüchern und warten auf ihre Entdeckung.
„Johann Gottfried Hößelbarth, ältester Sohn des Meisters Johann Gottfried Hößelbarth, Eigenthumsmüller in Döhlen, heiratete Christiane Friedericke Prächt aus Rüdersdorf", so lautete 1813 ein Eintrag im Traubuch. Noch weitere 25 Jahre saß er als Besitzer in der Döhlenmühle. Aus welchen Gründen auch immer endet hier 1840 die Tätigkeit des Müllergeschlechts Hößelbarth. Ansässig wurde Karl Gottlieb Poser (1810–1883) aus der Reuther Mühle bei Thossen. Sein Vater Johann Georg Poser war Besitzer dieser Mühle. Karl Gottlieb Poser siedelte mit seiner Frau und dem 1836 noch in Reuth geborenen Sohn Johann Friedrich August gegen 1840 nach Döhlen über. Aus dem *„Grundsteuer-Cataster von Göhren mit Döhlen"* ging 1848 hervor, dass die Lehnsherrschaft des Rittergutes Steinsdorf *„ganz oder theilweis"* bis hinunter nach Döhlen reichte. Es kam ein Ablösungsgesetz zum Tragen, nach welchem sich Lehnsträger von ihren Belastungen freikaufen konnten. Mühlenbesitzer Poser hatte an den Steinsdorfer Rittergutsbesitzer Hermann von Görschen einen Anteil von 6 Talern und 15 Groschen zu begleichen. Dazu gab es 1853 eine vertragliche Regelung. Joh. Friedr. August Poser (1836 bis um 1900), *„einziger Sohn des Joh. Karl Gottlieb Poser, gewesener begüterter Eigenthumsmüller in der Döhlenmühle"*, heiratete 1863 und übernahm den Mühlenbetrieb. Seine zahlreichen Kinder bevölkerten in den kommenden Jahren die Müllerstube. Trotzdem wurde bei Posers schon in zweiter Generation die Müllernachfolge beendet. 1880 saß Gemeindevorsteher Gottlieb Schneider mit 40 Hektar Land in der Mühle. Die nächste Zeit von 1887 bis 1950 gehörte der Familie Schaller. 1865 wurde Hermann Schaller als Sohn des Christian August Schaller, Müller in der Hämmerleinsmühle bei Lobenstein, geboren. Diese Mühle, früher ein Schmelzofen mit Hammerwerk, war seit 1745 eine Mahlmühle. Hermann Schaller (1865–1942) blieb im Weidatal in der Döhlenmühle hängen und ehelichte 1887 Lina Selma Hößelbarth. Sie war die 1864 geborene Tochter des benachbarten Erzmüllers Heinrich Traugott Hößelbarth und seiner Frau Christiane Sophie, geb. Staudte. Nach jahrzehntelanger schwerer Arbeit stürzte der alte Müller Schaller 77-jährig in seiner Mühle über einen Mehlkübel und erlag seinen Verletzungen. Sein Sohn Walter Leonhard Sch. (1901-1980) hatte inzwischen die Mühle übernommen und bewirtschaftete auch die dazugehörige Landwirtschaft. In dieser typischen Kleinmühle konnte täglich per Wasserantrieb etwa eine Tonne Getreide verarbeitet werden. In den Nachkriegsjahren von 1945-1950 kam es für den Mühlenbetrieb zu einem gewissen Niedergang. Der technische Zustand war erneuerungsbedürftig, Material und Nahrungsmittel kaum verfügbar. Nachdem der 1928 geborene Helmut Schaller sich 1949 mit Herta Heuschkel, einer Enkelin des Schmeißersmüllers Emil Wolf verheiratet hatte, gab ein Jahr später die Familie Schaller die Müllerei auf und verzog nach Piesigitz. Die Mühle war zunächst unbewohnt und die Döhlener Schule richtete ein Wanderquartier für Schülergruppen während der Ferienzeit darin ein. Doch der Franzenmüller Otto Hößelbarth, dessen Mühle wegen des Baues der Weidatalsperre 1953 stillgelegt werden musste, liebäugelte damit, nochmals neu anzufangen. Er kaufte Walter Schaller das Anwesen ab, sah aber bald ein, dass er dieser Aufgabe altershalber nicht mehr gewachsen war. Ende 1953 fand er mit Siegfried und Luise Herz Interessenten. In der neuen Weißendorfer Ortsmühle, in der Otto Hößelbarth inzwischen bei den Pisselsmüllern Unterkunft gefunden hatte, kam es zum Kaufabschluss mit der Familie Herz. Auch einige Müllereimaschinen aus der Franzenmühle wurden übernommen. Der 1907 geborene Siegfried Herz stammte aus dem Mühlenwerk Otto Herz in Wandersleben an der Apfelstädt. In den ersten Nachkriegsjahren zu Zeiten der „Sowjetischen Besat-

Döhlenmühle, 1955

Pfarr- und Mühlbrücke, 1955

zungszone“ war er bei der VdgB (Vereinigung der gegenseitigen Bauernhilfe) als Mühlenbeauftragter für 21 Thüringer Mühlen tätig. 1948 absolvierte er seine Meisterprüfung. Danach leitete Siegfried Herz die Mühle Graitschen bei Bürgel. Seine Frau Luise, verwitwete Eberhardt, kam aus der Mühle Gispersleben bei Erfurt. Ihren Sohn Siegfried brachte sie aus erster Ehe mit. Nach einigen baulichen Veränderungen und Modernisierungen am Mühlenwerk, Verstärkung durch Elektroantrieb, ging es mit der Döhlenmühle wieder aufwärts und die Kundschaft wurde zufriedenstellend bedient. Daran änderten auch die beträchtlichen Hochwasserschäden des Jahres 1954 nichts, die mit großer Anstrengung behoben werden konnten. Immerhin stürzten einige laufende Meter Mauerwerk an der Schneidemühle ein und weitere fünf Meter waren unterspült. Die Fußböden in Küche und Wohnstube wölbten sich und platzen auseinander. Der Mühlgraben war auf zehn Meter Länge mit Geröll zugeschwemmt. Felder und Wiesen standen unter Wasser. Eine schlimmere Katastrophe ereignete sich am 17. Mai 1957, die zu einer Familientragödie führte. Laut Zeitungsmeldung *„brach gegen 2.15 Uhr ein Brand in Döhlen Nr. 6 (Döhlenmühle) aus. Die Scheune und ein Nebengebäude wurden ein Raub der Flammen. Das Innere der Mühle ist dadurch stark in Mitleidenschaft gezogen worden. Mühlengebäude einschließlich Wohnhaus konnten erhalten werden... Ein längerer Produktionsausfall war die Folge.“* Unfassbar an diesem Unglück war, dass der Jugendliche Siegfried E. aus Frust leichtsinnigerweise zum Brandstifter wurde. Laut Meldung der Tageszeitung „Vokswacht“ vom 9. August 1957 vernichtete das Feuer Gebäude, Maschinen und Inventar im Werte von 61 000 Mark. Nach Aufräumungs- und Wiederaufbauarbeiten, wobei die Schneidemühle vollständig abgerissen werden musste, wurde in der Döhlenmühle unter Siegfried Herz noch bis 1958 Mehl gemahlen. Dann zog er sich zurück und übernahm für die nächsten acht Jahre die Muntschmühle im Aumatal. Nach verbüßter Strafe machte sich Siegfried E. daran, den Schaden wiedergutzumachen. Zunächst erwarb er seinen Meisterbrief und erweiterte den Betrieb durch zwei große Stahlsilos. Reichlich 30 Jahre lang, von 1959 bis gegen 1990, produzierte die Döhlenmühle unter Leitung von Müllermeister Siegfried Eberhardt und lieferte vorwiegend Mischfutter für die LPG und Malzgetreide in Form von gequetschter Gerste zur Bierherstellung. Der letzte Döhlenmüller verstarb 1995 im Alter von 56 Jahren und fand seinen Frieden auf dem Gottesacker zu Döhlen.

Mit ihrer ersten Erwähnung im Jahre 1260 begann die nachweisbare Geschichte der Döhlenmühle. Sie war eine der ältesten Mühlen des Weidatales. Nach mancherlei unglücklichen Begebenheiten, tödlichen Unfällen und Katastrophen, rappelte sich die Döhlenmühle immer wieder auf und kann auf 730 Jahre Tätigkeit im Müllergewerbe zurückblicken.

Quellen und Literaturangaben:
siehe Verzeichnis Nr. 15, 17, 20, 48, 67, 99, 101, 107, 108, 111, 118, 143, 165 sowie Auskünfte durch persönliche Gespräche mit Hertha Schaller, Piesigitz, Martin Dicke, Döhlen, Otto Schlegel, ehemaliger Bürgermeister in Döhlen und Siegfried Herz, Döhlenmüller von 1953–58

Die Döhlenmüller

Jacob (Müller)	erw. 1552	lt. Aktenmaterial Döhlen; Pfarrer Kühne
Caspar Rothe	erw. 1610-1630	lt. Kirchenbuch Döhlen
Tobias Rothe	geb. 1610 gest. 1676	lt. ebenda
Georg Rothe	erw. 1670 um 1700	lt. ebenda
Tobias Rothe	erw. 1679 gest. 1706	lt. ebenda
Mattheus Schmidt	erw. 1694	lt. ebenda
Mattheus Heinold	erw. 1695	lt. ebenda
Georg Preller	erw. 1697 gest. 1710	lt. ebenda
Christian Preller	erw. 1700 erw. 1703	lt. ebenda
Nicol Strauß	erw. 1711 gest. 1746	lt. ebenda
Hans Strauß	geb. 1708 gest. 1765	lt. ebenda
Hans Georg Strauß	geb. 1738 bis 1769	lt. ebenda
Georg Koch	erw. 1771 bis 1781	lt. ebenda
Gottfried Eckardt	erw. 1784	lt. Heimblätter 1929
Georg Koch	erw. 1789	lt. Kirchenbuch Döhlen
Joh. Gottfried Hößelbarth	erw. 1795	lt. ebenda
Joh. Gottfried Hößelbarth	geb. 1775 erw. 1813	lt. ebenda
Karl Gottlieb Poser	geb. 1810 gest. 1883	lt. ebenda
Joh. Friedr. August Poser	geb. 1836 bis 1874	lt. ebenda
Gottlieb Schneider	erw. 1880	lt. Ortslexikon Weimar
Wilhelm Hermann Schaller	geb. 1865 gest. 1942	lt. Familienunterlagen;
Walter Leonhard Schaller	geb. 1901 gest. 1980	lt. Schaller, Piesigitz
Otto Albin Hößelbarth	geb. 1887 gest. 1967	lt. Hößelbarth, Erzmühle
Siegfried Herz	geb. 1907 gest. 2000	lt. Herz, Zeulenroda
Siegfried Eberhardt	geb. 1939 gest. 1995	lt. Kirchenbuch Döhlen; Pfarrer Kummer

Schmeißersmühle, 1955

Kemenate der Schmeißersmühle im Jahre 2000

Die Schmeißersmühle bei Göhren-Döhlen

Die Döhlener Straßenbrücke, über die der Verkehr hinauf nach Göhren rollt, wurde 1957/58 erneuert. Von hier aus blicken wir talabwärts zum Unterlauf der Weida, denn an dieser Stelle sind beim Flusskilometer 38 etwa 2/3 der insgesamt 57 km Länge abgewandert. Vom Quellgebiet bis Döhlen hat die Weida im Ober- und Mittellauf etwa 215 m Gefälle zurückgelegt, das entspricht 5,65 m auf einen Kilometer. Gut sichtbare Wegweiser zeigen nach links in Richtung Göhren und Schüptitz. Am Denkmal biegen wir spitzwinklig rechts ab und folgen der blauen Markierung, die zwei Kilometer bis zur Valentinsmühle angibt. Auf dieser Strecke erreichen wir nach einer Viertelstunde zunächst die Schmeißersmühle. Alle bisher erwähnten Mühlen, die ab Oberreichenau bis hinunter nach Göhren-Döhlen am Weidawasser lagen, gehörten von 1952 bis 1994 zum ehemaligen

Kemenate, um 1930

Kreis Zeulenroda. Bei der Valentinsmühle begann der frühere Kreis Gera-Land. Vom Mühlsteig aus erkennen wir die sich „In den Mühlwiesen“ versteckenden Reste der Schmeißersmühle. Das Mühlengebäude verfiel und musste 1972 abgebrochen werden. Sehenswerte Nebengebäude, die sogenannte Kemenate mit Fachwerkscheune, blieben erhalten. Eine Brücke führt zu dem als Ferienwohnung genutzten Anwesen.
Die Schmeißersmühle wurde 1533 im Lehnbuch des Jungfrauenklosters Weida erstmals verzeichnet. Der Müller Peter Schmeißer war dem Kloster lehenspflichtig und zahlte jährlich 18 Groschen Erbzins. Als Beigabe kamen zwei Füllhühner und ein Schock Eier dazu. Für Grundstücke am Mühlgraben fielen weitere 2 ½ Groschen an. Sein Sohn, der ebenfalls Peter Schmeißer hieß, war 1573 im Döhlener *„Register der Copulierten“* eingetragen und wenig später Mühlenbesitzer. Der Vorname des 1597 geborenen Peter Schmeißer wurde durch Nicol ersetzt.
Die Kemenate der Schmeißersmühle, die ziemlich umgebaut heute noch existiert, hat ihre Vergangenheit nicht restlos preisgegeben. Ihr früheres Aussehen schließt nicht aus, dass sie einst als Wehrturm diente, ähnlich der nahe gelegenen Schüptitzer Kirche. Eine sehr interessante Beschreibung dieses Gemäuers hinterließ der 1796 geborene Gründer des „Vogtländischen Altertumsforschenden Vereins Hohenleuben“ Dr. Julius Schmidt, indem er schrieb:
„Im Gehöft der Schmeißersmühle, und zwar am Fuße des südlichen Bergabhanges, befindet sich ein alterthümliches dreistöckiges Gebäude, Kemenate genannt. Die untere Etage besteht aus schönen Gewölben, die oberen enthalten Stuben. Die früher einzige Eingangstür befindet sich in der zweiten Etage. Fenster hat es wenig, nach vorn schmale Doppelfenster, welche mit verzierten Sandsteinfassungen versehen sind, dagegen sonst nur schießschartenähnliche Öffnungen. In einer Fenstereinfassung ist die Jahreszahl 1597 eingehauen.“
Kemenate lässt sich von den mittellateinischen Wörtern *caminata* und *caminus* ableiten und weist auf feste, heizbare Gemächer hin. Derartige Bauwerke sind meist an alten Burganlagen anzutreffen, in unserer näheren Umgebung beim mächtigen Wohnturm von Orlamünde, bei der Kemenate der Burg Ziegenrück sowie in Schloss Burgk. Die Kemenate der Schmeißersmühle hatte früher kleine gotische Spitzbogenfenster. Über eine Außentreppe, die sich zwischen Kemenate und Anbau befand, gelangte man in den ersten Stock. Ein 12 m langer Keller mit tiefem Brunnen vervollständigte das Bild. Die Nutzung des Baues dürfte allmählich vom Wehrturm zum Wohnturm übergegangen sein. Es besteht die Annahme, dass hier ältere Frauen, kränkliche oder allein stehende aus den umliegenden Rittergütern, ihren Lebensabend verbrachten und versorgt worden sind.
Talabwärts, fast in Sichtweite, gab es noch die untere Schmeißersmühle, die spätere Valentinsmühle. Nicol Schmeißer, einer der Söhne des unteren Schmeißersmüllers Valentin Schmeißer, war bis zu seinem Tod 1631 *„molitor“* in der Döhlener oberen Schmeißersmühle. Jedoch wurde ihm durch ein unterhalb gelegenes Wehr mit erhöhtem Rückstau *„das Wasser abgegraben“*. Sicherlich kam es wieder zur Aussöhnung. Sein Sohn, auch ein Nicol Schmeißer (1609–1661), sowie dessen Sohn Hans (gest. 1709), der *„molitoris in der Oberschmeißersmühle“*, traten die Nachfolge an. In die Mühle gelangten 1682 *„Commissarie“*, die im Neustädter Kreis eine Mühlenvisitation durchführten und in einem *„Absonderlichen Protokoll“* ihre Berichte niederschrieben. *„Die Obere Schmeißers Mühle, Hans Schmeißern Zuständig und dem Ambt Weida unterworfen“* wurde kontrolliert, ob das richtige Behältnis für die Festlegung der Abgaben zum Einsatz kam. Hans Schmeißer *„hatte ein Gemäß, so meist mit dem weidischen überein trifft, genommen. Die Büchse ist gleich vorigen in der Stube mit einen Bügel, und versiegelten Schloße verwahret.“* Vertrauen ist gut, Kontrolle ist besser. So legte es Kurfürst Johann Georg III. auch für Sachsen-Zeitz

fest. Nach Hans Schmeißer, dem Älteren, folgte Hans Schmeißer, jun. (1675–1743) als *„Hans Schmeißer, Müller unter Döla"*. Eine wichtige Urkunde des Jahres 1717 führte ihn mit *„Hanß Schmeißer unter Gühren"* auf. Ferner verzeichnete dieses Dokument noch *„Georg Schmeißer in der Berbis Mühle"* und *„Hanß Schmeißers Witwe in der Frantzenmühle"*. Dies verdeutlichte, dass die Müllerfamilie Schmeißer in den benachbarten Mühlen recht verbreitet war. Die untere Schmeißersmühle (Valentinsmühle), die zu Schüptitz gehörte, hatte inzwischen andere Besitzer. Da es oft Personen gleichen Namens gab und Berufsangaben fehlten, wurden die Nachforschungen recht erschwert. Selbst solch ein Eintrag fehlte nicht: *„Er ist 70 Jahre alt, es weiß aber niemand, wer er ist, oder ob er noch lebet."* Müllermeister Hans Schmeißer hatte 1704 in der Dietzelsmühle Langenwetzendorf Maria Dietzel geheiratet, die 1677 in der Valentinsmühle geboren wurde. 1721 hinterließ uns der verdienstvolle sächsische Landvermesser Paul Trenckmann in seinem *„Handregister"* Vermerke zur Schmeißersmühle. Er stellte fest, dass *„die Schmeißersmühl ¼ Stunde unterm Dorfe"* lag. Zur Ausstattung der Mühle gehörten die üblichen zwei Mahlgänge, die Schneidemühle und eine Ölmühle. Den Flusslauf beschrieb er wie folgt: *„Die Weyda: kommt von Pausa zwischen Stelzendorff und Klein Wolschendorff durch, Quinneberg ¼ St. links, Weissendorff ½ St. rechts, Merckendorff ½ St. links, Staiz ¼ St. gut links, hier durch, Göhren 1/8 St. links, Loitsch durch."*

Den folgenden Zeitraum vereinnahmte Hans Gabriel Schmeißer (1711–1763), dessen Söhne und Töchter sowohl in der Büchersmühle, der Sichelmühle, der Förthener Fritschenmühle an der Gülde als auch in der eigenen Mühle Fuß fassten, während sein Bruder Gottfried 1748 die Valentinsmühle bei Schüptitz übernahm. *„Meister Johann Gabriel Schmeißer, jetzo Müller in der Schmeißersmühle, ehel. ältester Sohn"* (geb. 1741), trat 1764 das väterliche Erbe an. Die Oberländische Chronik erwähnte 1778 den Schmeißersmüller, bei dem ein Pferd für 36 Gulden gekauft wurde. Pferdegespanne lieferten damals Getreide bis nach Zwickau und Chemnitz. Über die Leistungen der Fuhrleute berichtete die Chronik: *„1778, den 10. September, haben wir einen 4-spännigen Wagen nach Dresden spannen müssen, Proviant nach Böhmen zur Armee zu fahren... Der 10. Oktober ist unser Spannwagen wiedergekommen, sind vier Wochen außen gewesen. Haben Mehl von Dresden nach Pautzen gefahren..."*

Das Schicksal wollte es so, dass in der Schmeißersmühle derzeit sechs Töchter geboren wurden, aber kein Hoferbe. Rosina Schmeißer und Meister Johann Gottfried Wolf, der zum *„begüterten Müller in der Schmeißersmühle"* wurde, feierten 1800 Hochzeit. Familie Wolf hielt hier über 100 Jahre lang den Mahlbetrieb aufrecht. Nachfolger Christian Friedrich Wolf (1802–1876) wurde gegen 1830 Mühlenbesitzer, hatte aber mit seiner Frau Christine Vogel aus der Franzenmühle nur ein kurzes Eheglück. *„Meister Christian Friedrich Wolf, begüterter Eigenthumsmüller in der Schmeißersmühle, ein Witwer"*, heiratete 1837 ein zweites Mal. Kinder aus beiden Ehen sorgten für Leben in der Behausung. Der 1840 geborene Hermann Gustav Wolf übernahm um 1860 die Mühle und hatte acht Kinder großzuziehen. Die erstgeborenen Söhne konnten in der Regel den Hof nicht übernehmen, da die Eltern noch jung und rüstig waren und die Arbeit selbst gut erledigen konnten. Deshalb verließ der älteste Sohn Emil Otto Hermann das Elternhaus, um nach Amerika auszuwandern. Erst der 1879 auf die Welt gekommene jüngste Sohn Emil hatte die Chance, das Anwesen weiterzuführen. Der Vater war 1906 verstorben. Der junge Mühlenbesitzer Emil Wolf gründete mit Frieda, geb. Peterlein, eine Familie. Jedoch hielt im neuen Jahrhundert der Friede nicht lange an. Die Kriege wurden noch heftiger als die verflossenen. Zwischen den europäischen Großmächten verstärkten sich die Spannungen. Die Ermordung des österreichischen Thronfolgers Erzherzog Franz Ferdinand am 28. Juni 1914 in Sarajewo war der äußere Anlass zum Beginn des 1. Weltkrieges (1914–1918), der

7.800.000 tote Soldaten forderte. Emil Wolf (1879–1915) wurde eines dieser Opfer. Er fiel am 16. Februar 1915 an der Westfront im Argonerwald und hinterließ seine Frau mit drei Töchtern. Frieda Wolf musste 1916 den Mahlbetrieb aufgeben. Arno Schmeißer aus Dörtendorf bewirtschaftete derzeit die zirka 20 Hektar großen Felder der Schmeißersmühle. Nach dem 1. Weltkrieg wurden die Witwe Frieda Wolf und der Landwirt Arno Schmeißer ein Ehepaar, also gab es in den nächsten Jahrzehnten wieder Schmeißers in der Schmeißersmühle. Für den Eigenbedarf wurde noch geschrotet. 1951 verkaufte Sohn Heinz Schmeißer (1923–1995) das gesamte Hab und Gut an den Dörtendorfer Harry Leser. Nach dreijähriger Tätigkeit in der Landwirtschaft verzog Familie Leser in die BRD. Die LPG Göhren-Döhlen übernahm 1954 die Felder und Wiesen, nutzte das Mühlengebäude aber kaum. Kemenate und Seitengebäude hatte Harry Leser an den Triebeser Musiker Rolf Freund verkauft. In den Jahren 1955–59 renovierte Rolf Freund die Kemenate. Die mittelalterliche Außentreppe wich einem Anbau mit Sanitäranlagen. Bis 1969 bewohnte Familie Freund die Kemenate. Gegenüber verfielen die Mühlengebäude zusehends und boten einen traurigen Anblick, bis sie 1972 von der LPG abgerissen wurden. Um diese Zeit wechselte die Kemenate mit ihren Nebengebäuden nochmals den Besitzer. Professor Ranft aus Leipzig schuf sich hier bis zu seinem Lebensende eine Oase der Ruhe und Erholung.

Quellen und Literaturangaben:
siehe Verzeichnis Nr. 20, 60, 67, 99, 101, 143, 155, 165, 169 sowie Auskünfte und persönliche Gespräche mit Herta Schaller, Piesigitz, Hilmar Hößelbarth, Erzmühle und Informationen von Rolf Freund, Triebes

Die Müller in der Schmeißersmühle Göhren-Döhlen

Peter Schmeißer	erw. 1533–1539	lt. Lehnbuch Weida
	erw. 1552	lt. Kirchenbuch Döhlen
Peter Schmeißer	erw. 1573–1583	lt. ebenda
Nicol Schmeißer	gest. 1631	lt. ebenda
Nicol Schmeißer	geb. 1609 gest. 1661	lt. ebenda
Hans Schmeißer	gest. 1709	lt. ebenda
Hans Schmeißer	geb. 1675 gest. 1743	lt. ebenda
Hanß Gabriel Schmeißer	geb. 1711 gest. 1763	lt. ebenda
Joh. Gabriel Schmeißer	geb. 1741 erw. 1782	lt. ebenda
Johann Gottfried Wolf	erw. 1800	lt. ebenda
Christian Friedrich Wolf	geb. 1802 gest. 1876	lt. ebenda
Hermann Gustav Wolf	geb. 1840 gest. 1906	lt. ebenda
Emil Wolf	geb. 1879 gest. 1915	lt. ebenda

Die Valentinsmühle zu Schüptitz

Beenden wir nun unseren Aufenthalt an der Kemenate der Schmeißersmühle, gehen über die Brücke zurück und folgen dem Wanderweg talwärts. In zehn Minuten ist der Haltepunkt Schüptitz der Eisenbahnlinie Gera – Hof erreicht. Diese Strecke berührt das Weida- und Triebestal und wurde unter Oberaufsicht der Königlich-Sächsischen Staatsregierung von 1872 bis 1883 als Mehltheuer-Weidaer Eisenbahn angelegt. Vier deutsche Kleinstaaten, die im Rahmen des Kaiserreiches als Bundesstaaten bestanden, wurden auf der 34 km langen Strecke durchfahren. Von Mehltheuer im Königreich Sachsen dampfte der Zug nach Bernsgrün in das Fürstentum Reuß ältere Linie, um anschließend wieder in das sächsische Pausa zu gelangen. Danach musste die reußische Grenze in Richtung Pöllwitz und Zeulenroda überquert werden, während die Stationen Triebes und Reichenfels (Hohenleuben) der reußischen jüngeren Linie angehörten. Das folgende Stück durchschnaufte die Dampflokomotive im Großherzogtum Sachsen-Weimar-Eisenach, bis sie in Weida- Altstadt zum Stehen kam, da der Oschütztalviadukt noch nicht fertig war. Heutzutage wird die Station Schüptitz gern von Wandergruppen für ihre Touren genutzt.
Halbrechts im Grund liegen die Gebäude der Valentinsmühle. Näher herangekommen, bemerken wir über dem Eingangstor die Initialen E.B. mit den Jahreszahlen 1886 und 1912. Ewald Barth war der Altbesitzer. Die Jahreszahlen verweisen auf Ereignisse, die teils mit harten Schicksalsschlägen verbunden waren. Der Mühlgraben, den wir überschreiten, verläuft an der Hausfront entlang und erinnert an die Zeiten, in denen er der Mühle die Wasserkraft spendete. Über eine Fußgängerbrücke an der Weida führt der Mühlburschensteig. Hier an der Triebesmündung machen wir zunächst einen gedanklichen Sprung durch das Triebestal. Die Triebes, ein zirka 20 km langer Zufluss der Weida, hat ihr Quellgebiet nahe Wolfshain in 485 m Höhe über NN. Sie bahnt sich, im Gegensatz zur Weida, gleich den Weg in nördliche Richtung und trieb bereits am Pöllwitzer Forstteich bis gegen 1890 eine Brettschneidemühle an. Die Wassermassen der Pöllwitzer Teiche dienten ab 1631/32 zur Holzflößerei und ließen die ca.1 m langen Holzscheite bis hinunter in den Floßgraben der Weißen Elster schwimmen. In der breiten Talaue unterhalb des Dorfteiches befindet sich die Pöllwitzmühle, in der heute noch die Walzenstühle rattern. Elektroenergie sorgt für den Antrieb. Dagegen ist die mittelalterliche Reiboldsgrüner Mühle schon seit Jahrhunderten verschwunden. Die beiden Zeulenrodaer Mühlen, die Steinmühle und die Görlersmühle, waren die ältesten Gewerbebetriebe der Stadt. Ihre Gebäude finden wir in der Oberen und Unteren Haardt. Auch Triebes hatte zwei Mahl- und Schneidemühlen, nämlich die Teich- und Sandmühle. Letztere kam 1999/2000 zum Abriss. Schließlich bietet die unterhalb der Ruine Reichenfels gelegene Loch- oder Schlossmühle mit ihrem neu errichteten Wasserrad den Besuchern eine Attraktion. Bei 275 m über dem Meeresspiegel mündet die Triebes nahe der Valentinsmühle in die Weida. Ausführliche Beschreibungen der Mühlen des Triebestales sind im Mühlenbuch Band II zu finden.
Unsere Aufmerksamkeit gilt nun der Valentinsmühle, die laut „Topographie der Pflege Reichenfels“ von 1827 *„...gewöhnlich Falkensmühle genannt“* wurde. Alte Klosterverzeichnisse vermerkten 1500 *„Jacoff Smeyßer“* (Jakob Schmeißer), der mit der Mühle unterhalb von Schüptitz, der damaligen unteren Schmeißersmühle, belehnt wurde. In den Jahren 1533-1539 entrichtete *„Hans Schmeißer Walpurgis fünf Groschen, Michaelis fünf Groschen zu Schüptitz in der Schmeißermühl“* Erbzinsen an das Weidaer Jungfrauenkloster. Laut Kirchenbuch starb Hans Schmeißer Anno 1574.

Der Ort Schüptitz war schon 1345 als *„Schuptytz"* urkundlich von den Weidaer Vögten erwähnt worden. Die Zinsen flossen ebenfalls an das Dominikaner-Nonnenkloster zu Weida. Bemerkenswert ist die alte Wehrkirche mit ihrem romanischen Chorturm. Bis 1528 gehörte Schüptitz zur *„Filial von Döhlen"* und anschließend zu Steinsdorf.
Nach Hans Schmeißer prägte für viele Jahre der Müller Valentin Schmeißer das Leben in seiner Mühle. Etwa 1545 geboren, verstarb er Ende 1605. Mehrmals verheiratet, hinterließ er einen reichen Kindersegen. Bei seinen Söhnen konnte er als Taufpaten mit dem Bürgermeister und *„Georgius Roth, diaconus"* aufwarten. 1583 wurde der Müller als Käufer eines Grundstückes genannt, das er vom Hohenleubener Pfarrrichter erwarb. Meist stand er als *„Valten Schmeißer, Müller zu Unterschüptitz"* zu Buche. Andere Ereignisse oder schwere Vergehen, zu denen Diebstähle und Ehebruch zählten, wurden nach mittelalterlichem Recht sehr streng geahndet. Georg Tittmann aus Hohenleuben kam 1597 wegen mehrerer Diebstähle bei Valentin Schmeißer in der Mühle und in anderen Gehöften nach Verhören unter Folter in Weida durch den Strang zu Tode. Als der alte Valentin Schmeißer aus dem Leben schied, bewohnten 1606 seine Witwe Christine mit den Söhnen Hans (geb.1590) und dem neunjährigen Nicol das Mühlenhaus. Hans blieb als Nachfolger im Elternhaus. Ein anderer Nicol, (geb. um 1580), hatte schon in der oberen Schmeißersmühle Fuß gefasst. *„Die Müllerin aus der Schmeißermühle"* erwarb 1620 ein Haus in Hohenleuben.
Während des 30-jährigen Krieges bekam die Mühle einen neuen Besitzer. Im Herbst 1626 wurde belegt, dass Georg Schrödter, Müller in der Schmeißersmühle, die Neuwiese unter Nicol Schmeißers Feld an der Weida an Heinrich von Müffling, den Herrn von Reichenfels, verkaufte. Wenige Jahre später, nämlich am 1. Nov. 1633 erwarb Matthes Prüfer (um 1575–1638), Sohn des Endschützer Obermüllers Georg Prüfer, die Schmeißersmühle von *„Georg Schrötter zu Schüptitz"*. In der Folgezeit saß sein in der Mühle Letzendorf bei Endschütz geborener Sohn Michael Prüfer (um 1610–1675) in der unteren Schmeißersmühle. Er heiratete 1639 Maria Göbner aus Staitz. Ihre Tochter Elisabeth lernte den aus der Dietzelsmühle zugewanderten Müllerburschen Michael Dietzel (1636–1711) kennen. Das Kirchenbuch Döhlen meldete 1671, dass *„Michael Dietzel von Langenwetzendorf mit Elisabeth Michel Prüfers in der unter Schmeißersmühl Müllers Tochter, den 28 Nov."* geheiratet hatte. Beide führten die Mühle des 1675 gestorbenen Vaters bis 1682 weiter.
Ihren Sohn Michael, bei dessen Taufe in der Döhlener Kirche 1681 als Pate der Schmeißersmüller Hans Schmeißer zugegen war, finden wir um die Jahrhundertwende in der Perthelsmühle Naitschau wieder. Einen wichtigen Eintrag zur Namensbildung der Mühle schrieb am 4. Dezember 1682 der Weidaer Amtmann Jesaja Hickmann nieder, der *„die untere Schmeißers- oder Valtin Mühle Michael Diezels"* inspizierte. Um Verwechslungen mit der Döhlener oberen Schmeißersmühle zu vermeiden, wurde der Vorname des 1605 gestorbenen Müllers Valentin Schmeißer herangezogen. Aus dem Namenskürzel Valtin bzw. Valten bürgerte sich seit geraumer Zeit im Sprachgebrauch Valtensmühle oder fälschlich auch „Falkenmühle" ein. Als der Langenwetzendorfer Dietzelsmüller Hans Dietzel 1682 starb, verblieb sein Sohn Michael D., der Valtensmüller, als Erbe. Deshalb siedelte zum Jahresende seine Familie um.
Die Valentinsmühle übernahm 1683 Hans Fleischer, der 1655 in Naitschau das Licht der Welt erblickte. Der *„Falkens- oder Valtensmüller"* war 20 Jahre lang in der Mühle tätig. Seine Frau Eva, geb. Weiser, stammte aus Schüptitz. Als *„der alte Falkenmüller"* am 7. April 1704 starb, hinterließ er seine Witwe Eva mit zwei Söhnen und vier Töchtern. Fleischers ältester Sohn Gottfried (1686–1738) übernahm 1709 den Hof offiziell und zahlte dafür 600 Gulden. Der 1692 geborene Michael Fleischer gelangte in die Zeulenrodaer Görlersmühle in der Unteren Haardt. Tochter Christina ehelichte den Triebeser Sandmüller

Gottfried Schwarz. Immer wieder kam es also in der näheren Umgebung zwischen den Müllerfamilien zu ehelichen Verbindungen. Nach einer Statistik von Volkmar Weiss heirateten im sächsisch-vogtländischen Raum 94% der Müllerssöhne im Umkreis bis zu 40 km, die übrigen zog es weiter in die Ferne. Meister Gottfried Fleischer heiratete um 1715 in 2. Ehe Justina Decker aus Zeulenroda. Beide hatten fünf Kinder, die zwischen 1716 und 1724 in der *„Falkensmühle"* geboren wurden. Einem im Amt Weida 1717 hinterlegten Vergleich zum Schneidemühlbetrieb stimmte *„Gottfried Fleischer unter Schüptis"* zu. Außerdem hielt das Weidaer Handregister 1721 zur Ausstattung fest, dass *„die Falckenmühl mit 2 Gängen, 1 Schneid- und Ölmühl"* ausgerüstet war und nach *„Schiptiz"* gehörte. Nach 1725 suchte Gottfried Fleischer eine neue Existenz und fand sie in der Mühle Schöna bei Münchenbernsdorf. Seine Mutter Eva Fl., die mit umgezogen war, starb 1729 in Schöna. Er selbst verschied 1738 in der Mühle Schöna, die sein jüngster Sohn Johann Heinrich (1721–1758) weiterführte.
Eine gewisse Zeitspanne musste nun in der Valentinsmühle von Pächtern ausgefüllt werden. Bekannt wurden Johann Hempel aus Hohenleuben und Heinrich Schwartz als *„Fischer und Pachtmüller auf der Untern Schmeißersmühle"*. Erst 1738 konnte Johann Gottfried Fleischer (1718–1772) das väterliche Erbe antreten. Maria Elisabeth Oberländer, die Müllerstochter aus Großsaara, wurde seine Ehefrau. Ihnen wurde 1740 Johann Gottfried (jun.) in der Valentinsmühle geboren. Sein Vater ersteigerte für ihn bereits 1746 das Rittergut Uhlersdorf, welches der Junior in späteren Jahren übernahm. Es deutete sich auch an, dass der Vater die Valentinsmühle aufgeben wollte, weil er sich ins Elstertal nach Zeitz verändern wollte. Um 1748 erwarb Gottfried Schmeißer, geb. 1718 in der benachbarten Schmeißersmühle, die Mühle, die einst seine Vorfahren besaßen. Über 30 Jahre lang mahlte er Getreide und bediente seine Schneidemühle. Obwohl in seiner Ehe fünf Kinder geboren wurden, gab es keinen männlichen Nachfolger.
Erwähnenswert ist noch, dass der 1710 in der Valentinsmühle geborene älteste Sohn Gottfried Fleischers, nämlich Hans Georg, 1732 Sara Heselbarth, die Tochter des verstorbenen Frießnitzer Müllers Andreas Heselbarth heiratete und Eigentumsmüller dieser Mühle wurde, die seine Söhne weiter bewirtschafteten.
Die Mitte des Jahrhunderts war von Kriegszeiten und Hungersnöten gekennzeichnet. Besonders der Siebenjährige Krieg (1756–63), in dem sächsische Landesteile Feindesland für Preußen waren, brachte Durchmärsche, Brandschatzungen und zwangsweise Rekrutierung junger Männer mit sich. Als nach der Schlacht von Jena und Auerstedt 1806 sächsische und reußische Truppen auf Seiten Napoleons kämpften, sahen von der 141 Mann starken reußischen Kompanie nur sieben die Heimat wieder. Not und Elend, Siege und Niederlagen, vergrößerten den Unterschied zwischen arm und reich ständig.
In diesen Jahren verschlug es den Müllerburschen Joh. Georg Michael Barth aus Möschlitz bei Schleiz in das Weidatal. Gegen 1790 gesellte sich Joh. David Barth dazu. Vermutlich lernte er die Müllerstochter Eva Maria Schmeißer (1765–1845) kennen. Der Grundstein für eine lang anhaltende Schaffensperiode dieses Müllergeschlechtes hier in der Valentinsmühle wurde gelegt. Das Döhlener Kirchenbuch bestätigte *„Meister Johann David Barth, Eigenthumsmüller in der Valentinsmühle"*, als er 1813 seine Tochter Christine verheiratete. Kurios und recht seltsam für die damaligen Verhältnisse war es wohl gewesen, als die Müllersfrau Eva Barth in jenen Jahren an Heinrich XLIII. aus dem Haus Köstritz über 1000 Taler verliehen hatte. Frieder Trebge (VAVH) wusste von einer Anekdote zu erzählen, dass die *„Falkenmüllers Eva"*, die sehr wohlhabend gewesen sein soll, dem Köstritzer Fürsten dieses viele Geld zum Wiederaufbau von Reichenfels geborgt hatte. Als dieser 1814 starb, wurde er in der Hohenleubener Gruft beigesetzt, vorher aber nach dem Protokoll in der Kirche aufgebahrt. Beim Defilee soll Eva, die ihr Kapital wegen

des fürstlichen Bankrotts verloren hatte, im schönsten weimarschen Dialekt vor dem versammelten Hofstaat ausgerufen haben: *„Mer mißte den Kerl glei vum Parodebette raafen!“* Die Schüptitzer Flurgrenze war viele Jahrhunderte lang gleichzeitig Landesgrenze zwischen reußischen und kursächsischen Gebieten. Der Begriff „weimarscher Dialekt“ fiel deshalb, weil das Amt Weida, zu dem Schüptitz mit der Valentinsmühle zählte, nach den Beschlüssen des Wiener Kongresses von 1815 dem GHT Sachsen-Weimar-Eisenach angehörte.

1822 wurde der Tod des Müllerburschen Joh. Georg Barth im Kirchenbuch vermerkt. Zwei Jahre später heiratete ein Sohn des alten David Barth, nämlich *„Johann Gottfried Barth, Eigenthumsmüller in der Valentinsmühle, Christiane Wolf aus der Schmeißersmühle“,* aus deren Ehe mindestens fünf Kinder hervorgingen. Der älteste Sohn, auch ein Johann Gottfried, 1824 geboren, wanderte 32-jährig nach Amerika aus, da er die Mühle nicht übernehmen konnte. Schüptitz und die Valentinsmühle waren seit langen Zeiten *„dem Rittergut zu Steinsdorf ganz oder theilweise zu Lehn.“* Zahlungspflichtig war nach dem Grundsteuerkataster der Jahre 1835-47 der Müller Johann Gottfried Barth. Am 25. März 1834 wurde der nächstfolgende Hoferbe Carl Ferdinand Barth geboren, doch der Großvater Johann David Barth musste 1839 für immer gehen. Die Einwohnerzahl von Schüptitz, einschließlich der Mühle, betrug damals 144 Personen in 24 Wohnhäusern. Ferdinand Barth gründete 1858 mit Johanna Schenderlein eine Familie und führte das Mühlengut bis gegen 1884. Ewald Barth (1863–1946), dessen Initialen wir am Eingang zur Mühle vorfanden, kam am 3. August 1863 zur Welt. Minna Heuschkel aus Piesigitz wurde seine Ehefrau. Beide ließen ein neues Wohn- und Mühlengebäude errichten. Der herrliche Fachwerkbau konnte 1886 bezogen werden. Vor dem Haus am Teich stand die Schneidemühle. Baumstämme, Balken und Bretter säumten den Platz ein. Nach und nach wuchs die

Valentinsmühle, abgebrannt 1911

Valentinsmühle, erbaut 1912

Schneidemühle, vom Brand 1911 verschont

Familie durch die Kinder Edwin, Paula, Rosa und Leonhard an. Der Mühlenbetrieb florierte. Tragisch war es, als in der Nacht vom 15. zum 16. September 1911 früh 4 Uhr ein Feuer ausbrach und das gesamte Gehöft mit dem schönen Fachwerkbau bis auf die Grundmauern niederbrannte. Nur der Schneidemühlschuppen blieb verschont. Vom Stall überstanden die Gewölbe. Sämtliche Schweine und das Federvieh kamen um. Das Großvieh konnte mit Mühe gerettet werden. Emil Wolf aus der nahen Schmeißersmühle nahm die Familie Barth für ¼ Jahr lang in seinem Haus auf. Schon im Spätherbst 1911 wurde ein Seitengebäude mit einer Notwohnung wieder aufgebaut, die vorerst als Unterkunft diente. Aber auch oben in Schüptitz entstand am 1. November 1911 ein Großbrand, den spielende Kinder verursachten. Scheunen, Ställe und Wirtschaftsgebäude von fünf Familien brannten ab.

Im Frühjahr des kommenden Jahres herrschte reger Baubetrieb. Mühl- und Wohnhaus wurden modern und zweckmäßig, aber ohne Fachwerk, aufgebaut. Ewald Barth baute also zwei Mühlen, eine 1886 und die andere 1912. Seine beiden Söhne zogen 1914 in den 1. Weltkrieg und kehrten unversehrt im Herbst 1918 zurück. Auf dem Barth'schen Grundstück neben der Bahnlinie eröffnete 1925 Franz Siegel aus Crimla bei Weida einen Grünsteinbruch mit Brechanlage und Anschlussgleis, auf dem täglich bis zu 24 Eisenbahnwagen mit 400 bis 500 Tonnen Steinschlag verladen wurden. 1927 übernahm Leonhard Barth (1896–1972), der mit Lydia Riebel aus dem Rittergut Wöhlsdorf verheiratet war, das Mühlengut. Im Winter 1928/29 sank die Temperatur öfter unter minus 30 Grad, sodass das Mühlrad in einen dicken Eismantel gehüllt war. Selbst die alten Nuss-, Kirsch- und Pflaumenbäume erfroren.

Leonhard Barth begann am 1931 mit dem Bau eines Seitengebäudes am östlichen Hofrand und gab dem Anwesen ein geschlossenes Ganzes. Die Steine für die Grundmauern wurden aus Abbruchmaterial des Schüptitzer Eisenbahntunnels geborgen. Der 107 m lange Tunnel, der längste dieser Strecke, war für ein zweites Gleis zu schmal und musste 1929/30 durch einen Einschnitt ersetzt werden. Das Bauholz wurde im eigenen Wald am Zschiegengraben gefällt. Vater Ewald schnitt in der Schneidemühle Stämme und Bretter zurecht. *„Möge Gottes Segen unverändert über diesem Hause und der ehrwürdigen Familie Barth walten bis in die fernsten Tage"*, schrieb Albin Schwarz, Leiter des Haltepunktes Schüptitz und Nachbar des Valentinsmüllers, am 15. September 1931, auf den Tag genau 20 Jahre nach dem Brandunglück von 1911, nieder. Aus der Ehe des Leonhard Barth gingen drei Kinder hervor. Waltraud Barth, verheiratete Günther, stellte dankenswerter Weise eine kleine Barth'sche Familienchronik mit Aufzeichnungen aus den Jahren 1863 bis 1931 zur Verfügung. Über 40 Jahre lang konnte Leonhard Barth seinem Müllerberuf nachgehen. Ein Walzenstuhl, eine Schrotmühle und eine Haferquetsche, mit Wasserkraft angetrieben, gewährleisteten eine tägliche Leistung von zirka einer Tonne. Die Schneidemühle hatte ihr eigenes oberschlächtiges Wasserrad. Den selbsterzeugten Strom für den Haushalt speicherten Batterien zu 110 Volt.

Obwohl die Mühle zu Schüptitz gehörte, war sie mit Hohenleuben eng verbunden. Etliche versorgungs- und verwaltungstechnische Fragen waren in die Hohenleubener Infrastruktur einbezogen. Der angesehene *„Falkenmüller"* zählte zu den einflussreichsten und bedeutendsten Honoratioren der Stadt. Bis 1970 konnte der Mahlbetrieb in der Valentinsmühle durchgeführt werden, dann brach die Antriebswelle und versagte ihren Dienst. Die nochmalige Modernisierung dieser Kleinmühle war nicht mehr zeitgemäß. Die alte Schneidemühle wurde abgerissen. Leonhard Barth, der 1972 starb, war der letzte Valentinsmüller.

Seit 1974 ist Schüptitz ein Ortsteil von Steinsdorf. Leonhard Barths Sohn Manfred, der 2014 verstarb, bewohnte mit seiner Familie noch viele Jahre das Mühlenhaus, während die übrigen Gebäude 1983 verkauft worden sind und einem Großbetrieb als Ferienobjekt dienten. Inzwischen sind sie anderweitig im Privatbesitz und werden restauriert.

Quellen und Literaturangaben:
siehe Verzeichnis Nr. 20, 49, 67, 99, 101, 112, 120, 144, 155, 165, 166, 167, 169 sowie Auskünfte durch persönliche Gespräche mit Frau G. Barth, Valentinsmühle und Frau W. Günther, geb. Barth, Steinsdorf, die die Barth'sche Familienchronik (1863-1931) zur Verfügung stellte. Heinz Weithaas, Leipzig, als Fleischer-Nachfahre, recherchierte in Kirchenbüchern und gab wertvolle Hinweise

Die Müller in der Valentinsmühle

Jakob Schmeißer	erw. 1500	lt. Lehnbuch 1320-1500; Nonnenkloster Weida
Hans Schmeißer	erw. 1533-1539 gest. 1574	lt. Erb- und Lehnbuch Weida lt. Kirchenbuch Döhlen
Valentin Schmeißer	erw. 1583 gest. 1605	lt. Lehns-u. Handelbuch; Pfarrei Hohenleuben
Hans Schmeißer	geb. 1590 erw. 1606	lt. Kirchenbuch Döhlen; F.W. Trebge; VAVH
Georg Schrödter	erw. 1626 erw. 1633	lt. ebenda
Matthes Prüfer	erw. 1633 gest. 1638	lt. ebenda
Michael Prüfer	erw. 1639 gest. 1675	lt. Kirchenbuch Döhlen
Michael Dietzel	geb. 1636 gest. 1711	lt. Richard Knoll, L.-wetzendorf; Familienforschungen
Hans Fleischer	geb. 1655 gest. 1704	lt. Fam.-buch Naitschau 0561/1 Kirchenbuch Döhlen
Gottfried Fleischer	geb. 1686 gest. 1738	lt. Kirchenbuch Döhlen; Heinz Weithaas, Leipzig
Johann Hempel / Pächter	erw. 1719	lt. Kirchenbuch Döhlen
Heinrich Schwartz / Pächter	erw. 1732-1737	lt. ebenda
Joh. Gottfried Fleischer	geb. 1718 gest. 1772	lt. ebenda
Gottfried Schmeißer	geb. 1718 erw. 1782	lt. ebenda
Joh. Georg Michael Barth	erw. 1790 gest. 1822	lt. ebenda
Joh. David Barth	erw. 1790 gest. 1839	lt. ebenda
Joh. Gottfried Barth	erw. 1824 erw. 1847	lt. ebenda und Kataster
Carl Ferdinand Barth	geb. 1834 erw. 1884	lt. Kirchenbuch Döhlen
Ewald Theodor Barth	geb. 1863 gest. 1946	lt. Familienchronik
Leonhard Barth	geb. 1896 gest. 1972	lt. Familienchronik

Loitschmühle – Kellerhaus am Hang

Die Loitschmühle in Loitsch

Die Fortsetzung unserer Wanderung ab Valentinsmühle bis zur 3,5 km entfernten Loitschmühle ist mit kleinen Umwegen verbunden. Zwischen beiden Mühlen gibt es keinen gut begehbaren Talweg. Es sei denn, man benutzt zunächst einen Trampelpfad rechts der Weida, der am Waldhang allerdings recht abschüssig wird. Ein anderer örtlicher Wanderweg führt als Hohlweg, die „Tschittge“ genannt, steil bergan zum „Weißen Stein“. Von dort aus gelangt man auf der Landstraße hinunter nach Loitsch, zu Steinsdorf gehörend. Größeren Wandergruppen ist auch der Weg über Schüptitz zu empfehlen, der jetzt von uns begangen werden soll. Vom Eisenbahnhaltepunkt aus sind wir in einer viertel Stunde oben im Ort, betrachten die mittelalterliche Wehrkirche und treffen auf unseren alten Bekannten, den rot markierten Gebietswanderweg, dem wir weiter folgen können. Herrlich windet er sich hinein in den Grund. Unten in den Talwiesen wechseln wir zum gegenüberliegenden Flussufer, während diesseits an der Hangsohle der Gräfenbach, vom Floßteich kommend, einmündet. Selbst dieser kleine Bach trug einst Scheitholzstämme aus dem Weidaer Forst zum weiteren Transport auf dem Wasser hier herab. Links zweigt ein Mühlgraben ab und leitet Wasser hin zur Loitschmühle. Vor uns tauchen die ersten Häuser auf, rechts der Bahnhof Loitsch-Hohenleuben mit einigen zum früheren Kurbetrieb gehörenden Gebäuden und gegenüber, neben dem ehemaligen Gasthof „Vogelnest“, das Mühlen- und Wohnhaus mit einer langgestreckten Fachwerkscheune. Bis 1974 floss die Weida unmittelbar an dieser Häuserfront entlang, dann wurde sie begradigt. Die Überflutungsgefahr war gebannt, denn oft genug stand das Wasser bis in die Wohnstube der Müllersleute.
Marianne Schaff, Witwe des letzten Loitschmüllers, gab uns Auskunft über die Vergangenheit der Mühle. Ihr Schwiegervater Otto Schaff kam 1949 mit seiner Familie aus der Ber-

Loitschmühle, um 1965

michsmühle hierher, weil in dieser bekanntlich die Baustelleneinrichtung für die Weidatalsperre untergebracht wurde. Die Loitschmühle war derzeit außer Betrieb, sodass sie sich als Entschädigung günstig anbot. Vorher war sie in mehreren Generationen im Besitz der Familie Wetzel. Zum plötzlichen Stillstand kam es 1947, als der damalige Besitzer seinem Leben ein Ende setzte. Die Witwe Wetzel blieb vorerst in der Mühle. Otto Schaff brachte beim Umzug einige Müllereimaschinen der Bermichsmühle mit in seinen neuen Arbeitsbereich. 1951 war die Mühle wieder hergerichtet und produzierte Weizen-, Roggenmehl und Grieß. Die Schneidemühle besaß ein Gatter mit vier Sägeblättern und konnte deshalb drei Bretter in einem Arbeitsgang herstellen. Zwei Wasserräder lieferten die Antriebskräfte. Etwa 12 Hektar Felder, Wiesen und Wälder wollten auch bewirtschaftet werden. Zehn Jahre später übergab der fast 75-jährige Otto Schaff die Mühle an seinen Sohn Wilfried (1929–1988), bevor er 1963 verstarb. Der neue Besitzer hatte 1961 seinen Meisterbrief in Teichwolframsdorf gemacht und war mit Marianne Leser verheiratet. Weitere 15 Jahre lang drehten sich die Wasserräder und brachten die Mahl-, Schrot- und Sägemühle in Gang. Hinter dem Haus, wo sich damals das Mühlrad befand, stürzt das Wasser auch heute noch hinunter. Zuletzt arbeitete die Mühle mit Stromantrieb. Doch 1979 kam der Mahlbetrieb zum Erliegen, da Großmühlen gewinnbringender produzierten und das Geschäft übernahmen. Für den Eigenbedarf wurde noch geschrotet. Nach einer schweren Erkrankung starb am 29. März 1988 der letzte Loitschmüller Wilfried Schaff. Die Schneidemühle musste abgerissen werden. Das Anwesen verkleinerte sich. Einige landwirtschaftliche Nutzflächen wurden verpachtet.
Gemeinsam mit Frau Schaff werfen wir einen Blick in Haus und Hof. Wenn wir das große Eingangstor durchschreiten, sehen wir linker Hand das Wohn- und Mühlhaus. Gegenüber befindet sich das Wirtschaftsgebäude. Die bereits abgebaute Schneidemühle bildete den hinteren Abschluss. Aus alten Zeiten stammt das Kellerhaus am Hang. Solche Kellerhäuser waren notwendig, weil der hohe Grundwasserstand das Anlegen eines Kellers im Wohnhaus oft nicht zuließ. Die mit Lehm ausgefüllten Gefache zwischen den Holzbalken, ein mit Brettern beschlagener Anbau, Reste eines Bienenhauses, aufgestapeltes Brennholz und das Rauschen des Wassers, das vom oberen Mühlgraben herunterkommt, ließen vergessen, dass der Mühlenbetrieb ruhte. In der Mitte des Hofes hätte man früher noch den unvermeidlichen Misthaufen vorgefunden, der zu jedem Bauernhof gehörte. Im vorigen Jahrhundert wurden Wohnstuben im Untergeschoss der Häuser sehr praktisch angelegt. In der ersten Hälfte des Raumes war der Fußboden mit Steinplatten belegt und nur für den gemütlichen Teil wurden dicke Dielenbretter verwendet. Ein kräftiger Tisch, stabile Stühle und Ofenbänke, neben dem Kachelofen die Trockenstangen für kleine Wäsche und ein Wandbrett mit allerlei Töpfen, Löffeln und hölzernen Tellern gehörten zum Inventar der Stube. Der Backofen und der große Waschkessel im Flur durften auch nicht fehlen. An langen Winterabenden spendete die Petroleumlampe etwas Licht. Die Stubentür war an der Außenseite mit grober Leinwand bespannt und straff mit Schafwolle oder Heu ausgepolstert, damit die Kälte nicht hereindrang. Das Brauch- und Waschwasser lieferte der Mühlgraben, Trinkwasser gab es aus einer „ Pflumpfe“. Das Leben unserer Vorfahren kannte keinen übertriebenen Luxus.
Blicken wir nun noch weiter zurück. Loitsch wurde 1340 als *„Lotzsch“* in Zinsbüchern vermerkt. Das Lehnsbuch des Nonnenklosters zu Weida nannte 1493 *„Ehrhart Eusskel“* (Heuschkel), der die väterliche Mühle *„zu Lotzitz“* übernahm. Fünf Jahre später hatten Jobst und Wolf Mülner die Mühle *„zu Oberlotschitz“* in Lehen. Laut Kirchenbuch Döhlen starb *„die alte Lotzschmüllerin“* 1588. Die Namen weiterer Müllergeschlechter dürften in Archiven noch verborgen sein. Erst 1673 war vom *„molitoris Christoph Wolff“* zu hören, dessen Weib gemeinsam mit dem Döhlenmüller Rothe bei Michael Dietzel *(„Unterschmeißersmüller“)* zur Kindtaufe weilten. Im Dezember 1682 trafen kursächsische

„Commissarien" vor Ort in der Mühle ein, um nach Unterschieden zu suchen, die das gebräuchliche „Gemäß" des Müllers Wolf zum gültigen Dresdner Scheffel hätte haben können. Die Inspektoren brachten zu Papier: *„Die Loizschmühle, Christoph Wolffs, ins Ambt weida gehörig. Das Viertheil ist richtig..."*
Um 1700 trat Hans Wolf die Nachfolge an. 1717 akzeptierte *„Hanß Wolff zu Loitzsch"* einen umfassenden Vergleich mit weiteren 18 Müllern des *„Waydaischen Amtsbezirkes"* zu Fragen des Schneidemühlbetriebes. Damit sind vorerst zwei Generationen der Müllerfamilie Wolf in der Loitschmühle urkundlich belegt. Die anwesenden Müller des Weida-, Auma- und Seebachtales beseitigten vertraglich ihre Unstimmigkeiten, die bei den anfallenden Schneidelohnkosten sowie den Schnittgrößen der Hölzer zutage kamen. *„Uhrkundlich ist dieser Vergleich ad protocollum registeriret"*, vermerkte sogleich der Weidaer Amtmann Daniel Caspar Germann.
Loitzsch bestand in diesen Jahren aus sechs Feuerstätten bzw. Häusern mit etwa 33 Bewohnern. Diesen kleinen Kundenkreis, der durch Steinsdorfer Mahlgäste oft verstärkt wurde, versorgte laut dem Weidaer Handregister von 1721 *„die Loitschmühle mit ihren zwei Gängen und einer Schneidmühl."* In den nächsten 100 Jahren wuchs der Ort kaum. Lediglich ein Haus kam dazu und die Einwohnerzahl stieg auf 44. Die Müllerfamilie Wolf war in Loitzsch nicht mehr anzutreffen. Es ist anzunehmen, dass sie die Schmeißers in der Schmeißersmühle ablösten.
1822 wurde Johann Gottlob Wetzel im *„Fundbuch von Loitzsch"* als Grundbesitzer des Mühlengebäudes im Weidigt geführt. Seine Felder, Wiesen, Wälder und Teiche befanden sich in den Flurteilen „Luge" und „In der Zschiege". Für den Mühlgraben war eine Größe von 118 ¼ neue Ruthen eingetragen. Die 1823 in Kraft getretene Gesindeordnung erfuhr durch Großherzog Carl Friedrich von Sachsen-Weimar-Eisenach, Landgraf in Thüringen, Markgraf zu Meißen... eine Erweiterung, da 1839 die Einführung der Gesinde-Dienstbücher und Gesinde-Tabellen bekannt gemacht wurde. Die Tabellen der Loitzscher Gemeindeakten verzeichneten für die nächsten Jahrzehnte weitere Wetzelsmüller als Dienstherrschaft. Johann Gottlob Wetzel war mit dem größten Teil seines Besitzes der Geistlichkeit zu Weida lehns- und zinspflichtig, während er dem Weidaer Gotteskasten nur für ein Stück Land am Steinsdorfer Berg verpflichtet war. Allmählich reifte die Zeit heran, in der es zu Veränderungen bei Lehns- und Zinslasten kam. Die nach dem Ablösungsgesetz vom 18. Mai 1848 entstandenen Berechnungen für Loitzsch sind erhalten geblieben. Ferner konnten im Großherzogtum ab 1850 Gemeindevertreter gewählt werden. Vorsitzender der Gemeindeversammlung wurde Johann Gottlob Wetzel. Schultheiß Johann Gottfried Weiser und Mühlenbesitzer Wetzel ernannte man zu Bevollmächtigten in Ablösungsangelegenheiten. Summa summarum hatten die Loitzscher Bauern demnach 590 Taler aufzubringen, um an der Bauernbefreiung teilhaben zu können. Gottlob Wetzel war mit 53 Talern, 43 Silbergroschen und 3 Pfennigen daran beteiligt. Diese Beträge sicherten den Feudalherren weiterhin hohe Einnahmen. Neben dem Mühlenbesitzer Gottlob Wetzel, dessen Unterschrift sich 1853 letztmalig im *„Ablösung Receß der Gemeinde Loitzsch"* feststellen ließ, vermerkte die Akte auch das „Gasthaus Wetzel". Um 1860 starb der Müller Johann Gottlob Wetzel. Franz Wetzel übernahm 1856 das elterliche Mühlengut. Sein Bruder Karl erwarb die Mühle in Ottmannsdorf. Damals war auch vom Wegebau am Eichberg bis zur Nattermühle zu erfahren. Weit mehr Aufregung in Grundstücksfragen gab es allerdings, als 1871 die Anwohner vom Abschluss eines Staatsvertrages zum Bau der Eisenbahnlinie Mehltheuer – Weida hörten. Die Strecke verlief im Weidatal mitten durch den Ort. Der Eröffnungsfahrplan von 1883 nannte die Station Loitzsch-Hohenleuben als Bedarfshaltestelle. Das z im Ortsnamen verschwand im Oktober 1901. In dieser neuen Eisenbahnära verpachtete Franz Wetzel seine Mühle kurzzeitig an Franz Becker und 1884

an Traugott Zießler, der mit seiner Familie aus der Weimarer Gegend zuzog. In einigen Weidaer Mühlen gab es schon mehrfach Mühlenpächter namens Zießler. Um die Jahrhundertwende übereignete Franz Wetzel seinem Sohn Reinhard das Anwesen. Mahlmühle und Landwirtschaft kamen unter seine Regie. Die Schneidemühle überließ er laut dem *„Verzeichniß über das Fremden-Meldewesen in der Gemeinde Loitzsch von 1881 ab"* dem Zimmerer Otto Neudeck aus Triebes zur Pacht, der dort vom Sommer 1907 bis 1911 Holzfässer herstellte. Sein Urenkel Jörg Neudeck leitet heute ein bekanntes Zeulenrodaer Familienunternehmen, bestehend aus Sägewerk und Holzfachhandel.
Unglücksfälle und harte Schicksalsschläge machten auch um die Loitschmühle keinen Bogen. 1912 brannte fast das gesamte Gehöft ab. Das Feuer entstand in der Böttcherei der Schneidemühle, wo Holzgefäße, wie Bottiche, Fässer, Kübel und Zuber angefertigt worden sind. Das Kellerhaus am Berghang musste deshalb vorübergehend als Behausung dienen. Der Wiederaufbau verlief auch nicht gerade günstig, da sich Holzschädlinge derart einnisteten, dass etliche Balken sehr stark betroffen waren und ausgewechselt werden mussten. Reinhard Wetzel führte seinen Betrieb über 35 Jahre lang bis ins Rentenalter hinein. In den Kriegsjahren des 2. Weltkrieges (1939–45) bewirtschaftete Pächter Erich Schröter Mühle und Landwirtschaft. Mit dem tragischen Tod des kinderlos gebliebenen Reinhard Wetzel, der sich in der Notzeit nach dem Krieg aufgehängt hatte, starb dieses Müllergeschlecht aus. Otto Schaff und seine Frau Frieda, geb. Hücker, aus der Bermichsmühle waren die Nachfolger.
Beinahe hätten wir nach der Verabschiedung von Marianne Schaff (verstorben 2011) die alten Mühlsteine übersehen, die unscheinbar am Wegesrand, wenige Schritte vom Eingangstor entfernt, vom Gras überwuchert lagen. Diese Steine kennen gewiss die Geschichte mancher Loitschmüller viel genauer, aber sie blieben stumm.
Die Ortsmitte an der Straßenbrücke ist ein wahrer Knotenpunkt. Straßen, die von Hohenölsen und Hohenleuben herunterkommen, vereinigen sich und führen nach Steinsdorf, zu dem Loitsch als Ortsteil gehört. Im Blickfeld weidaabwärts ragen die riesigen Wände des Diabassteinbruches empor, an dessen Fuße sich die Eisenbahnlinie entlang zwängt. Der Mühlgraben der Loitschmühle bringt sein Wasser wieder in die Weida, die sich hier gegenüber bei 260 m Meeresspiegelhöhe durch die Leuba verstärkt. Das „Geographische Handregister des Amtes Weida" von 1721 bezeichnete interessanterweise die Leuba als *„die Leina, die im hiesigen Dorfe in die Weyda kömmt."* Dieses kleine 15 km lange Flüsschen bietet eine Fülle heimatgeschichtlicher Begebenheiten, die hier kurz angerissen und ausführlich im 2. Band „Mühlen an der Auma, der Triebes, der Leuba und im Güldetal" behandelt werden. Das Quellgebiet der Leuba liegt oberhalb der Fließteiche im Pöllwitzer Forst. Wassermühlen waren entlang des Baches reichlich vorhanden. Bereits in Naitschau gab es drei an der Zahl. Die Leubamühle beendete 2011 ihren Mahlbetrieb. Am Ortsausgang liegen die stillgelegte Stöckels- und Perthelsmühle. In Langenwetzendorf beginnt der Mühlenreigen mit der Dietzels- oder Geyersmühle. Es folgen die Buschmühle, die Mutzmühle, die Käßnersmühle, die Schmieds- oder Eiselsmühle und die Kuxmühle. Dem Talsperrenbau mussten die Neu- und Kauernmühle weichen. In der Kühbachbucht finden wir noch die Lunzigmühle. Ganz hinten im Oelsengrund stoßen wir auf die Oelsenmühle, heute eine Korbmacherei. Manches Sagenhafte gäbe es noch aus dem Leubatal zu erzählen…

Quellen und Literaturangaben:
siehe Verzeichnis Nr. 49, 52, 99, 101, 120, 123, 142, 155, 165
sowie Auskünfte durch persönliche Gespräche mit Frau Marianne Schaff, Loitschmühle, Kurt Sachse, ehemaliger Bürgermeister in Loitsch, der Einblick in Aktenmaterialien gewährte und Jörg Neudeck, Sägewerk und Holzfachhandel in Zeulenroda

Die Müller in der Loitschmühle

Ehrhart Heuschkel	erw. 1493 und 1496	lt. Lehnsbuch 1320-1500; Nonnenkloster Weida
Jobst und Wolf Mülner	erw. 1498	lt. ebenda
Die alte Lotzschmüllerin	gest. 1588	lt. Kirchenbuch Döhlen
Christoph Wolf	erw. 1673 bis 1696	lt. ebenda
Hans Wolf	erw. 1717	lt. Stadtarchiv Zeulenroda
Johann Gottlob Wetzel	erw. 1822 bis 1853	lt. Fundbuch Loitzsch
Franz Wilhelm Wetzel	erw. 1856 bis 1901	lt. Urkunden Gemeinde Loitzsch;
Franz Becker / Pächter	erw. 1880	lt. Ortslexikon GHT Weimar 1880
Traugott Zießler / Pächter	erw. 1884 bis 1890	lt. Urkunde Fremdenmeldewesen
Paul Reinhard Wetzel	erw. 1907 gest. 1947	lt. Urkunden Gemeinde Loitsch
Erich Schröter / Pächter	erw. 1939 bis 1946	lt. ebenda; Kurt Sachse
Otto Schaff	erw. 1949 bis 1961 geb. 1887 gest. 1963	lt. Angaben Marianne Schaff, Loitschmühle
Wilfried Schaff	erw. 1961 bis 1988 geb. 1929 gest. 1988	lt. ebenda

Die Nattermühle bei Steinsdorf

Der nun folgende Fußmarsch von Loitsch bis zur Nattermühle dauert eine reichliche halbe Stunde. Den Ort verlassen wir in Richtung Steinsdorf. Nach den letzten Häusern biegt der Wanderweg rechts von der Straße ab und führt als Wiesenpfad ins Tal hinein. Hinter einer Furt überquert ein schmaler Steg unser Flüsschen. Neben den Bahngleisen setzt sich der Weg durch Felder und Wiesen fort. Zunächst bemerken wir linksseitig eine parkähnliche Anlage. Das sich anschließende stattliche Herrenhaus bezeichnen wir heute als Nattermühle. Das eigentliche alte Mühlengebäude rafften 1902 die Flammen hinweg.

Eine uralte, gewölbte Steinbrücke überspannt die Weida und schafft Verbindung vom Nattermühlgelände zum 75 m höher gelegenen Gräfenbrück. Möglicherweise geht der schon 1335 erwähnte Ortsname *„Grevenbrucke"* auf diesen mittelalterlichen Flussübergang zurück. Auch die Nattermühle gab es schon zu sehr frühen Zeiten. Als im Jahre 1485 die Weidaer Katschmühle mit einem Ölgang nachgerüstet wurde, lieferte laut einer Amtsrechnung der Nattermüller den Ölstempel, das Rad, die Stampfe und den Stock. Aus dieser Begebenheit ging die bis jetzt älteste bekannte Erwähnung der Nattermühle hervor. Sicherlich entstand sie noch eher unter den *„Herren von Stenstorf"*. Alte Amtsbücher des dortigen Rittergutes verzeichneten den Namen Nattermüller bereits im 15. Jahrhundert. Nach der Auflassung des Klosters Cronschwitz in Folge der Reformation wurde die Nonne Katharina von Liebsdorf 1537 *„Hausfrau des Franz Nattermüller"* und hieß nach der Heirat Katharina Nattermüller. Im Zinsbuch des Klosters Mildenfurth aus den Jahren 1540-42 wurde ebenfalls über die *„Nattermul"* berichtet. Es hieß dort, dass der Müller fünf Groschen Michaeliszins für einen Acker auf dem Klingenberg gab. Die Steinsdorfer Türkensteuerliste nannte 1542 namentlich den Müller Jobst Fischer mit 500 Schock als den höchsten Steuerzahler. Ab 1575 vermerkte das Lehnbuch des Rittergutes Steinsdorf die Müllerfamilie Fischer in mehreren Generationen. Nach Jobst Fischer waren Sohn Adam Fischer von 1576 bis 1608, gefolgt von Hans Fischer, nachweisbare Nattermüller. Den Lehnsherrn stellte offenbar die Arbeit seiner Müller recht zufrieden, denn die Festlegung lautete: *„Die Mühle soll Hans Fischer bekommen, weil sie so lange bei diesem Stammgeschlecht geblieben und fortbleiben möchte."* Die Besitzrechte derer von Steinsdorf blieben unangetastet und wurden mehrmals in den Jahren 1660–66 abgesichert. Kursächsische Mühleninspektoren, die 1682 im *„Weydauischen Bezirck"* unterwegs waren, untersuchten Missstände, die durch Verwendung unterschiedlicher Maße auftraten. Sie protokollierten: *„Die Nattermühle, Heinrich Pertheßen Zuständig, deßen Pachtmüller Hannß Hoffmann, dem von Steinsdorff Zu Steinsdorff unterworfen. Hat ein Viertheil, so eine Kanne kleiner, als das weidische, Abgabe aber und Büchse, seyn denen vorigen gleich."* Neben dem Rittergutsbesitzer standen sein Verwalter und der Müller Hoffmann zu Buche. Die Visitation sollte zur Vereinheitlichung des Maß- und Gewichtssystems beitragen und den sogenannten „Unterschleif" steuern. Für jeden Scheffel Getreide musste in eine versiegelte Büchse ein Groschen Mahlgeld als Steuer gesteckt werden. Der Weidaer Scheffel hatte aber eine ganz andere Größe als der angestrebte Dresdener Scheffel.

1699 heiratete Georg Wilhelm v. Müffling das Fräulein v. Steinsdorf und wurde 1716 Gutsbesitzer. Sein neuer Pächter *„Michael Hübner in der Natter Mühle zu Steinsdorf"* bestätigte 1717 eine für mehrere Mühlen zuständige Urkunde, in der Verfahrensweisen des Schneidemühlbetriebes geregelt wurden. In diesem Schriftstück war der Nattermüller Hübner an erster Stelle verzeichnet. Hier nun ein Auszug davon:

„An gewöhnlicher Amtsstelle sind die sämtlichen nachbenannten Müller des Waydaischen Amtsbezirks Endes dato erschienen, und haben Vorbracht wie bißhero einer Ungleichheit

des Schneider Lohns halber unter ihnen gewesen, indem mancher weniger Lohn als der andere, und dadurch veruhrsachet, daß manche Schneide Mühle müßig stehen müßen, und dahero folgenden vergleich unter einander getroffen: Nehmlich die an der Weyda Wohnenden Müller nahmendlich

sollen und wollen die Herren Breter 13 biß 14, die gemeinen aber nur 12 Zoll in der Breite schneiden, ...
Uhrkundlich ist dieser Vergleich ad Protocollum registeriret, und denen sämtlichen Müllern beglaubte Abschrift unter Vorgedruckten Amts Insigul und meiner Unterschrift ausgefertiget worden , So geschehen Weyda den 30. July 1717.

Fürstl. Sächs. Amt

daselbst. *D.C. Germann"*

1720 wurde kurzzeitig Michael Stobs mit der Mühle belehnt, der aber nach Miesitz in die Schneidemühle abwanderte. Das Weidaer Handregister hielt 1721 fest, dass *„eine Mühle, die Nattermühle genannt, ¼ Stunde von hier an der Weyda, gleich im Mittel zwischen hier und Gräffenbrück, mit 2 Gängen und 1 Schneidmühl"* ausgestattet war. *„Gräffenbrück und Loitsch nebst der Natter Mühl noch eingepfarret... Ober- und Untergerichte gehören auf*

Nattermühle b. Weida i. Th.
Gasthof u. Sommerfrische
Bahnstationen: Weida-Altstadt od. Loitzsch-Hohenleuben
Telephon Nr. 163 Amt Weida

Nattermühle Steinsdorf, um 1920

Alte Brücke zur Nattermühle

Rast an der Nattermühle, 1995

Nattermühle, Mühlgraben mit Schützen, 1965

hiesiges Rittergut“, konnte ebenfalls nachgelesen werden. Nun hießen die Müller Heinrich Thrum und um 1730 Christoph Seidel aus Steinsdorf. Nach dem Tode v. Müfflings wurden seine Söhne 1723 Lehensträger, die aber als Offiziere schon 1734 bzw. 1742 aus dem Leben schieden. Um 1738 stieß man das Gut überraschend an Baron von Bardeleben ab und unterbrach den bisherigen Familienbesitz. Im Fronverzeichnis von 1748 wurde Christian Ziessler als Nattermüller genannt. Nachdem der Konkurs eintrat, erwarb 1750 Ernst von Brandenstein, ein Enkel der Familie, das Anwesen zurück und wurde Erb-, Lehns- und Gerichtsherr auf Steinsdorf. Er verpachtete die Mühle 1757 an Georg Schimmel. Im Pachtbrief legte der Gutsherr fest, dass der neue Pächter *„dem zur Mühle gehörigen oberen und unteren Mühlgraben gebrauchen und fischen kann. Er soll auch den Mühlgraben fleißig räumen und auf seine Kosten das Wehr während der Winterzeit wohl in Acht nehmen und zur rechten Zeit auftauen, damit es nicht verwahrlost werde.“* Pächter von Rittergutsmühlen hatten meist strenge Auflagen zu erfüllen. Die Steinsdorfer Untertanen leisteten ihre Fron *„teils nach gräffenbrück, teils auf hiesigen Hof“* ab. Das Fronregister verlangte vom Nattermüller, neben den üblichen Abgaben an seinen Lehnsherren, alles vom Rittergut benötigte Bauholz, Bretter, Latten und Pfosten umsonst zu schneiden. *„Dafür bekommt er nichts weiter als 2 Schwarten von jedem Klotz, die anderen gehören dem Herrn“,* besagte der entsprechende Artikel. Auch die Holzflößerei erforderte die tatkräftige Mithilfe des Müllers. Das im Pöllwitzer Wald gefällte Holz schwamm in Scheitholzstücken die Triebes und Leuba hinunter bis zur Weida und Weißen Elster. Der Müller *„front auf dem Rechen,... muß auch Nachrechig binden, zusammentragen und mandeln.“* Um Wehrkrone und Wasserrad zu schützen, stand er am Rechen und sicherte angeschwemmtes Treibholz. Das *„Nachrechig“* waren Hölzer, die nach dem Floßdurchgang festhingen, gesammelt und zu 15 Stück gebündelt werden mussten. Die Flößerei währte zirka 200 Jahre lang und ging nach 1800 zu Ende.

Trotz alledem gab es auch länger anhaltende Lehensverhältnisse, so mit David Schmalz von 1758 bis 1762 und Johann Christoph Jaeger aus der Schlossmühle Arnshaugk, der bis 1784 tätig war. Darüber lag ein Kaufvertrag vor. Im April 1785 entstanden durch Eismassen schwere Schäden am Wehr und Mühlgrabendamm, sodass der Müller um Steuerermäßigung nachsuchte. *„Solches wird durch angestellte Beaugenscheinigung von uns pflichtmäßig attestiert“,* vermerkte das Gerichtsprotokoll. Inzwischen hatte von 1784 bis 1828 Christoph Krienitz die Mühle erworben, die von seinem Enkel Johann Zschiegner *„mit allen Rechten und Gerechtigkeiten, Nutzungen und Beschwernissen, insonderheit mit den gangbaren Mühlenzeugen, Mahl- und Aufschlagwassern, Wehren...“* bis zu seinem zeitigen Tod 1832 weitergeführt wurde. Neuer Gutsherr zu Steinsdorf war seit 1824 Hauptmann Hans Carl v. Görschen, der Franziska von Brandenstein geheiratet hatte. Im nunmehr zum GHT Sachsen-Weimar-Eisenach gehörenden Amtsbezirk Weida wurde ab 1826 die *„Amts- und Schloßfrohne für ewige Zeiten“* gegen hohe Ablösesummen erlassen. Auch unten in der Mühle wurde geheiratet, denn die Müllerswitwe Zschiegner ehelichte noch 1832 den Müllermeister Christian Luft. Das Paar bevölkerte ihr Domizil mit elf Kindern, worauf 1852 der Müller verstarb.

Nach den revolutionären Bestrebungen von 1848 wurde die Gerichtsbarkeit der Rittergüter eingeschränkt. Es folgte 1850 die Ablösung der Trift- und Weiderechte des Gräfenbrücker Gutes. Die Viehherden des Kammergutes durften die Mühl- und Gemeindefluren nicht mehr abweiden. Seit Jahren gingen auch Rittergutsmühlen vom herrschaftlichen Besitz in die Hände selbständiger Müller über. Die Nattermühle erhielt 1852 sogar die Konzession zum Brotbacken.

Laut den Steinsdorfer *„Ackten über Anzeichen 1851–61“* wurde die Besitzerin der Nattermühle, Johanna Dorothe Luft, angezeigt, weil sie einige Wochen lang einen Müller aus Langendembach ohne Legitimation in Arbeit genommen hatte.

1856 war es Hermann v. Görschen, der das vom Vater übernommene Gut an einen Herrn Mälzer verpachtete. Die *„Ablösung der dem Rittergute zu Steinsdorf zustehenden Erbzins-, Frohn- und Lehnberechtigungen"* zog sich in die Länge und wurde auf 1861 vertagt. Statt Lehnfronen zu leisten, sollten die Bauern Geldzahlungen aufbringen. Ein Tag Mistaufladen konnte mit 2 ½ Groschen, ein Tag Heuhauen oder Kornschneiden mit 3 Groschen abgegolten werden. *„Wegen der lehnpflichtigen Nattermühle nebst Zubehör ist zwar nach denselben Grundsätzen zu verfahren, jedoch mit Rücksicht auf die werthbeschaffenheit der Waßerkraft und des Mühlengewerbes ein gesammtwerth von Zehntausend und einigen Hundert Thalern für dieselbe anzunehmen, dann aber ebenfalls einen Rabatt von 33 1/3 pro Cent abzusetzen... Bei der Lehnpflicht von 100 Thalern Grundwerth... sind 16 Thaler 20 Sgr. Lehngeld* ***auf 100 Jahre*** *zu berechnen."* Im Ablösungsjahr 1861 bestand Steinsdorf mit der Nattermühle aus 60 Wohnhäusern und 332 Einwohnern. Eine 100-jährige Abzahlzeit brauchte jedoch keiner zu leisten, da sie vom Verlauf der Geschichte überholt wurde. 1864 vermachte die Witwe Luft ihre Mühle an Karl Dix aus der Trünzigmühle. Er betrieb dazu noch eine Knochenmühle. Ihm folgte 1881 sein Sohn Franz Dix bis zu seinem Lebensende 1887.

Als mit Albert Wagner, der das Fräulein v. Görschen heiratete, im Steinsdorfer Gut 1886 die letzte Gutsherrenfamilie den Grundstein für weitere Generationen legte, kaufte 1890 Friedrich Seifert aus Weida der Witwe Dix das Mühlengehöft ab. Einer Meldung des „Zeulenrodaer Tageblattes" vom 3.12.1890 zufolge, beabsichtigte der Triebeser Geschäftsmann Draxdorf die Nattermühle in eine Farbenfabrik umzuwandeln. Das schlug fehl und der Mahlbetrieb ging zurück. Schließlich brannte unter Seifert am 18. November 1902 der gesamte Komplex total ab. Eine Untersuchung wegen Brandstiftung verlief ergebnislos. Das weitere Schicksal der Nattermühle spiegelte die Höhen und Tiefen der Ereignisse der nächsten Jahrzehnte wider. Eine Mahlmühle entstand hier nicht mehr. Da aber ein Schrotbetrieb für den Eigenbedarf an Viehfutter wieder in Gang kam, war dies der Anlass, den Dingen nochmals nachzugehen.

Zimmermeister Pensold aus Lunzig kaufte 1903 die Brandstätte und baute zwei Häuser. Nach dessen Tod erwarben 1907 Plauener Baufachleute das Terrain, wobei Bernhard Louis Neumann ein Jahr später alleiniger Besitzer wurde. Baumeister Neumann errichtete ein Herrenhaus mit Wirtschaftsgebäuden. Ferner ließ er Wehranlagen und Schützen betonieren und erzeugte mittels Turbinen und Generator elektrische Energie. Das Herrenhaus wurde von einem Pächter als Gastwirtschaft betrieben und erstrahlte 1909 im hellen Lichterglanz. Oben in Steinsdorf und Gräfenbrück gab es erst 1914 Stromanschluss. Der Gasthof „Nattermühle" warb besonders in Wanderführern als *„Sommerfrische 1. Ranges, mit allen der Neuzeit entsprechenden Einrichtungen ausgestattet, elektrisches Licht, Wannen-, Luft-, Licht- und Sonnenbäder, Schwimmbassin, Milchkur, Tennisplatz, Schlittschuhbahn, etc. pp... zur freundlichen Benutzung."* Allerdings war das Ausflugslokal von in der Nähe liegenden Bahnhöfen erst in einer halben Stunde *„zu Fuß bequem zu erreichen."* Findige Zeitungsleute wussten im „Zeulenrodaer Tageblatt" vom 20. Januar 1909 zu berichten: *„Vor kürzerer Zeit ging die Nattermühle bei Loitzsch von Herrn Zimmermeister Pensold aus Lunzig auf Herrn Baumeister Neumann/Plauen über. Er hat diese in einen Gasthof ‚Zur Nattermühle' verwandelt, außerdem größere Grundstücke links und rechts der Weida angekauft und an die Eisenbahnverwaltung ein Gesuch gerichtet, eine Haltestelle zu errichten, wozu er der Verwaltung 6000,- Mark zur Verfügung gestellt hat. Wenn diesem Gesuch entsprochen wird, dürfte eine rege Bautätigkeit zu erwarten sein."* Eine Haltestelle kam aber nicht zustande und tauchte auch in keinem Fahrplan auf. Für die Ausflugsgäste wurde 1911 der Besuch eines Flussbades angepriesen. Neumann starb jedoch 1913. Der 1. Weltkrieg (1914–18) brachte eine Flaute. Weitere Besitzwechsel bahnten sich an.

Nach Prof. Ludger Kruft (1919) und den früheren Gutsverwalter Paul Krug (1921) übernahm Justizrat Paul Axhausen am 4. Juni 1921 das Anwesen und ließ eine Parkanlage mit schönem Baumbestand anlegen. Die Geldentwertung hatte im November 1923 ihren Höhepunkt erreicht. Ein Zentner Kartoffeln kostete 2.800 Milliarden Papiermark, ein Ei war für 320.000.000.000 Mark zu haben. Als dieser Spuk ein Ende hatte, waren 1 Billion Inflationsmark eine einzige Rentenmark wert. Diese Entwicklung brachte auch das Aus für die Gastwirtschaft in der Nattermühle, die seit Jahren Familie Wolf betrieb. Ein ähnliches Ende ereilte die Kuranlage in Loitsch und den Reichenfelser Ritterhof. Der Besitzer der Nattermühle wohnte oben in Steinsdorf und verpachtete seine Grundstücke an die Familie Vaatz. Das gesamte Areal kaufte schließlich 1934 der Weidaer Gerbermeister Ernst Francke. Laut Kaufvertrag erwarb er den Hof mit herrschaftlichem Wohnhaus, Wasserturbine, Mahlgang und ca.76 Morgen Land. Felder und Wiesen bearbeitete vorerst Kurt Wolf. Das vor Jahren zur Stromerzeugung neu aufgebaute Wehr lieferte noch genügend Antriebskräfte zum Schroten des Futtergetreides. Ernst Francke hinterließ eine von ihm erstellte Besitzerchronik zur Nattermühle. Nach Kriegsende 1945 entwickelten sich in Ost- und Westdeutschland unterschiedliche gesellschaftliche Systeme. Boden-, Verwaltungs- und Gebietsreform brachten Veränderungen. 1953 wurde in Steinsdorf eine landwirtschaftliche Produktionsgenossenschaft (LPG) gegründet und die Nattermühle enteignet. Mühlgraben und Schrotmühle fielen den Umbauarbeiten zum Opfer. Damit gehörten die letzten Reste der Müllerei der Vergangenheit an.
Zu DDR-Zeiten entstand im „Objekt Nattermühle" ein Kinderferienlager mit beachtlicher Kapazität. Ein Berliner Großbetrieb schuf dazu die Voraussetzungen. Außerdem betrieb dort die „Freie Deutsche Jugend" bis in die 80er Jahre eine Jugendschule. Nach der Wiedervereinigung Deutschlands erhielt Frau Margarete Seidel, geb. Francke, als Alteigentümerin den väterlichen Besitz zurück. Seit 1992 diente die verpachtete Immobilie als Übergangswohnheim für Spätaussiedler einem guten Zweck.

Quellen und Literaturangaben:
siehe Verzeichnis Nr. 17, 23, 49, 59, 67, 91, 99, 100, 101, 108, 145, 153, 157, 165
sowie Auskünfte von H. D. Knoll, Museumsverein Osterburg Weida, Werner Prüfer, Ortschronist Gräfenbrück, Kurt Sachse, ehem. Bürgermeister in Loitsch und F.W. Trebge, Hohenleuben, VAVH

Die Nattermüller

Rittergutsbesitzer	Mühlenbesitzer / Mühlenpächter	
von Steinsdorf bis 1715	Franz Nattermüller erwähnt 1537	lt. Dom.-kloster Cronschwitz; Helmut Thurm, Jena 1942
	Jobst Fischer erwähnt 1542 bis 1575	lt. Türkensteuers Steinsdorf; W. Prüfer, Gräfenbrück lt. Ernst Francke, Weida
	Adam Fischer erwähnt 1576–1608	lt. Besitzerchronik; Ernst Francke, Weida
	Hans Fischer erwähnt 1608	lt. ebenda
	Hans Hoffmann erwähnt 1682	lt. Mühleninspektion 1682; Frank Reinhold, AMF
von Müffling 1716-1738	Michael Hübner erwähnt 1717	lt. Amt Weida, Urkunde 1717; Stadtarchiv Zeulenroda
	Michael Stobs erwähnt 1720	lt. Besitzerchronik; Ernst Francke, Weida
	Joh. Heinrich Thrum erwähnt 1720–1722	lt. ebenda
	Christoph Seidel erwähnt 1731	lt. Kirchenbuch Döhlen
von Bardeleben 1738-1750	Christian Ziessler erwähnt 1748	lt. Besitzerchronik; Ernst Francke, Weida
von Brandenstein 1750-1824	Georg Schimmel erwähnt 1757	lt. ebenda
	Joh. David Schmalz erwähnt 1758–1762	lt. ebenda
	Martha u. Joh. Christoph Jaeger erwähnt 1762–1784	lt. ebenda
	Joh. Christoph Krienitz erwähnt 1784–1828	lt. ebenda
von Görschen 1824-1886	Joh. Gottlieb Zschiegner erwähnt 1828–1832	lt. ebenda
	Christian H.F. Luft erwähnt 1832–1852	lt. ebenda
	Johanna Dorothea Luft erwähnt 1852–1864	lt. ebenda
	Karl August Dix erwähnt 1864–1881	lt. ebenda
	Franz Ferdinand Dix erwähnt 1881–1887	lt. ebenda
Albert Wagner u. Nachfolger 1886-1945	Ernestine Albine Dix erwähnt 1887–1890	lt. ebenda
	Friedrich Wilhelm Seifert erwähnt 1890–1902 Ende des gewerblichen Mahlbetriebes	lt. ebenda

Katschmühle Weida, renoviert 1994

Katschmühlennebengebäude um 1985

Die Katschmühle in Weida

Unser nächstes Wanderziel ist die Stadt Weida mit ihren Sehenswürdigkeiten. Die Kreuzung an der Nattermühle ist gut beschildert. Der Wegweiser zeigt 3,5 km bis zur Stadt an, also eine knappe Stunde Fußmarsch. Rechts der Weida steigen wir zunächst bergan bis zu den Neuhofhäusern. Von Ferne lugt die Osterburg hervor, die die Richtung angibt. Links unten im Tal überquert die Eisenbahnlinie den Fluss und verschwindet im Vipsburgtunnel. Siedlungshäuser und Gartenanlagen begleiten uns nach Weida. Um eine längere Straßenwanderung zu vermeiden, benutzen wir die 1985 renovierte Stichlingsbrücke, die als Seilhängebrücke über die Weida einen beliebten Wanderweg bis zur Gabelsberger Straße erschließt. Schon sind wir im Mühlgrabengelände der ehemaligen Katschmühle. Die zahlreichen Mühlen, die einst in dieser geschichtsträchtigen Stadt vom Wasser der Weida und Auma angetrieben worden sind, gerieten zum Teil in Vergessenheit. Nur die an der Auma gelegene Rothenmühle produziert noch. Um 1995 entstand in der Gräfenbrücker Straße der Wohnkomplex „Katschmühle" mit einer Reihe von Neubauten. Das ansehnliche Wohnhaus der früheren Mühle passt sich entsprechend erneuert gut der Umgebung an. Die Mahl-, Schneide- und Lohmühle, die nebenan standen, sind nicht mehr vorhanden. Im Fachwerkbau an der Einfahrt, einst Gerbereigebäude von Ernst Francke, ist der Sitz der Baufirma M. Weber und Partner. Herr Weber konnte mit schönen alten Katschmühlbildern aufwarten und versetzte uns zurück in vergangene Zeiten.

Erste Nachricht von der Katschmühle, die früher vorwiegend *„Katzschmühle"* geschrieben wurde, gelangte über Amtsrechnungsbelege der Jahre 1484–85 zu uns. Das Amt Weida besaß zu dieser Zeit drei Mühlen, also auch die flussabwärts folgende Pforten- und Sandmühle. Die Katschmühle war zunächst als Mahl-, Malz- und Walkmühle eingerichtet und bekam 1485 durch den Nattermüller die Ausrüstung für eine Ölmühle geliefert. Die eingesetzten Pächter hatten als Zins an das Amt 2/3 ihres eingenommenen Metzgetreides abzugeben, der Rest war ihr Mahllohn. Die gesamte Metze betrug 1/16 von jedem Scheffel des Mahlgutes. Im genannten Jahr erhielt das Amt 18 Scheffel Getreide als Metzanteil, also verblieb dem Müller ein Lohn von 9 Scheffeln, das waren 2016 Kannen. Die Jahresmenge des gemahlenen Getreides ließ sich daraus mit 432 Scheffel errechnen. Bei größeren Umbauten am Mahlgerüst halfen die benachbarten Pforten- und Sandmüller 1490 acht Tage lang mit Zimmermannsarbeiten aus, weil es dem Amt nützlich war, wenn alle drei Mühlen einsatzbereit waren. Gut florierende Mühlen förderten das Wirtschaftsleben und den Wohlstand der Bürger. Zudem hatte

das Amt die Möglichkeit, Mühlgräben und Wehre in Fronarbeit günstig anlegen zu lassen. Erster namentlich bekannter Pachtmüller war 1557 Martin Putzel. Unter dem Pächter Heinrich Plietzsch konnte 1563 der Mühlenbetrieb durch eine Sägemühle erweitert werden, somit umfasste die gesamte Ausstattung im Jahre 1570 drei oberschlächtige Mahlgänge und einen Schneidemühlengang. Dazu kamen drei Esel für den Getreide- und Mehltransport, vier eiserne Billen zum Schärfen der Mühlsteine und weitere Kleingeräte. Der Anteil der Walkarbeiten fiel geringer aus als der in der Sandmühle. Anfang des 17. Jahrhunderts bahnten sich bedeutende Veränderungen der Besitzverhältnisse bei den Weidaer Amtsmühlen an. Das einstige Kloster Mildenfurth stand zum Verkauf an und der sächsische Kurfürst Johann Georg I. erwarb es 1617. Zu der benötigten Kaufsumme durfte auch das Amt Weida beitragen, deshalb kam man nicht umhin, die Katschmühle abzustoßen. Am 20. April 1618 ging sie in Privatbesitz von Matthes Ackermann über, gefolgt vom Amtsschösser Daniel Roth und dessen Schwiegersohn Nicolaus Pfretzschner. Als *„Katschmüller zu Weida"* arbeitete Heinrich Distel. 1633 brach die Katastrophe des 30-jährigen Krieges über Weida herein. Soldaten des Feldmarschalls Heinrich Holk, der im Dienste Wallensteins stand, verwüsteten die Stadt. Ein wirtschaftlicher Rückschlag war die Folge. Auch die Katschmühle blieb nicht unverschont. Verschiedene Pächter, wie Hans Backofen und Peter Stöckigt, folgten 1658 und 1662. Nach 20 Jahren wirkte letzterer noch in der Mühle. Die Bestandsaufnahme anlässlich einer Mühleninspektion 1682 im Neustädter Kreis ergab folgende Notiz:
„Die Kazschmühle, zue Weida, H. Lic: Heinrich Christian Schrötern zuständig, und des Ambts-Gerichten unterworfen, deren Pachtmüller Peter Stöckicht. Hat ebenfals ein Viertheil, umb eine Kanne kleiner, als das Weidische, die Abgabe und Büchse seyn vorigen gleich."
Diese Kontrollen wurden im gesamten Kursachsen durchgeführt, so auch in Sachsen-Zeitz. Sie dienten der Anpassung der vom Müller verwendeten *„Gemäße"*, nach denen sich die Höhe des abzuführenden Mahlgroschens richtete. Die nächsten Jahrzehnte waren in der Katschmühle durch häufigen Pächterwechsel gekennzeichnet. Laut Kirchenbuch hießen sie in Reihenfolge Georg Wilhelm Jacob (1684–1689), Heinrich Stöckigt (1691), Christoph Kuhn (1698), Hans Steiniger (1707), Moritz Schieferdecker (1708–1711) und 1718 Gottfried Schmutzler.

Die in der Regierungszeit August des Starken, Kurfürst von Sachsen (1694–1733), durchgeführten Landvermessungen übernahm hierzulande Grenzkondukteur Paul Trenckmann, der 1721 ein *„Geographisches Handregister übers Amt Weyda"* aufstellte und darin auch sämtliche Mühlen erwähnte. Die *„Kazmühl mit 3 Gängen und 1 Schneidmühl"* hat nach seinen Angaben *„genau ¼ St. südwest. an der Weyda"* gelegen. Von 1725 bis 1740 bewirtschafteten Adam Döhler
und sein Sohn Georg die Mühle, ab 1740 war es Meister Michael Schröter. Der Amtszins betrug jährlich sieben Groschen. Zu Grundstücksvergrößerungen kam es 1744, als Johann Gottlieb Hermann, ein Bruder des Rothenmüllers Adam Hermann jun., der Besitzer wurde. Seine Vorfahren stammten aus der Angermühle in Berga. Zwischen 1750 und 1760 entstanden unter Hermann die bis in unsere Tage bekannten Wohn- und Mühlengebäude. 1764 besaß Christian Friedrich Preller die Mühle mit dazugehörigen Feldern und Gärten. Weitere Akten bestätigten 1771 *„Mühlhaus, Wege, eine Schneidemühle, Mühlgraben bis zum Eiswehr..."* als sein Eigentum. Beinahe wäre der Lohn der Arbeit zunichte gewesen, als sich 1777 im Gebäude ein Großfeuer ausbreitete.

Tobias Gottlieb Marx, der Bruder des Leitlitzmüllers Johann Gottlieb Marx, heiratete 1785 Johanna Regina Preller und führte die Mühle wieder zu neuem Wohlstand. Er selbst stammte aus der Thomasmühle bei Schleiz. Seine Ahnen waren Müllersleute in Gera und bis ins 16. Jahrhundert nachweisbar. 1797 war die Katschmühle im Weidaer Stadtplan mit drei Mahlgängen, einem Öl- und einem Schneidegang vertreten. Marx erkannte den steigenden Bedarf

an Lohe, den das aufstrebende Gerberhandwerk benötigte. 1799 entstand ein Anbau für eine Lohmühle mit drei Stampfen. Ein riesiger Holzrindenschuppen folgte nach. Die Stampfen, die die Baumrinde zerkleinerten, verursachten großen Lärm, Staub, Dreck und die gefürchteten Raumerschütterungen. Deshalb war die Anlage separat untergebracht. Zwischen Loh- und Mahlmühle floss der Mühlgraben und trieb die Wasserräder an. Die Nachfahren setzten das Werk des Vaters fort, der es bis zum Amtslandgerichtsschöppe brachte. Johann Gottlieb Marx lebte etwa von 1785 bis 1847. Hermann Theodor Marx (1819–1886), Mühlenbesitzer von 1847 bis 1886, konnte sein Areal beträchtlich vergrößern und ließ 1876 in der Mühle eine Badeeinrichtung entstehen. Er vererbte seinem Sohn ein nebenan gelegenes Gartengrundstück, worauf die Marx'sche Gerberei entstand. Die Witwe Marx verkaufte die Katschmühle 1887 an die Brüder Ernst und Karl Francke, die das Mühlenwerk der Mahl- und Lohmühle modernisierten und Pächter einsetzten. Es ist anzunehmen, dass die alten Steingänge durch Walzenstühle ersetzt wurden und Plansichter dazu kamen. 1889 inserierte Richard Schneider die Geschäftseröffnung der umgebauten Katschmühle. Inzwischen hatte Ernst Francke schon begonnen, die väterliche Gerberei umzusetzen und im neuen Fachwerkbau eine Sohlledergerberei einzurichten. Am Flussufer entstanden wasserdichte Gruben, in denen Felle mit Kalk und Lohe sowie die festen Abfälle abgelagert werden konnten. Nach Klärung wasserrechtlicher Fragen begann der Betrieb mit seiner Arbeit. Karl Francke führte 15 Jahre lang, von 1899 bis zu seinem viel zu zeitigen Tod 1914, die Gerberei allein. In diesen Jahren waren Otto Bergner und Emil Ruppert Mühlenpächter, welcher 1921 Vorstandsmitglied im Verein „Reußische Müllervereinigung Zeulenroda-Greiz und Umgegend" wurde. Die Witwe Clara Francke (1870–1954), geb. Müller aus der Rothenmühle, konnte die Gerberei nicht halten, verpachtete aber weiterhin die Mühle. 1925 wurde Franz Albrecht damit betraut. Nach der Inflationszeit begann die etwa 35 Jahre andauernde Wirkungszeit der Müllerfamilie Schott. 1928 machte Walter Schott den Anfang. Seine drei oberschlächtigen Wasserräder brachten 25 PS. Nachdem die Kriegsjahre 1939/45 überstanden waren, verzeichnete ein Adressbuch 1948 Walter Schott als Inhaber, Werner Schott als Müller und Heinrich Schott als Müllermeister. Die Besitzerin der Katschmühle, Frau Clara Francke, starb 1954 im Alter von fast 85 Jahren. Als Erben setzte sie ihren damals achtjährigen Enkelsohn Karl-Eugen Pferdekämper ein, dessen Urgroßvater Ewald Pferdekämper 1897 die Jutefabrik Weida gründete. Noch 1954 wurde die Enteignung der Liegenschaften von staatlicher Seite der DDR vollzogen. Bis 1963 galt die Katschmühle unter Meister Heinrich Schott als einsatzbereite, zuverlässige Mühle, obwohl ihr der neueste technische Stand versagt blieb. Schließlich musste sie sich der Entwicklung der neuen Zeit beugen. Müllermeister Heinrich Schott fand im Wünschendorfer Mühlenbetrieb Otto Crienitz, dem späteren VEB Obermühle Wünschendorf/Elster, einen Arbeitsplatz. Am 9. Juli 1974 starb Heinrich Schott, der letzte Müller der Katschmühle zu Weida. Das alte Mühlenhaus wurde baufällig.
Dem Heimatfreund Kurt Häßner gelangen 1988 noch Fotos der historischen Inneneinrichtung. 1992/93 verschwand bei Abrissarbeiten auch das Wasserrad als letztes Zeugnis der Antriebstechnik vergangener Jahrhunderte. Das wunderbar hergerichtete Mühlenwohnhaus hält der Nachwelt die Katschmühle, in der um die 500 Jahre lang die Müllerei heimisch war, in guter Erinnerung.

Quellen und Literaturangaben:
siehe Verzeichnis Nr.: 21, 23, 43, 44, 99, 102, 165 sowie Auskünfte durch persönliche Gespräche mit Radegund Benad, Kulturförderverein Weida e.V., Kurt Häßner, H.-D. Knoll, Museumsverein Weida, Walfried Schubert, Rennsteigverein 1896 e.V. und Baufirma Weber, die allesamt mit Belegen u. Fotografien Unterstützung gaben. Ferner trug Dr. Eugen Pferdekämper, Schweiz, telefonisch zur Vervollständigung der Arbeit bei.

Mühlenbesitzer und Pächter in der Katschmühle Weida

Amt Weida	bis 1618	lt. Orts-/Kulturgeschichte 1920; Heinr. Gottl. Francke, Weida
Martin Putzel	1557	lt. Amtsrechnung; Pächter
Heinrich Plietzsch	1563	lt. ebenda; Pächter
Matthes Ackermann	1618	lt. Erbbuch; Besitzer
Daniel Roth	1622-1633	lt. ebenda; Besitzer
Heinrich Distel	1623	lt. Kirchenbuch Döhlen; Pächter
Hans Backofen	1658-1659	lt. Kirchenbuch Weida; Pächter
Peter Stöckigt	1662-1683	lt. ebenda; Pächter
Nicolaus Pfretzschner & Erben	1668	lt. Aktenlage; Besitzer
Georg Wilhelm Jacob	1684-1689	lt. Kirchenbuch; Pächter
Heinrich Stöckigt	1691	lt. ebenda; Pächter
Christoph Kuhn	1698	lt. ebenda; Pächter
Hans Steiniger	1707	lt. ebenda; Pächter
Moritz Schieferdecker	1708-1711	lt. ebenda; Pächter
Gottfried Schmutzler	1718	lt. ebenda; Pächter
Adam u. Georg Döhler	1725-1740	lt. ebenda; Pächter
Michael Schröter	1740	lt. ebenda; Pächter
Johann Gottlieb Hermann	1744-1763	lt. Aktenlage; Besitzer
Christian Friedrich Preller	1764-1785	lt. ebenda; Besitzer
Tobias Gottlieb Marx	1785-1820	lt. ebenda; Besitzer
Johann Gottlieb Marx	gest. 1847	lt. ebenda; Besitzer
Hermann Theodor Marx	1819-1886	lt. ebenda; Besitzer
Ernst u. Karl Francke	1887-1899	lt. Aktenlage; Besitzer
Richard Schneider	1889	lt. Inserat; Pächter
Karl Francke	1899-1914	lt. Aktenlage; Besitzer
Otto Bergner	1901-1908	lt. Adressbuch; Pächter
Emil Ruppert	1908-1921	lt. ebenda; Pächter
Clara Francke (Witwe)	1914-1954	lt. Aktenlage; Besitzerin
Franz Albrecht	1925	lt. Adressbuch; Pächter
Walter Schott	1928-1948	lt. ebenda; Pächter u. Inhaber
Werner Schott	1948	lt. ebenda; Müller
Heinrich Schott	1948-1963 gest. 09.07.1974	lt. ebenda; Müllermeister u. Inhaber

Die Pfortenmühle in Weida

Beim Gang über die Brücke hinüber zur Altstadt sehen wir flussabwärts das Katschwehr. Der Mühlgraben, der hier rechts abzweigte, verkürzte den großen Weidabogen und bot gleich zwei Mühlen, der Pforten- und der Sandmühle, seine Wasserkraft an. Das war eine Besonderheit im gesamten Weidatal. Früher hätten wir hier an dieser Stelle das Katschtor passieren müssen, um in die Stadt zu gelangen. Auch die Brücke sah in alten Zeiten ganz anders aus. Bis 1900 existierte sie als überdachte Holzbrücke, ähnlich der Wünschendorfer Elsterbrücke, und hieß Katschbrücke. Katschmühle, Katschbrücke, Katschtor, Katschwehr – der Wortstamm dieser Namen hat slawische Wurzeln und wurde, wie eine Reihe anderer Ausdrücke, die in unserer Gegend üblich sind, aus der Zeit der sorbischen Besiedlung überliefert. Die Katsch, das war die Ente, die auch schon vor 1000 Jahren auf der Weida schwamm und schnatterte. Wir biegen in der Oberen Straße zum „Alten Markt" ab. An einer Hausecke bemerken wir das Schild „Pfortenstraße" und wissen, dass wir auf dem richtigen Weg sind. Einst waren das alles Gassen und hießen Obergasse und Pfortengasse. Brachliegende, abgerissene Industrielandschaften der Lederwerke, dahinter die Eisenbahnlinie, die in den 72 m langen Schlosstunnel führt, prägen heute das Bild, wo bis 1919 die Pfortenmühle stand. Durch eine Pforte in der Stadtmauer hätten wir allerdings noch gehen müssen, um bis zur Mühle zu kommen. Ein Kesselhaus der Firma Franz Prasse beanspruchte ab 1920 ihren Platz.

Die Pfortenmühle, eine ursprünglich dem Amt Weida gehörende Mühle, wurde bis 1446 sowohl dem Amt als auch dem Dominikaner-Nonnenkloster zugeordnet. Das Erbauungsjahr der Mühle war weit vor dem Jahr der ersten urkundlichen Erwähnung von 1446, ist aber nicht mehr zu ermitteln. Eike von Repgow hielt 1230 im *„Sachsenspiegel"*, dem ältesten deutschen Rechtsbuch fest, dass Mühlen und Müller entweder Klöstern oder Städten, Rittern oder anderen hohen Herren zu unterstehen haben. Die Redewendung *„Wer zuerst kommt, mahlt zuerst!"* schrieb von Repgow ebenfalls darin als verbindlich nieder. Von 1446 bis 1618 unterhielt das Amt Weida die Pfortenmühle und setzte Pächter ein. Neben dem Mühl- und Wohnhaus gehörten die Eselswiesen, das Katschwehr und der Mühlgraben zu diesen Lehen. Das Mühlgrabensystem, besonders für die Pforten- und Sandmühle, war ein wahres Kunstwerk und genauestens berechnet. Seitdem oberschlächtige Wasserräder zur Anwendung kamen, mussten unbedingt künstliche Mühlgräben angelegt werden. Der Wasserspiegel der Weida wurde am Katschwehr um 1,54 m angehoben und lag dadurch 5,09 m höher als das Unterwasser an der Mündung des Mühlgrabens. Diese reichlichen fünf Meter Unterschied teilten sich beide Mühlen zur Ausnutzung der Wasserkraft. Die Fallhöhe des Wassers, mit Berücksichtigung des notwendigen Spielraumes unter den Radschaufeln, betrug 2,42 m. Für den Durchmesser eines Wasserrades verblieben etwa 2,25 m. Mehr war nicht möglich, da der fast waagerecht erbaute Mühlgraben wenigstens ¼ m Gefälle brauchte, um nicht zum stehenden Gewässer zu werden. Diese geringen Antriebskräfte nutzte der Pfortenmüller zum Mahlen des Getreides, besonders des Malzgetreides, zum Schlagen von Öl und fürs Tuchwalken. Abrechnungen aus den Jahren 1484 bis 1531 ergaben, dass pro Jahr zirka 235 Tücher die Mühle verließen. Die Betriebskosten teilten das Amt und der Pächter meist so, dass vom Amt etliche Verbrauchsmaterialien, sogar Mühlsteine und Beuteltuch, bereitgestellt wurden. Die Beutelwerke kamen um 1500 auf und übernahmen die bisherige Handsiebung des Mehles. Über dem Mehlkasten gespannte Wollbeutel trennten Mehl und Kleie voneinander. Durch fortwährendes Rütteln fiel das Mehl in einen Kasten und die grobe Kleie sammelte sich auf dem Beuteltuch, um schließlich aus der Beutelkiste, am kunstvoll geschnitzten „Kleiekotzer", herauszuquellen. Solches Beuteltuch kaufte das Amt pro Elle für 16 Pfennige bei einheimischen Handwerkern. Des Müllers Esel, der Getreide- und Mehlsäcke für die Kundschaft hin und her schleppte, wurde vom Amt angekauft. Heu und Stroh, auch das Beschlagen der Lasttiere, bezahlte das Amt. Diese Maßnahmen förderte die Leistungsfähigkeit der Amtsmühlen gegenüber den anderen. Die weitverbreiteten Festlegungen im *„Sachsenspiegel"* sahen für Gespanne vor, dass *„der leere Wagen dem beladenen, der minder beladene dem schweren auszuweichen hatte."* Deshalb sollten *„des Königs Straßen so breit sein, daß ein Wagen dem anderen ausweichen kann."* Gelangten doch auf diesen Wegen schwerbepackte Fuhrwerke mit Mühlsteinen aus dem weit entfernten Rochlitzer Steinbruch, der schon damals bekannt war, bis nach Weida. Weiterhin sorgte das Amt für die kostenlose Lieferung von Eichen- und Buchenstämmen zur rechtzeitigen Auswechslung von Antriebswellen und anderen Reparaturen am Räderwerk. Bauholz für das Wehr, das Gerinne und das Mühlenhaus bekamen die Katsch-, Pforten- und Sandmühle umsonst. Die drei Müller halfen sich bei derartigen Arbeiten gegenseitig aus. 1491/92 mahlte die Pfortenmühle Malz und Grütze für die Schlosswirtschaft, vielleicht war die dortige Schlossmühle überlastet. Der Mahlgang zum Malzen war ein grob eingestellter Schrotgang, der nur für diese Zwecke verwendet werden sollte. Gekeimte Gerste, die geschrotet wurde, ergab das Gerstenmalz. Vorher musste die leicht angefeuchtete Gerste auf der Tenne ausgebreitet und öfters umgeschaufelt werden, damit sie vorkeimte. Das Schroten des Malzes war nur von Margarethen (13. Juli) bis Antonius (17. Jan.) erlaubt. Reichlich Absatz fand das Malz bei den Bierbrauern, aber Malzkaffee trank man auch. Nur 1/20 vom einbehaltenen Malz war des Müllers Mahllohn. Neben großer Wassernot wie 1559, als sich im Sommer kein Rad mehr drehte, traten 1564 gewaltige Flutwellen auf, die das Katschwehr wegrissen und Gebäudeschäden anrichteten. Müller, Hand- und Pferdfröner leisteten gemeinsam Aufbauarbeiten. 1570 konnte die Pfortenmühle auf drei Mahlgänge mit dem dazu notwendigen Müllereibedarf verweisen. Dies änderte nichts an der Tatsache, dass das Amt Weida 1618 seine drei Mühlen verkaufen musste. Einesteils gab es noch drei weitere Mahlmühlen in der Stadt, eine flussabwärts an der Weida und zwei vom Aumawasser angetriebene, andererseits wurde dringend Geld benötigt, weil Kurfürst Johann Georg I. das verschuldete Wallenrodt'sche Gut in Mildenfurth für 41.000 Gulden aufkaufte und das Amt Weida dafür mit aufkommen musste. Der frühere Amtsschösser Matthäus Ackermann erwarb 1618 nicht nur die Katschmühle, sondern auch noch die Pfortenmühle. 1622 besaß der nebenan im Freihaus wohnende derzeitige Amtsschösser Daniel Roth beide Mühlen. Nach dessen Tod erbte seine Witwe Sara den Besitz, der von 1668 bis 1701 vom Schwiegersohn Hofrat Dr. Nicolaus Pfretzschner und seinen Nachfahren übernommen wurde. Die Arbeit in der Pfortenmühle erledigten die Pächter Hans Köhler (1632–42), Hans Tiebelt (1655–65) und Christoph Schieferdecker (1676–85). Letztgenannten Pachtmüller trafen 1682 jene Mühleninspektoren an, die im Auftrag des sächsischen Kurfürsten eine amtliche Visitation der Mahlmühlen im Neustädter Kreis durchführten. Junker Albrecht von Meusebach zu Wenigenauma und der Weidaer Amtmann Jesaja Hickmann ritten zu Pferde vor und hinterließen protokolliert: *„Die Pfortenmühle, ej. Lic: Schröters, untern Ambts Gerichten zue Weida gelegen, deren Pachtmüller Christoph Schieferdecker. Hat richtig Gemäß, auch Büchse und Abgabe, wie die vorigen."* Lic. Schröter war der beauftragte Vertreter des Eigentümers Dr. jur. Pfretzschner. Sicher herrschte Zufriedenheit, dass es keine Beanstandungen gab. Die nächstfolgenden Besitzer waren Frau Steuerinspektor Grünicke (1701) sowie Ferdinand Friedrich Grünicke (1710) und Rittmeister Gottlieb Bretschneider (1718). Ebenso häufig wechselten die Pächter. Das Kirchenbuch hielt Georg Wagner (1687), Peter Stöckigt (1693), dem wir schon in der Katschmühle begegneten, und Christian Zießler von 1711 bis 1720 fest. Adam Döhler folgte, ging aber von 1725 bis 1740 mit seinem Sohn zur Katschmühle. 1721 fertigte der vom „Kurfürstlich Sächsischen und Königlich Polnischen Geographen" Adam Zürner ausgebildete Grenzkondukteur Paul Trenckmann ein Handregister der hiesigen Gegend an, in dem *„die Pfordtenmühl mit 4 Gängen"* verzeichnet war. Demnach war sie vielseitig ausgestattet und leistungsstark. Trotzdem wechselten Eigentümer und Pächter immer wieder. Zunächst kam für fünf Jahre lang Johann Michael Jehnert (1728–33) als Pächter. Von 1735 bis 1749 hielt das

Pfortenmühle um 1895, rechts daneben die Lederfabrik Franz Prasse

Besitztum bei Christoph und Johann Gottfried Poser länger an, da sie Erbmüller waren. Der Bau einer Schneidmühle blieb ihnen jedoch versagt. Gleich darauf kaufte mit Adam Frantz (1749–55) ein auswärtiger Besitzer die Mühle und verpachtete sie an Johann Friedrich Zießler (1749–52). Johann Georg und Christoph Bergner hießen die Besitzer von 1756 bis 1772, während ab 1752 bis 1760 letztmalig im Kirchenbuch mit Meister Georg Günther ein Mühlenpächter genannt wurde. Nach Christian Wilhelm Bauer (1773–84) folgten 65 Jahre, in denen die Mühle im Besitz der Familie Wolf (1788–1853) gewesen ist. Unter Johann Paul Wolf wurde die Pfortenmühle im *„Grundriss der im neustädtischen Creyße liegenden schriftsässigen Stadt Weida 1797"* mit drei Mahlgängen und einem Ölgang vermerkt. Mühlenbesitzer Ernst Mißler ließ gegen 1853 eine Lohmühle hinzufügen, um Gerbmittel für die Lederherstellung liefern zu können. Sein Sohn Ernst Mißler (1865–1907) hielt den Mühlenbetrieb noch bis 1895 aufrecht, dessen Besitzer seit fünf Jahren Eduard und Adolph Zimmer hießen. Durch den Eisenbahnbau verkleinerte sich das Grundstück. Es zeichnete sich ab, dass die Zukunft großen Mühlenwerken gehört, die die Mehlversorgung der Städte preisgünstiger absichern können, als kleine Mühlen aus dem Weidatal.
Neuer Besitzer der Pfortenmühle wurde 1895 Lederfabrikant Franz Prasse, der damit seine Fabrik erweiterte. Mehrere Brände richteten 1907 und 1912 im Mühlengebäude große Schäden an. 1919 begann der Abbruch des alten Gemäuers. Eine 20-kW-Wasserkraftturbine, die vom Mühlgraben versorgt wurde, konnte bis ca. 1957 zum Antrieb der Lohmühle herangezogen werden. Zwar gab es nun keine Pfortenmühle mehr, doch schufen aufstrebende Unternehmen für viele Jahre Arbeitsplätze und machten Weida als Sitz der Lederindustrie bekannt. Zu DDR-Zeiten entstand der „VEB Lederwerke Weida" und die Lehrausbildung zog hier ein. Die Fabrikanlagen der 1887 gegründeten Firma Franz Prasse galten nach der Wende als veraltet und sind inzwischen zum großen Teil eingeebnet worden.

Eine historische Aufnahme, die uns noch einmal in die Gründerzeit zurückversetzt, zeigt die Fachwerkgebäude der Pfortenmühle, den abgedeckten Mühlgraben und im Hintergrund die überdachte Katschbrücke mit der Katschmühle.

Quellen und Literaturangaben:
siehe Verzeichnis Nr. 23, 43, 46, 61, 99, 102 sowie die von R. Benad, Kulturförderverein Weida e.V., Kurt Häßner und Dieter Hauer von der IG Denkmalschutz/KB Gera e.V. zugestellten Materialien

Mühlenbesitzer und Pächter in der Pfortenmühle Weida

Amt Weida	bis 1446	lt. Orts-/Kulturgeschichte 1920;
Nonnenkloster		Heinr. Gottl. Francke, Weida
Amt Weida	1446-1618	lt. ebenda
Matthäus Ackermann	1618	lt. Erbbuch; Besitzer
Daniel Roth	1622-1633	lt. ebenda; Besitzer
Sara Roth (Witwe)	1633	lt. ebenda; Besitzer
Hans Köhler	1632-1642	lt. Kirchenbuch; Pächter
Hans Tiebelt	1655-1665	lt. ebenda; Pächter
Nicolaus Pfretzschner	1668	lt. ebenda; Besitzer
Christoph Schieferdecker	1676-1685	lt. ebenda; Pächter
Georg Wagner	1687	lt. ebenda; Pächter
Peter Stöckigt	1693	lt. ebenda; Pächter
Sara Elisabeth Grünicke	1701	lt. ebenda; Besitzer
Ferdinand Friedr. Grünicke	1710	lt. ebenda; Besitzer
Christian Zießler	1711-1720	lt. ebenda; Pächter
Gottlieb Bretschneider	1718	lt. ebenda; Besitzer
Adam Döhler	1719	lt. ebenda; Pächter
Johann Michael Jehnert	1728-1733	lt. ebenda; Pächter
Christoph Poser	1735	lt. ebenda; Besitzer
Johann Gottfried Poser	1746	lt. ebenda; Besitzer
Adam Frantz	1749	lt. ebenda; Besitzer
Johann Friedrich Zießler	1749-1752	lt. ebenda; Pächter
Georg Günther (Güther)	1752-1760	lt. ebenda; Pächter
Johann Georg Bergner	1756	lt. ebenda; Besitzer
Christoph Bergner	1763-1772	lt. ebenda; Besitzer
Christian Wilhelm Bauer	1773-1784	lt. ebenda; Besitzer
Johann Paul Wolf	1788	lt. ebenda; Besitzer
Georg Friedrich Wolf	1803	lt. ebenda; Besitzer
Johann Friedrich Wolf	1820	lt. Häßner; Besitzer
Karoline Illgen, geb. Wolf	1846-1853	lt. ebenda; Besitzer
Ernst Mißler	1853	lt. ebenda; Besitzer
Albine Mißler, geb. Escher	1887	lt. ebenda; Besitzer
Eduard u. Adolf Zimmer	1890	lt. ebenda; Besitzer
Ernst Mißler, jun.	1895	lt. ebenda; letzter Müller
Franz Prasse	1895	lt. ebenda; Besitzer

Die Sand- oder Walkmühle in Weida-Altstadt

Von der Pfortenmühlstraße gelangen wir nach wenigen Schritten hinüber in das alte Handwerkerviertel, dem Sand. Die schmale Sandstraße biegt rechts zur Mühlstraße ab. Wahrlich *„versteckt im hintersten Eckchen der Stadt steht ein Häuschen, welches bis ins vorige Jahrhundert die einzige Mühle innerhalb der Stadtmauer barg“*, meinte dazu treffend ein Weidaer Heimatfreund. Eine vorsorglich mitgenommene Ablichtung aus Franckes „Berichten und Bildern…“ zu den Mühlen der Stadt Weida half uns, das Haus Mühlstraße 18 als das gesuchte Mühlengebäude zu erkennen. Die Ähnlichkeit des etwa 80 Jahre alten Bildes mit dem Original war verblüffend. Die mittlere Eingangstreppe gab es zwar nicht mehr, stattdessen verschönte ein Blumenfenster die renovierte Fassade. Drei Dachluken beäugten noch von derselben Stelle die dörflich wirkende Umgebung. Den inzwischen verkleideten Giebel zierte früher über Jahrzehnte eine Holztafel mit der Aufschrift „Tuch-Haus Eduard Schuster“, der hier von 1876 bis gegen 1920 wirkte.

Tuchmacher, Gerber und Färber verzeichneten die Stadtstatuten Weidas bereits 1377 recht zahlreich. Die dazu notwendigen handwerklichen Einrichtungen konnten deshalb nicht fehlen. Neben den Getreidemühlen, die für die Ernährung der Bevölkerung sorgten, den Sägemühlen, die Balken und Bretter zum Hausbau lieferten, schufen Loh- und Walkmühlen Voraussetzungen für Bekleidung und Wäsche. Schon 1412/14 nannten Ratsprotokolle eine Walkmühle, die die Tuchmacher nutzten. Sie war eine von drei Mühlen, die das Amt Weida für ihre Bürger und Handwerker im Interesse der weiteren Entwicklung der Stadt anlegte. Endlich tauchten Amtsrechnungen von 1484 auf, die erstmals Einnahmen der Sandmühle enthielten, die sich aus *„Slagelt“* (Schlaggeld) und *„Walkgelt“* zusammensetzten. Ursprünglich war die Sandmühle eine Mehl-, Öl- und Walkmühle. Aus den einbehaltenen fünf Scheffel Metzkorn ließ sich für 1484 eine Jahresproduktion von 120 Scheffel Mahlgut errechnen. Die Ölmühle verbuchte 25 Groschen Jahreseinnahme. Es handelte sich also um eine kleine Mühle, die durch den gemeinsamen Mühlgraben vollkommen von der oberhalb gelegenen Pfortenmühle abhängig war. Zunehmend nutzte der Sandmüller deshalb seine geringen Wasserkräfte zum Antrieb der Walkvorrichtungen, um Tuche und Leder bearbeiten zu können. In den Jahren 1490 bis 1510 schaffte die Mühle durchschnittlich 375 Stück gewalkte Tücher. Obwohl die Sandmühle seitens des Amtes ähnliche materielle Vergünstigungen erhielt wie die Katsch- und Pfortenmühle, war sie nicht einträglich genug, kam zum Stillstand und verödete. Müller Andreas, ein tüchtiger Obermeister, machte 1520 diesem Zustand ein Ende und richtete das Mühlenwerk auf eigene Kosten wieder auf. Als übliche Entlohnung für ihn verblieb *„der dritte Pfennig“* des eingenommenen Walkgeldes. Schon vor 1540 war für etliche Jahre der Sandmüller Ulrich, auch Ulricus geschrieben, als Pachtmüller tätig. Er wurde erwähnt, als er einen Acker des verstorbenen Rothenmüllers Philipp Schumann kaufte. Sicherlich war er auch jener Ulrich Sandmüller gewesen, der 1552 bei der Schlichtung eines Streites zwischen dem Pfarrer zu Döhlen und dem Müller Jakob aus der Döhlenmühle zu Rate gezogen wurde. Die Arbeit in der Mühle richtete sich nunmehr ausschließlich auf die Walkerei aus, sodass der Name Walkmühle die bisherige Benennung Sandmühle verdrängte. Nach altem Brauche ließ das Amt durch Pferdefröner Feuerholz anfahren, damit die Walkflüssigkeit unter Zugabe von Seifenwasser oder fettem Ton stark genug erhitzt werden konnte.

Heinrich Gottlieb Francke schilderte den Hergang wie folgt: *„Der Walkmüller hielt in der Mühle Ordnung und überwachte den richtigen Gang des Werkes, während die Beaufsichtigung des Walkvorganges dem einzelnen Tuchmacher oblag, der daher Tag und Nacht in den Walkräumen sich aufhalten mußte und zeitweilig die mit einem Kachelofen ausgerüs-*

tete Walkstube zum Ausruhen benutzte. Ein kupferner Walkkessel gestattete das Kochen der Materialien zum Walken. Im Walkstock waren Fächer eingesetzt, in welche Tuche mit der Walkflüssigkeit geschüttet und dann durch die von der Hebelatte bewegten vier Hämmer aus Erlenholz geschlagen wurden.“
Eine kräftige Antriebswelle, die sogenannte Daumenwelle, setzte das Hammerwerk in Bewegung. Sinn und Zweck war also, das eingeweichte lockere Gewebe durch mehrmaliges Stampfen und Klopfen zu Tuch oder Inlett zu verdichten. Die Walkhämmer taten das ihrige, um Gerberlohe und Fette in tierische Häute einzuwalken, damit sie zu Leder verfestigt wurden. Der Anstieg der jährlich gefertigten Tuche auf fast 500 Stück erforderte 1562 größere Reparaturen am Mühlwerk. Die zur Fronarbeit herangeholten Landmüller verweigerten zunächst ihre Beteiligung, gaben aber schließlich nach. Vorsicht war geboten, denn die Folterungen und Hinrichtungen aufständischer Bauernführer von 1525 auf dem Kirchhof waren noch nicht vergessen. Als 1564 das Katschwehr bei einem Hochwasser weggeschwemmt wurde, schloss sich ein vollkommener Neubau der Walkmühle an. Die neue Mühle brachte es 1570 auf 742 Stück Tuch, davon 30 Stück á 1 ½ Groschen für Gera. Zur Kontrolle dieser großen Stückzahlen benutzte der Walkmüller ein Kerbholz, welches vom Amt überprüft wurde. Um 1600 übernahm das Tuchmacherhandwerk die Mühle für jährlich 26 Gulden Pachtgeld. Nachdem 1610 in Gera an der Weißen Elster eine moderne Walkmühle entstand, ließ der Umsatz in der Weidaer Mühle zusehends nach. Die Walkmühle im Sand kämpfte um ihr Überleben. Geldmangel zwang das Amt Weida zum Verkauf seiner drei Mühlen. 1618 konnte das Tuchmacherhandwerk, unter Beibehaltung der Förderung durch das Amt, die Walkmühle für 300 Gulden kaufen, obwohl ursprünglich 1000 fl. gefordert wurden. Das Färbehaus lag unmittelbar rechts daneben. Das Amt gewährte Freiheit von Steuern, Fron, Wache und Einquartierungen, die der 30-jährige Krieg mit sich brachte. Holz und Reisig zum Ausschlagen der Radstube als Frostschutz für das Wasserrad fuhren die Fronbauern jährlich an. Jedoch waren den Tuchmachern die Handelsrechte beschränkt. Ab 1619 benutzten auch die Weißgerber einen Teil der Mühle. Statt Lohe verwendeten sie Alaunsalz in ihren riesigen Bottichen und Walktrommeln. Ihr Erzeugnis war ein weißes Leder mit geringer Wasserbeständigkeit. Beim Wässern der Tierfälle draußen am Flussufer galt der Leitspruch des Meisters: *„Pass auf, dass dir die Felle nicht wegschwimmen!“*
Der vom Handwerk eingesetzte David Andreas kaufte 1626 die Walkmühle, die sein Sohn Paul Andreas und dessen Witwe bis 1674 lange Zeit bewirtschafteten. Anschließend erwarb die verschuldete Mühle Pirschmeister Adam Wachter aus Großebersdorf für seinen Schwiegersohn Karl Friedrich Fleck, Sohn des gleichnamigen Amtsschössers. Laufende Verschleißerscheinungen brachten mit sich, dass 1699 nur noch sieben Tuchmacher und zwei Weißgerber beschäftigt waren. 1703 stieß die Witwe Fleck die Mühle an den fürstlich-zeitzischen Amtsschreiber Gottfried Christian Barthel ab. Damals gehörte bekanntlich das Gebiet um Weida von 1657 bis 1718 zum kursächsischen Herzogtum Sachsen-Zeitz. Eine mögliche Benutzung der Walkmühle durch die neue Schönfärberei in der Geraer Straße sollte 1720 das Geschäft unter dem Pächter Karl Adam Fleck wieder ankurbeln. Nach weiteren Veränderungen hatte 1759 Johann Friedrich Adolf lehensrechtlich den Besitz inne. Tuchmachermeister Christian Gottlieb Gräfe, der bisherige Pächter, wurde 1767 neuer Eigentümer und zahlte dafür 300 Gulden. 20 Jahre später erstand Gräfe das zwischen Mühlgraben und Weida gelegene benachbarte Geithner'sche Grundstück dazu. Aus einer alten Brandstätte wurde eine Branntweinbrennerei. Nach dem historischen Stadtplan von 1797, in dessen Legende besonders auf die Mühlen eingegangen wurde, verblieb der Walkmühle nur ein Gang. Dieser könnte das Malzgetreide für die Bereitung des Kornbranntweines geschrotet haben. 1805 kaufte Tranksteuereinnehmer Christian Daniel Francke das gesamte Areal für 2200 Gulden. Das war eine beträchtliche Wertstei-

gerung. Seine Tochter gab nach 60 Jahren 1866 das Anwesen an Tuchmachermeister Franz Schuster ab. Er war der Nachbar, der bereits 1858 wenige Meter flussaufwärts eine Spinnerei einrichtete. Das alte handwerkliche Walken hatte mehr und mehr nachgelassen, sodass Franz Schuster als der letzte größere Tuchmacher in Weida galt. Nebenan, wohl in der ehemaligen Branntweinbrennerei, baute Tischlermeister Krause eine durch Wasserkraft angetriebene Furnierschneidemühle auf. Eduard Schuster, der das Walkmühlengebäude 1876 von seinem Vater erhielt, eröffnete darin einen Tuchhandel. Den an die Stadt verpachteten Mühlgraben ließ diese 1894 zuschütten. Die Walkerei in der Weidaer Walkmühle war damit endgültig vorbei.
Im Handwerkerviertel der Walker, Gerber und Tuchmacher traten weitere Veränderungen ein. Die väterliche Spinnerei verkaufte Eduard Schuster 1900 an den Holzhändler Richard Dix, der daraus ein Sägewerk machte. Nach zwei Jahren, als Dix verstarb, etablierte sich hinten in der Weidakurve die Lorenz'sche Sägemühle, auch **Untermühle** genannt, die das Wasser aus einem Stichgraben als Antrieb nutzte. Heinrich Lorenz richtete dazu eine Tischlerei ein, über die eine „Betriebsordnung in der Untermühle zu Weida" von 1905 informierte. Das „Tuch-Haus Eduard Schuster" existierte bis gegen 1920. Die Epoche der „Mühle im Sand" erlosch 1925 mit dem Tod von Eduard Schuster. In den folgenden Jahren wurde das Gebäude als Wohnhaus genutzt.

Quellen und Literaturangaben:
siehe Verzeichnis Nr. 23, 43, 45, 67, 77, 119 sowie die vom Kulturförderverein Weida e.V. durch Frau Benad zugestellten Materialien

Mühlenbesitzer und Pächter der Sand- bzw. Walkmühle in Weida-Altstadt

Amt Weida	bis 1618	lt. Orts-/Kulturgeschichte 1920; Heinr. Gottl. Francke, Weida
Obermeister Andreas	1520-1522	lt. Amtsrechnung; Pächter
Ulrich Sandmüller	1540-1552	lt. ebenda; Pächter
Übernahme durch das Tuchmacherhandwerk	1618	lt. Aktenlage; Besitzer
David Andreas	1626	lt. ebenda; Besitzer
Paul Andreas	1644	lt. ebenda; Besitzer
Adam Wachter	1674	lt. ebenda; Besitzer
Karl Friedrich Fleck	1674	lt. ebenda; Besitzer
Gottfried Christian Barthel	1703	lt. ebenda; Besitzer
Karl Adam Fleck	1720	lt. ebenda; Pächter
Johann Christian Steinberger	1732	lt. ebenda; Besitzer
Johann Friedrich Adolf	1759	lt. ebenda; Besitzer
Christian Gottlieb Gräfe	1767	lt. ebenda; Besitzer
Christian Daniel Francke	1805	lt. ebenda; Besitzer
A. Flemming, geb. Francke	1836	lt. ebenda; Besitzer
Franz Schuster	1866	lt. ebenda; Besitzer
Eduard Schuster	1876-1925	lt. ebenda; Besitzer

Lohgerberei Francke im alten Handwerkerviertel 1995

Sand- oder Walkmühle Weida/Altstadt, später Tuchhaus Eduard Schuster

Ehemaliger Standort der Pfortenmühle – später Lederfabrik

Kirchwehr der Matthäusmühle, Betonwehr ab 1898

Ehemaliger Standort der Papiermühle, heute Industriegelände, 1995

Die Matthäusmühle in der Weidaer Neustadt

Auf dem Weg vom „Sand“ zum ehemaligen Standort der längst verschwundenen Matthäusmühle zieht es uns erst einmal hinauf zur Osterburg. Der „Rote Steig“ und die Kirchbrücke verbinden die Altstadt mit der Neustadt. „Am Wasser“ heißt der Uferweg, der sich als steiler Bergpfad hoch zur Burg, der Stammburg der Herren und Vögte zu Weida, windet. Im Remisenflügel befindet sich seit 1930 das Heimatmuseum. Weitere Räume, die die Stadtgeschichte mit der Ausstellung „Weida – Wiege des Vogtlandes“ zeigen, sind im Alten Schloss zugängig. Der Besucher erfährt, dass die Nachfahren der Vögte von Weida die späteren reußischen Fürsten, die Heinriche, gewesen sind. Jetzt aber locken die Zinnenkränze des mächtigen Turmes zum Aufstieg. Eng geht es oben bei den letzten Stufen zu, die zur Türmerwohnung und zum Ausblick führen. Bis 1917 war die Stube bewohnt. Der Türmer verkündete die Uhrzeit und meldete ausgebrochenes Feuer mit einer Fahne oder Laterne. Der imposante 54 m hohe Bergfried stammt aus der frühesten Bauperiode der 1193 vollendeten Burg.
Blicken wir nun hinunter auf die älteste Stadt Ostthüringens und lassen unsere Gedanken spielen. Die Gründung des sogenannten *„Urweida“* fiel in die Jahre 1083 bis 1152. Schon 1209 besaß der Ort die Stadtrechte. Zwei Klöster, das seit 1267 erwähnte Franziskanerkloster und das ca. 25 Jahre später urkundlich aufgeführte Dominikanernonnenkloster, trugen damals zur Entwicklung der Stadt als Mittelpunkt der Region bei. Von hier oben gut einzusehen liegt rechts der Weida die Altstadt mit der Stadtkirche und der Ruine der Widenkirche als Zentrum. Selbst das unscheinbare kleine Walkmühlengebäude und Friedrich Franckes alte Lohgerberei, heute Technisches Schaudenkmal, sind zu erkennen. Dort erfolgte der Antrieb durch eine 1855 erbaute Dampfmaschine. Vor uns zu Füßen breitet sich die im Schutz der Burg entstandene Neustadt mit der Ruine der romanischen Peterskirche, gegründet in der zweiten Hälfte des 12. Jh., und dem Rathaus, erbaut von 1583–89, aus. Schon zu dieser Zeit war Weida Amtshauptstadt des albertinischen Kursachsens. Schauen wir nach links, entdecken wir das Aumatal. Die Erhebungen ringsum liegen bei 300 m über NN. Vom Tilgenberg aus sollen der Sage nach kriegerische Ereignisse während des 30-jährigen Krieges verfolgt worden sein. Schließlich verwüsteten am 9. August 1633 kaiserliche Reitertruppen die Stadt. Historische Bauten, wie die Widenkirche und Teile der Osterburg, wurden zerstört. Als von 1657 bis 1718 u.a. die Ämter Arnshaugk, Weida und Ziegenrück, das sächsische Vogtland um Plauen und das Stift Naumburg-Zeitz der kursächsischen Nebenlinie Sachsen-Zeitz angehörten, verbrachte Herzog Moritz Wilhelm seine letzten Lebensjahre vom 14. Mai 1717 bis zum 14. November 1718 aus religiösen Gründen auf der Burg. Moritz war als einer der nicht nachfolgeberechtigten Söhne des Kurfürsten Johann Georg I. letzter fürstlicher Regent auf der Osterburg. Vorher residierte er in der Moritzburg zu Zeitz, dem Sitz eines Sekundogeniturfürstentums, also eines zweitgeborenen Sohnes. Der weitere geschichtliche Ablauf offenbart sich in der wechselhaften Zugehörigkeit Weidas 1806 zum Königreich Sachsen, 1815 für wenige Monate zum Königreich Preußen und anschließend zum Großherzogtum Sachsen-Weimar-Eisenach.

Das GHT bestand aus den drei nicht zusammenhängenden Kreisen Weimar, Eisenach und Neustadt. Die Zerrissenheit verdeutlichten die Grenzen des Amtsgerichtsbezirkes Weida. Im Norden grenzte er an das FT Reuß jüngere Linie, im Osten an das HT Sachsen-Altenburg und an das Königreich Sachsen, im Süden an die beiden reußischen FT der jüngeren und älteren Linie und im Westen schloss sich der Amtsgerichtsbezirk Auma an. Ab 1903 entfiel die lange Betitulierung. Die Landesbezeichnung lautete Großherzogtum Sachsen, bis endlich 1920 der Freistaat Thüringen mit der Hauptstadt Weimar entstand.
Die starken Mauern des Osterburgturmes, die uns zu diesem Rundblick anregten, überdauerten gegen Ende des 2. Weltkrieges am 16. April 1945 amerikanischen Artilleriebeschuss. Fünf Granaten trafen den Zinnenkranz und die Turmspitze. Die angerichteten Schäden konnten trotz der herrschenden Not recht schnell beseitigt werden. Das Osterburggelände wurde desweiteren gern zu kulturellen Veranstaltungen genutzt. Nach diesem ausführlichen Rundgang kann eine Rast in der Burggaststätte oder im Burghof nicht schaden.
Beeindruckt von über 800-jähriger Geschichte verlassen wir den Schlossberg in Richtung Markt. Vor dem Rathaus hätte eine kursächsische Postmeilensäule auch sehr gut ausgesehen, so wie sie in Auma und Neustadt/Orla zu Zeiten August des Starken entstanden sind. Das Kornhaus, baufälliger Rest des einstigen Nonnenklosters, liegt versteckt hinter der Peterskirche. In der Geraer Straße fällt das denkmalgeschützte Pfeifer'sche Haus durch sein Portal angenehm auf. Hier entstand 1720 als erste Manufaktur eine *„Königl. Churfürstl. Sächs. Privilegirete Schönfärberey und Fabrique“*,
der wir bei unseren Betrachtungen zur Matthäusmühle noch begegnen werden. Als Erinnerung an die 1880 stillgelegte Mühle heißt die rechts abzweigende schmale Straße „Matthäusmühlenweg“. Unter dem Parkplatz fließt der verrohrte Mühlgraben der Weida zu. Reste der historischen Stadtmauer mit Befestigungstürmen, die gemeinsam mit dem Weidafluss und dem Mühlgraben die Stadt schützen sollten, schließen sich hinter den Häusern an. Ortskundig übernimmt Frau Radegund Benad vom Weidaer Kulturförderverein e.V. eine Führung bis zu den Wehranlagen, die vom mittelalterlichen Stadtturm flankiert sind. Wehre sind für den oberschlächtigen Wasserradantrieb unentbehrlich. Ein fränkischer Bischof beschrieb schon um 580, wie durch Pfähle und Steine das Flusswasser gezwungen wurde, seitlich in einen Graben zu fließen, um das Wasserrad schnell drehen zu lassen.
Jene Urkunde, die im hohen Mittelalter des Jahres 1209 Weida als Stadt bezeichnete, führte auch zwei vor der Stadt gelegene Mühlen an. Dies waren unsere Matthäusmühle, die damit das früheste Ersterwähnungsjahr aller Mühlen des Weidatales aufzuweisen hat, und die wenige 100 m entfernte, vom Aumawasser angetriebene Rothenmühle. Im weiten Umkreis des Vogtlandes konnte nur die Plauener Untere Stadtmühle weiter zurückblicken, nämlich bis 1122. Sie verfiel 1938 der Spitzhacke. Heinrich III., Vogt von Weida, übertrug die Matthäusmühle, die früher Niedermühle hieß, 1209 dem Kloster Mildenfurth. Also war sie schon vor ihrer ersten Nennung zugange. 1320 konnte das Jungfrauenkloster Weida anlässlich des Beitritts der Tochter Heinrich von Breitenbuchs die Mühle günstig erwerben. Für den eingesetzten Mühlenpächter erwirkte das Kloster 1351 beim Vogt den Erlass von Abgaben und Steuern. Jedoch zwang durch Misswirtschaft entstandene Not die Priorin zum Verkauf der Mühle. Das Lehensrecht blieb beim Kloster, das sich auch weiterhin vorbehielt, Getreide und Futterschrot umsonst mahlen zu lassen, für das Malzschroten lediglich einen Zuber Getränke zu stellen und das Schlagen des Öles für die Küche und zur Erleuchtung der ewigen Lampen abzusichern. In den Fastenzeiten bekamen die Nonnen von der Mühle 18 Scheffel Getreide angeliefert. Als Nieder- oder Weidermühle geriet sie schon vor 1465 in Privatbesitz. Ein Blick in die spätmittelalterliche Mühle verriet, dass sie durch die zirka eine Elle (Dresdener Elle = 0,56 m) starke Antriebswelle, die draußen von der Radstube die Drehbewegung des Wasserrades über ein hölzernes Kammrad und

Brehme & Söhne 1871/72 – rechts Matthäusmühle

das Stockgetriebe zum Läuferstein leitete, ihre Kraft erhielt. Der schwere Bodenstein lagerte auf einem Gerüst. Der Spalt zwischen beiden Mühlsteinen ließ sich verstellen, sodass Schrot oder feines Mehl gemahlen werden konnte. Oben drüber war der Trichter, in den der Müller das Getreide schüttete. Ein Rüttelmechanismus sorgte für gleichmäßigen Nachschub und ließ die Körner in den Mahlgang rutschen. War der Trichter leer, ertönte ein Glockenzeichen und rief den Müller zur Arbeit. Im Beutelkasten siebte sich das Mehl aus der Kleie heraus und gelangte in die große Mehlkiste. Weidaer Beuteltuche fanden Verwendung.

50 Jahre lang, von 1490 bis 1540, bewirtschaftete die Familie Plietzsch die Mühle, deshalb wurde sie aktenmäßig nun als Plietzschmühle geführt. 1495 trug es sich zu, dass dem Rothenmüller eine Beschwerde Hans Müllers (Plietzsch) zugestellt wurde, in der er sich über zwei rotierende Steine beklagte, die den *„einen Laufft"* verstärkten. Sicher befürchtete er die Konkurrenz der benachbarten Getreidemühle. Der Müller, der um 1509 den Mühlacker vom Kloster kaufte, hatte dafür jährlich zwei Tage Beilfrondienst abzuarbeiten. Seit jeher oblagen der Mühle, die hart an der Stadtbefestigung lag, Pflichten und Rechte über zwei Wachhäuser in der Vorstadt. Weitere Festlegungen zum Mühlenbau und wasserrechtlichen Fragen enthielt die kurfürstliche Mühlenordnung von 1560. Gegen 1570–75 vergrößerte sich die Mahl- und Ölmühle durch eine Loh- und Sägemühle. Martin und Hans Pitzel (Pützelt) wurden 1586/87 vom Rat in Weida als Pachtmüller eingesetzt. Die Stadt hatte damals 1750 Einwohner. Beide bisher genannten Müllerfamilien waren früher oder später auch in der Katschmühle tätig. Das Amtslehnbuch vermerkte 1614, dass Amtsschösser Matthes Ackermann die *„Matthes Mühl"* verpfändete, aber die Katsch- und Pfortenmühle vier Jahre später vom Amt kaufte. Die Pächter Christoph Schröter und Hans Henz traten 1637 bzw. 1639 an. Letzterer fungierte fast 15 Jahre lang unter dem Besitz

von Nachkommen des Mildenfurther Amtsschössers Michael Thomas. Deshalb galt nun laut Amtsrechnungen der Name *„Thomische Mühle"*. Darauf folgten 1653 der Mühlenbesitzer Michael Hetzer und sein Pächter Kaspar Beer. In diese Epoche fiel die furchtbare Überschwemmung vom 6.–7. August 1661, über die die Kronfeld'sche Landeskunde berichtete, dass 65 Bürgerhäuser und 10 Scheunen einstürzten. Die hölzerne Brücke am Katschtor wurde ebenso weggerissen wie die 12 Ellen hohe Stadtmauer in einer Länge von 160 Ellen.

Bei Jost Wolfram, der Mühlenbesitzer von 1664 bis 1686 war, arbeiteten die Pächter Jobst Rabe und Jobst Ramsdorf. Jost Wolframs Mühle, *„vorn Geraischen Thore"* gelegen, überstand die Mühleninspektion von 1682 ohne größere Beanstandungen. Dennoch geriet die Matzmühle 1686 in Zahlungsunfähigkeit. Unter den Nachfolgern Hans Fischer (1693–96), Andreas Rothe (1698) und Peter Stöckigt (1708) ging es wieder aufwärts. 1721, als der erfahrene Müller Christian Zießler in der Mühle saß, trug Grenzkondukteur Paul Trenckmann in das „Geographische Handregister Weida" die *„Matheusmühl mit 3 Gängen und 1 Schneidmühl"* ein. Die Osterburg, *„auf welchem itzo das Amt ist"*, fehlte natürlich auch nicht. In der Stadt gab es 227 bewohnte und 92 wüste Feuerstellen. Drei Wirtshäuser, der „Braune Hirsch", der „Göldene Löbe" und der „Göldene Ring" boten sich zur Einkehr an. Die Straßenführung *„ist von alters gar stark hier gegangen, und zwar von Pausa nach Pellwiz durch, Zeillenroda links 1/8 St., Weißendorf links, Trebis rechts, Dörtendorff rechts, Dölen durch, Schiptiz durch, Steinsdorff rechts, Gräffenbrück rechts, Schloß rechts, hier durch, alte Gemäuer rechts, ... Gera."* Der Zeugmacher Johann Christian Lange war gerade in der Geraischen Gasse nahe der Mühle mit der Einrichtung seiner Färberei fertig geworden, und der Müller billigte ihm die Verwendung der Wasserkraft zu. Von 1730 bis 1800 traten weitere sieben Müller in Erscheinung, durchschnittlich alle zehn Jahre ein anderer. Es war dies von 1730 bis 1740 Christoph Reinhold, im letzten Jahr half Joseph Reinhold. Nachfolgend wirkte Meister Johann Christoph Thiele und ab 1753 bis 1771 sein Schwiegersohn Christian Friedrich Preller. Recht lange Zeit, von 1772 bis 1795, saß laut Lehnbuch Johann Gottfried Müller in der Mühle. Im September 1795 folgte Johann Gottlob Zeuner und von 1798 bis 1803 trat Johann Karl Lindner an. Der von ihnen jährlich zu entrichtende Amtszins belief sich auf sieben Groschen. Trotz des häufigen Wechsels hatte das Unternehmen zur Jahrhundertwende mit seinem Mühl- und Wohngebäude, drei Mahlgängen, einem Öl- und einem Schneidegang, eine recht ordentliche Ausstattung. Scheune und Eselsstall kamen noch dazu, während die Lohmühle nicht mehr tätig war. Der Mühlgraben bis hoch zum Wehr neben der Sankt Annenkirche vervollständigte das Anwesen zu einem Gesamtwert von 1100 Talern. In den Kriegsjahren 1806-15, in denen der Kaiser abdanken musste und Napoleons Truppen unsere Gegend durchzogen, brachten die vielfachen Einquartierungen französischer Soldaten für Weida starke Belastungen mit sich. Für die Matzmüller Christian Gottlob Häberer (1804) und Johann David Pertel (1807) brachen schwere Zeiten heran. Johann Andreas Sander, Müller von 1807 bis 1815, konnte die Pleite nicht verhindern. In der benachbarten Schönfärberei wechselte aus ähnlichen Gründen 1806 mit Traugott Adam Brehme aus Neustadt/Orla ebenfalls der Besitzer. Ihm gelang es, am 7. Juni 1818 die Matthäusmühle zu ersteigern und das Wasser des Mühlgrabens voll und ganz für seine Zwecke zu verwenden. Zum Privileg der Firma Brehme gehörte nun das Handelsrecht im Umkreis von drei Meilen. Die Zeugmacher mussten sämtliche Stoffe dort färben lassen. Jedoch starb der Firmenchef 1821. Weida hatte 1836 eine Bevölkerungszahl von 3481 und entwickelte sich in den nächsten Jahren zur Industriestadt. Die Gebrüder Brehme erwarben inzwischen das Fischwasser am Wehrteich und benötigten die alten Gebäude der Matthäusmühle nicht mehr. In der Mitte des Jahrhunderts stießen sie diese an einen Käufer namens Heintze ab. Bereits 1851 führte eine Anzeige in Sachen

Feuerversicherung J.G. Deubel als Besitzer der Matzmühle auf. 1868 wurde die Mühle wegen schlechter Auftragslage wieder verkauft. Das Ende der Mahlmühle ließ sich nicht mehr aufhalten. Nur die Schneidemühle arbeitete noch einige Zeit. Eine 1871/72 entstandene Abbildung der Fabrik „Brehme & Söhne“ zeigt rechterhand die Matthäusmühle, auf deren Hofplatz gestapeltes Langholz vor dem Schneidegang gelagert wird.
Für die größer werdenden Fabriken reichte die Kraft der Wasserräder und Turbinen bald nicht mehr aus. Schon 1875 schnauften im Großherzogtum 111 stationäre Dampfmaschinen mit 1341 Pferdestärken. In dieser Phase geriet die Firma „Weißenborn & Brehme“ in Finanznot. Die Weidaer Sparkasse fand 1876 in Franz Louis Pfeifer aus Greiz, verheiratet mit der Katschmüllerstochter Lina Marx, einen Käufer. Die Herstellung von Konfektionsstoffen auf mechanischen Webstühlen vergrößerte das Unternehmen merklich. 1877 waren auf einem Firmenschild bereits ein Shedhallenbau und rechts neben dem Ziergarten letztmalig auch die Mühlengebäude zu sehen. Die Gebrüder Pfeifer erweiterten ihr Terrain 1879/80 durch die stillgelegte Matthäusmühle. Während A. Kannengießer als letzter Müller (Schneidemüller) 1880 im *„Statistischen Universal-Handbuch für das GHT Sachsen-Weimar-Eisenach“* vermerkt war, entstanden durch die „Mechanische Kammgarn-Weberei“ der Gebr. Pfeifer moderne Anlagen, wie ein Kessel- und Maschinenhaus, weitere Hallen für den Websaal und große Lagergebäude. Die guten Bahnverbindungen Weidas, die von 1871 bis 1883 nach Gera, Saalfeld, Werdau und Mehltheuer eröffnet wurden, sorgten für günstige Absatzmärkte.
Die älteste Mühle des Weidatales, in der es kaum einen über mehrere Generationen anhaltenden Familienbesitz durch Müllersleute gab, musste dem technischen Fortschritt weichen. 1890 war von ihr nichts mehr zu sehen. Aus dem alten Kirchwehr hinter der Stadtmauer entstand 1898 ein festes Betonwehr, dessen Wassermassen der Fabrik zu weiteren 25 bis 30 PS an Antriebskräften verhalfen. Nach über 30-jähriger erfolgreicher Geschäftsführung starb Louis Pfeifer 1908.
Die Wehranlage neben dem Stadtbefestigungsturm ist für Wanderfreunde, die auf direktem Weg vom Sand zur Matthäusmühle unterwegs sind, beim Gang über die Kirchbrücke weidaabwärts sichtbar. Diesen Blick in die Vergangenheit sollte niemand verpassen. In Richtung Bahnhofstraße überqueren wir nach wenigen Schritten die Auma, die hier bei 227 m ü. NN in die Weida mündet. Dieses Wasser trieb einst mindestens 34 Mühlen an, davon lagen 17 an ihren Nebenbächen. Ihr Quellgebiet finden wir nahe der Lindaer Windmühle in 520 m Meeresspiegelhöhe. Im Oberlauf treffen wir auf die Köthnitzmühle, die Teichmühle Reinsdorf, die Gutsmühle Sorna, die Krölpa- und die Muntschmühle. In Auma ratterten einst die Teich- und Mittelmühle sowie die Eisenschmidtmühle. Am Mittellauf drehten sich die Räder der Mühlen von Wiebelsdorf, Wöhlsdorf, Forstwolfersdorf und Rohna. Die Prellmühle Neundorf ist verschwunden. Am Fuße der Aumatalsperre liegt der historische Liebsdorfer Eisenhammer. Die Aumühle bietet Einkehrmöglichkeit. In der Weidaer Burg- oder Schlossmühle ruht der Mahlbetrieb seit 1887, während die Rothenmühle noch tätig ist. Eine wahre Flut von Wassermühlen gaben damals im Einzugsgebiet der Auma vielen Menschen Arbeit und Brot. Die ausführliche Darstellung aller 34 Mühlen ist im Band 2 unseres Mühlenbuches zu finden.

Quellen und Literaturangaben:
siehe Verzeichnis Nr. 2, 7, 22, 23, 34, 43, 57, 60, 63, 66, 77, 78, 99, 102, 160 sowie die vom Kulturförderverein Weida e.V. durch Frau R. Benad und Kurt Häßner, Dieter Hauer, Kulturbund Gera e.V. und Dieter Knoll vom Museumsverein Weida zugestellten Materialien.

Mühlenbesitzer und Pächter der Matthäusmühle in Weida

Kloster Mildenfurth	1209	lt. Orts-/Kulturgeschichte 1920; Heinr. Gottl. Francke, Weida
Nonnenkloster Weida	1320-1465	lt. ebenda
Hans Plietzsch	1490-1540	lt. ebenda; Besitzer
Hans Müller (Plietzsch)	1495	lt. ebenda
Martin Pitzel (Pützelt)	1586	lt. Ratsrechnung; Pächter
Hans Pitzel	1587	lt. ebenda
Matthäus Ackermann	1614	lt. Amtslehnbuch Weida
Christoph Schröter	1637	lt. Kirchenbuch; Pächter
Hans Henz	1639-1653	lt. ebenda; Pächter
Michael Thomas (Erben)	1639-1653	lt. ebenda; Besitzer
Michael Hetzer	1653-1663	lt. Städt. Archiv; Besitzer
Kaspar Beer	1653	lt. ebenda; Pächter
Jost Wolfram	1664-1686	lt. ebenda; Besitzer
Jobst Rabe	1665	lt. Kirchenbuch; Pächter
Jobst Ramsdorf	1685	lt. ebenda; Pächter
Hans Fischer	1693-1696	lt. ebenda
Andreas Rothe	1698	lt. ebenda
Peter Stöckigt	1708	lt. ebenda
Christian Zießler	1718-1730	lt. ebenda; Besitzer
Christoph Reinhold	1730-1740	lt. ebenda; Besitzer
Joseph Reinhold	1740	lt. ebenda
Johann Christoph Thiele	1739-1755	lt. Aktenlage; Erbmüller
Christian Friedrich Preller	1753-1771	lt. ebenda
Johann Gottfried Müller	1772-1795	lt. Lehnbuch; Besitzer
Johann Gottlob Zeuner	1795-1797	lt. ebenda; Besitzer
Johann Karl Lindner	1798-1803	lt. Aktenlage
Christian Gottlob Häberer	1804-1806	lt. ebenda
Johann David Pertel	1807	lt. ebenda
Johann Andreas Sander	1807-1815	lt. ebenda; Besitzer
Traugott Adam Brehme	1818-1821	lt. ebenda; Besitzer
Brehme & Söhne	1821-1850	lt. ebenda; Besitzer
Heintze	1850	lt. ebenda; Besitzer
J. G. Deubel	1851-1868	lt. ebenda; Besitzer
A. Kannengießer	1868-1880	lt. ebenda; Besitzer Handbuch GHT Sachsen
Gebr. Pfeifer	1880-1890	lt. Stadtchronik Weida II; Kurt Häßner, R. Benad

Die Weidaer Papiermühle

Am nordöstlichen Stadtrand unterhalb der Papiermühlenbrücke hatten bis Mitte des 19. Jahrhunderts die Weidaer Papiermacher ihr Domizil. Vom ehemaligen Fußgängersteg an der Uferstraße war flussaufwärts das Rosstümpfelwehr zu erkennen, in dem Weida- und Aumawasser angestaut wird. Verwachsene Reste des unteren Mühlgrabens verstecken sich seitlich am Wegesrand. Dieses Wasser trieb einst die Räder zweier Schleifhütten an, diente der Papiermühle zur Herstellung ihrer Produkte und bewegte ein nach dem 30-jährigen Krieg eingegangenes Hammerwerk. In den beiden Schleifhütten wurden Werkzeuge an rotierenden Schleifsteinen geschärft. 1488 wirkten Hans und Jobst Beilschmied in der unteren und 1520 Wolf Pensold in der oberen Schleifhütte. 35 Jahre später gehörten beide Hütten der Familie Limmer. Große Mühlsteine, schwere Bodensteine aus Rochlitzer Porphyr, kamen 1586 in der Schleifmühle zu Weida zum Einsatz. Das Mildenfurther Erbzinsbuch meldete 1617 eine der beiden als hinfällig. Aus der anderen Schleifhütte ging die kurzzeitig erwähnte obere Papiermühle hervor. Den Anhaltspunkt dafür bot eine gerichtliche Rechtssprechung von 1665, die *„den Platz der oberen Papiermühle – vordem alles eine Schleifhütte"* aktenkundig festhielt. Dieser Gerichtsvergleich nannte auch *„die untere Papiermühle mit allen Eingebäuden, Hofraum und Gärten."*

Heutzutage stößt der Papiermühlenweg direkt auf ein Industriegelände, welches sich am früheren Standort der 1851 abgebrannten Papiermühle befindet. Von dem mehrstöckigen Gebäude sind Abbildungen erhalten geblieben. Weidaer Heimatforscher haben über die einzige Papiermühle des Weidatales schon viel berichtet. Ihre Geschichte ist eng mit dem Schicksal der dort tätigen Papiermacher verbunden. Schon 1390 begann in Deutschland in der Nürnberger Gleismühle die urkundlich nachweisbare Papierherstellung. Nachdem Johannes Gensfleisch zum Gutenberg, der *„Mann des Jahrtausends"*, um 1448 in Mainz die Erfindung des Buchdruckes mit beweglichen Lettern vollendet hatte, stieg der Papierbedarf beträchtlich an. In Weida kam es 1569/70 zum Bau einer Papiermühle. Laut Jahresrechnung bestätigte das Amt, dem Papiermacher Christoph Hipe (Hopp) zum Bau der Mühle 52 aßo 30 gr vorgestreckt zu haben. Dieser verpflichtete sich, binnen drei Jahren das Geld zurückzuzahlen und ab 1570 einen jährlichen Erbzins von zwei Ries Papier an das Amt zu leisten. Nicht immer ging es in dieser Phase friedlich und sittsam zu. 1575 wurde Christoph Hopp zweimal wegen Scheltens und großer Gotteslästerung mit insgesamt drei Gulden bestraft. Nach seinem Tod 1576 musste auch die Witwe wegen Schmähens und Raufens bei der Bierzeche mit sechs fl. in Strafe genommen werden. Weitere Ratsrechnungen belegten 1575 den Einkauf von Papier beim einheimischen Papiermacher Christoph Hopp. Sicherlich waren Christoph Hipe und Christoph Hopp die gleichen Personen, deren Namen bei der Deutung des alten, schwer lesbaren Schriftbildes unterschiedlich erkannt worden sind. In den nächsten fünf Jahren wurde Papier aus Weida bis nach Ronneburg verkauft. Konkurrenz aus der näheren Umgebung bot nur die 1589 erstmals erwähnte Greizer Papiermühle. Haderlumpen aus Leinen und Baumwolle waren vorerst die alleinigen Rohstoffe, die im mit Wasserkraft angetriebenen Stampfwerk zerkleinert werden mussten. Aus dem zähen Faserbrei wurde etwas Masse herausgeschöpft, ausgebreitet und vom Gautscher auf ein Filzstück abgedrückt. Nach dem Auspressen hatte der Leger alles zu trennen und auszulegen. Im alten handwerklichen Verfahren musste Blatt für Blatt zum Trocknen in den oberen Stockwerken bis hinauf zum Dachboden aufgehängt werden. Die Bogen kamen in Packungen zu 500 Stück, nach altem Zählmaß ein Ries genannt, an die Kundschaft. 1584 hielt eine Ratsrechnung Hans Ernst als Meister und

Papiermühle Weida vor 1850

Besitzer fest. Die *„Papyrer"* Hans Estler und Jacob Beutner brachten ihre Lieferungen bereits 1592 zu Händlern und Buchdruckern nach Leipzig. Michael und Samuel Wolf hießen die Weidaer Papiermüller von 1621 bis 1641. Für drei Ries Papier zahlte das Amt zwei Taler und 12 Groschen. Von 1642 bis 1694 schuf Bartholomäus Brüderlein, gefolgt von seinen Söhnen Georg und Christoph, in der unteren Papiermühle die ersten Wasserzeichenpapiere mit kursächsischem Wappen. Es gelang, weil ein entsprechend geformtes Drahtgeflecht in den Papierbrei gedrückt worden war. Ab 1694 waren für einen Zeitraum bis 1764 Angehörige der Familie Härtel tätig, die auch Verwalter und Pächter einsetzten. Inzwischen forderte das Amt für das Lumpensammelprivileg Konzessionsgeld. 1765 heiratete Gottlob Seeliger die Witwe Anna Rosine Härtel und führte die Mühle bis 1799. Im 1797 erstellten Grundriss der Stadt Weida war die Papiermühle *„mit einem holländischen Werke"* eingetragen. Die um 1640 erfundene Mahlwalze kam erst Anfang des 18. Jahrhunderts in den deutschen Ländern zum Einsatz. Zu Seeligers Zeiten traten die Lumpen als Rohstoff der Papierherstellung etwas zurück und die Zugabe von Altpapier und Stroh wurde möglich.

1799, im Jahr der Erfindung einer Langsieb-Papiermaschine durch den Franzosen Robert, kaufte Joh. Immanuel Gustav Keferstein aus Cröllwitz bei Halle die Weidaer Papiermühle für 2500 Taler. Dazu gehörten das Wohnhaus, Stall und Schuppen, ein Kellerhaus am Hang sowie Gartengelände mit der Baustätte der ehemaligen Schleifmühle. Nach alter Sitte war das Auszüglerehepaar Seeliger finanziell abzusichern. Der kränkliche Gustav

Keferstein vermachte seinem Bruder das gesamte Anwesen, bevor er 1805 als 34-Jähriger in Cröllwitz verschied. Heinrich Christoph Adolf Keferstein (1773–1853), Besitzer der Papiermühle am Fuße des Papierberges, stammte aus einer erfahrenen Hallenser Papiermachergeneration, die sich bis 1523 zurück verfolgen ließ. Der Anfang in Weida war schwer. Zunächst trafen ihn Hochwasser, Eisgang, Schuldentilgung und Plünderung im Kriege 1806. In seinen eigenen Aufzeichnungen beschrieb er sein Leben als eine Kette von Mühen und Sorgen. Trotz einiger Modernisierungen gab es in der herkömmlichen Handarbeit keine Möglichkeiten, größere Papierbogen in entsprechenden Mengen herzustellen. Nach harter Arbeit in der feuchten Schöpfstube und jahrelangem Grübeln konnte Meister Adolf Keferstein 1816 Konstruktionszeichnungen für die Erzeugung des „Papiers ohne Ende" vorlegen. Das Schöpfen von Hand mit dem Drahtsieb aus dem zähen Papierbrei übernahm eine Schöpfwalze. Die Nachricht von bereits erfundenen französischen und englischen Papiermaschinen drang noch nicht bis nach Weida. Seine Pläne brachte er noch im gleichen Jahr nach Weimar zur Großherzoglichen Regierung. Dort wurden zwar viele kluge Worte zu Papier gebracht, aber für die Erfindung einer Papiermaschine gab es außer zehn Dukaten weder Gehör noch Unterstützung. So baute er sich mit einfachen Mitteln seine eigene Maschine aus Holz statt der teuren Metallteile, die zunächst durch ein einziges Wasserrad in Bewegung gesetzt wurde. 1819 gelangen ihm Papierbogen von 60 Ellen Länge, also etwa 30 m. Adolf Keferstein wurde zum Erfinder der ersten deutschen Papiermaschine. Mit seiner *„Tapeten- und Landkarten-Papierfabrikation"* glaubte er zum Erfolg zu kommen. Forschungsergebnisse erwiesen, dass Goethe für einige seiner Niederschriften leicht rosa gefärbte Papiere mit dem Wasserzeichen *„A K WEIDA"* oder *„A Keferstein Weida"* gebrauchte. Zu seiner großen Enttäuschung kamen im Frühjahr 1820 nach vierjähriger Ablagerung die Entwürfe der Papiermaschine mit abschlägigem Bescheid aus Weimar zurück. Da er den Bau einer solchen Maschine nicht selbst finanzieren konnte, bot er seine Erfindung im Juli 1820 in der „Berliner Zeitung" *„gegen eine billige Entschädigung"* an. Auch dies misslang, denn schon ein Jahr vorher wurden in der Berliner Patentpapierfabrik neue Papiermaschinen aufgestellt. Schließlich verkaufte er seine Pläne für 100 Goldtaler nach Wien, wo sie in der Versenkung verschwanden. 1827 schrieb er verbittert an seinen Sohn: *„Hätte man mich von Weimar aus unterstützen wollen, so konnte dies schon vor acht oder zehn Jahren geschehen... Meine Fabrik würde jetzt eine der vorzüglichsten in Deutschland seyn..."*
Bewundernswert war deshalb seine unermüdliche Schaffenskraft, mit der er noch über 20 Jahre lang seinen *„Schrenz"*, ein stärkeres graues Konzeptpapier, und feines Wasserzeichenpapier schuf. Zwei oberschlächtige Wasserräder trieben in diesen Jahren seine Mahlwalze und Rührwerke an. Verbesserte Holländerwerke, die in einer Bütte mit einer Messerwalze die Rohstoffe zerschnitten, mahlten und mischten, waren inzwischen verbreitet. Wasserzeichenwalzen aus England lieferten einwandfreie Ergebnisse. Steuern und Abgaben zwangen Adolf Keferstein, dessen Mühle bis 1841 unter Lehensherrschaft des Kammergutes Mildenfurth stand, zu großer Sparsamkeit. Inwieweit er seine Einrichtung erneuern konnte, ist nicht bekannt. 1846 übergab der alternde Meister Keferstein die Papiermühle an seinen Sohn Hermann. Draußen am Mühlgraben drehte sich nur noch eines der Wasserräder. Die marode hölzerne Papiermaschine schaffte es nicht mehr und konnte nur kurzzeitig arbeiten. Eine der letzten großen Papierlieferungen, die nach Schleiz ging, verschlang eine Feuersbrunst. 1851 kam das Aus für die Papiermühle, da sie mit ihren Einrichtungen und Vorräten niederbrannte. Hermann Keferstein konnte einen Wiederaufbau nicht verwirklichen und verkaufte die Brandstätte. Der fast 80-jährige Vater Adolf Keferstein wurde von Verwandten aufgenommen und verstarb daraufhin am 12. April 1853. Bereits 1851 verkündete eine Annonce zu Feuerversicherungsangelegenheiten

A.G. Riessling als neuen Besitzer der Papiermühle, die fortan des Öfteren wechselten. 1889 entstand hier die mechanische Weberei Gustav Weidauer. Eine Turbine ersetzte das gute alte Wasserrad. Den technischen Fortschritt vervollständigte eine 100-PS-Dampfmaschine, die 200 Webstühle antrieb.
Aus DDR-Zeiten ist uns an dieser Stelle der VEB WETRON bekannt. Heute heißt die Firma am Papiermühlenweg „Mauell Weida GmbH". Die Papiermühlenbrücke und die zum H.-Heine-Wanderweg führende Straße „An der Papiermühle" erinnern an die Höhen und Tiefen der 300-jährigen Tradition der Papierherstellung in Weida.

Quellen und Literaturangaben:
siehe Verzeichnis Nr. 23, 28, 43, 47, 62, 71, 119, 124, 160 sowie die vom Kulturförderverein Weida e.V. (Frau Benad) und der IG Denkmalschutz / KB Gera e.V. (Dieter Hauer) zugestellten Materialien

Besitzer und Pächter der Papiermühle

Name	Jahr	Quelle
Christoph Hipe (Hopp)	1569-1576	lt. Jahresrechnung Amt Weida; Gerhard Schmidt, Jena
Christoph Hopp	1575	lt. Orts-/Kulturgeschichte 1920; Heinr. Gottl. Francke, Weida
Hans Ernst	1584	lt. ebenda; Besitzer
Hans Estler	1590	lt. Amtslehnbuch; Besitzer
Jacob Beutner	1592	lt. Geschichte Papierherstellung; Gertraude Spoer, Weida
Michael Wolf	1621	lt. Lehn- u. Kirchenbücher
Samuel Wolf	1624-1641	lt. ebenda; Besitzer
Bartholomäus Brüderlein	1642-1682	lt. ebenda; Besitzer
Georg Brüderlein	1664-1666	lt. ebenda; Papiermacher
Christoph Brüderlein	1685-1694	lt. ebenda; Besitzer
David Härtel	1694-1697	lt. ebenda; Besitzer
Joh. Stephan Buxdorf	1695-1705	lt. ebenda; Verwalter
Gabriel Vötel	1709-1713	lt. ebenda; Papiermacher
Joh. Friedrich Härtel u.	1714-1760	lt. ebenda; Besitzer
Immanuel Gotthold Härtel	1754-1764	lt. ebenda; Besitzer
Anna Rosine Härtel (Witwe)	1764	lt. ebenda; Besitzer
Gottlieb Seeliger	1765-1799	lt. ebenda; Besitzer
Gustav Keferstein	1799-1805	lt. ebenda; Besitzer
Adolf Keferstein	1805-1846	lt. ebenda; Besitzer
Hermann Keferstein	1846-1851	lt. ebenda; Besitzer

Vom alten Hammer zur Mühle Mildenfurth

Wir verlassen Weida in Richtung Mildenfurth und treten die letzte Etappe unserer erlebnisreichen Mühlenwanderung an. Den Eisenbahnviadukt vor Augen wird nach rechts abgebogen, um über die Schwedeneiche wieder in das Weidatal zu gelangen. Dieser mächtige Baum mit einem Stammumfang von 6,70 m kann einige hundert Jahre zurückblicken. Gegenüber liegt jenseits der Weida am steilen Waldhang der Heinrich-Heine-Weg, der direkt nach Wünschendorf- Veitsberg führt. Das Klopfen aus der alten Hammerschmiede, die dort drüben im Grund gestanden haben müsste, ist längst verstummt. Sie wurde am 16. August 1661 bei einem Hochwasser zerstört. Nur der Name des Hammerschmiedes Wolf Kleindienst konnte im Kirchenbuch unter dem Jahre 1635 gefunden werden. Vermutlich hatte der 1684 im Hammer Langenbuch erwähnte Peter Werner seine Wurzeln in Weida.
Am Krähenholz beginnt links der Weida ein fast 1500 m langer Mühlgraben, der mit seinem Gefälle von sechs Metern einst die Wasserräder der Mildenfurther Klostermühle versorgte. Der Schafberg zwingt die Weida zu einer scharfen Rechtskurve, die am Steilhang des Klosterberges gebremst wird. Die Laubwaldhänge und die Weiden am Flusslauf, die Linden, Erlen und Pappeln des Auenwaldes, bieten der Vogelwelt und allerlei Kleintieren genügend Lebensraum. Fische sind wenig anzutreffen. Auf kleinen Stegen überquert der Wanderweg mehrmals den Mühlgraben, ehe wir das frühere Kloster und die rechts daneben gelegene Mühle Mildenfurth erreichen. Zunächst verweilen wir kurz am romanischen Klosterportal und sehen in Gedanken die weißgekleideten Chorherren vorüberziehen. Das Innere der alten Gemäuer ist am „Tag des offenen Denkmals“ bereit, seine Geheimnisse zu zeigen. 1993 konnte das 800-jährige Jubiläum der Klostergründung durch Vogt Heinrich II. von Weida gefeiert werden. Jahr für Jahr stehen dringende Restaurierungsarbeiten an. Die Anlage ist auch heute noch mit einer Befestigungsmauer und Rundtürmen umgeben. Einige Wirtschaftsgebäude und die Mühle befinden sich außerhalb dieser Mauern. Ein Schild zeigt den Weg zur Mühle Mildenfurth. Mächtige Silos und Betriebsamkeit im Mühlenhof verraten uns, dass sich hier 1995 in der letzten Mühle am Weidafluss die Müllereimaschinen noch drehen. Der Müller erwartet uns schon und lädt zum Rundgang ein. Er erzählt aus vergangenen Tagen, in denen seine Vorfahren Besitzer der Mahl-, Öl- und Schneidemühle waren…
Schon 1209 besaß das Kloster *„zwei Mühlen vor der Stadt Wida“* als Lehen. Das war zum einen bis 1320 die Matthäusmühle, zum anderen die an der Auma gelegene Rothenmühle, die um 1230 wieder abgegeben wurde. 1260 verzeichnete eine Akte *„die Obermühle derer von Mildenfurt“,* welche an einer dem Kloster Cronschwitz geschenkten Wiese zu finden war. Vermutlich ist dies die erste urkundliche Erwähnung der Mildenfurther Mühle. In geringer Entfernung mahlte die Wünschendorfer Untermühle an der Elster, die ebenfalls dem Kloster Mildenfurth zu Lehen ging. Dem Untermüller war sogar ein Ausbau seiner Mühle untersagt, damit die Klostermühle nicht beeinträchtigt wurde. Über die Wünschendorfer Obermühle hingegen verfügte das benachbarte 1238 gegründete Nonnenkloster Cronschwitz. Die Hälfte der Schneidemühle mit dem Holzplatz gehörte zu Mildenfurth. Diese Anhaltspunkte sprechen für eine erste urkundliche Nennung der Mildenfurther Klostermühle im Jahre 1260.
Die Mühle mahlte vorrangig für den eigenen Bedarf des Klosters. Sie besaß zwei Mahlgänge. Durchschnittlich lieferten die Klosterfelder jährlich 600 Scheffel Roggen, 55 Scheffel Weizen, etwa 190 Scheffel Gerste und 945 Scheffel Hafer. Auch Erbsen, Hanf, Flachs, Rübsen, Heidekorn (Buchweizen), Hopfen und Mohn standen auf der Anbauliste. Nur zirka 30 Scheffel Korn brachte fremde Mahlkundschaft pro Jahr zur Mühle. Gerste und Hopfen brauchten die Mönche zum Bierbrauen. Am Hopfenberg konnten jährlich bis

zu 150 Scheffel geerntet werden. Ein 1½ Acker großer Weinberg neben dem Kloster brachte 20 Eimer Wein, ging aber wegen *„kalter Landart"* bald wieder ein. Aus Hanf und Flachs entstand Leinwand für Mehlsäcke und Wäsche. Flachs diente als Zwirn und Lichtdochte. Zur Beleuchtung der Ställe benötigte man Öl, das aus Rübsensamen geschlagen wurde. Weidaer Werkstätten verarbeiteten die Tierhäute zu Leder. Der Müller zählte zum weltlichen Personal des Klosters und wurde namentlich nicht überliefert. Alle halbe Jahre erhielt er ein Schock und 20 Groschen Entlohnung. Weitere Klosterrechnungen berichteten über Ausgaben für Mühlsteine und Mehlbeutel, über Bauarbeiten auf dem Mehlboden und an der Radstube sowie über Erneuerungen der Wasser- und Kammräder. Das Wehr und die Brücken waren in Ordnung zu halten. Einige Klosteruntertanen mussten jährlich den Mühlgraben als Frondienst schlämmen. Der Wünschendorfer Untermüller hatte die Mühlgerüste und Antriebsräder instand zu halten sowie die Mühlsteine zu schärfen. Ab 1483 wurde ihm diese Arbeit vom Propst Herschel gegen eine Zinszahlung von zweimal 30 Groschen erlassen. Mit der Reformation begann der langsame Niedergang des Klosters. Unter Matthes von Wallenrod entstand 1544 das Rittergut Mildenfurth. 1552 starb der letzte Mildenfurther Mönch.

Als der sächsische Kurfürst Johann Georg I. 1617 die Anlage erwarb, ließ er sie zu einem Jagdschloss mit dazu gehörigem Kammergut umbauen und gründete das Amt Mildenfurth. Das Veitsberger Kirchenbuch nannte 1610 bis gegen 1648 den Müller und Zimmermann Jacob Faßmann, gefolgt von Martin Hase, Christoph Nitzsch aus der Bergaer Angermühle, Hanß Schieferdecker aus Liebschwitz und 1669 Adam Beer. Aus Protokollen einer 1682 durchgeführten Mühleninspektion war zu erfahren: *„Die Mühle Zu Müldenfurth, dem Ambte daselbst gehörig, deßen Pachtmüller Hans Hempel. Hat eine Büchse an der Wand befestigt, und mit 2 Schlößern verwahret, aber unversiegelt. Hat 10. d. von einen schfl. genommen. Das Viertheil aber beträgt 2 Kannen weniger, als das mit gebrachte weydische."* Die Kontrolleure überprüften, ob der Mahlgroschen ordnungsgemäß hinterlegt wurde und die Maße dem Dresdner Scheffel entsprachen. Eine andere Gepflogenheit dieser Zeit war das Mühlenzwangsrecht. Aus den Dörfern der Domäne Mildenfurth musste das Mahlgut in die Schlossmühle, wie sie inzwischen amtlicherseits benannt wurde, gebracht werden. Der Mahlzwang war bei den Bauern nicht beliebt. Die Weigerung der Cronschwitzer Zehntschnitter und Vorwerksarbeiter dem nachzukommen, geschah im Jahre 1690, als Andreas Hesselbarth der Müller war. Mit dieser Situation wurden Hans Prüfer um 1700 und Hans Christoph Prager konfrontiert, der 1707 aus der Rothenmühle/Weida kam und 1713 noch genannt wurde. Auch unter den Schlossmühlenpächtern Christoph Roländer (1711–1720) und Georg Windisch wurden 1720 Stimmen gegen die *„beunruhigende Mühlenzwangsgerechtigkeit"* laut. Grenzkondukteur Paul Trenckmann beschrieb in seinem 1721 angelegten Geographischen Handregister übers Amt Mildenfurt *„eine Mühle mit 2 Gängen, 1 Schneidmühl an der Weyda nahe südlich"*. Außerdem nannte er Mildenfurth, ein ehemaliges Mönchskloster, als ein königliches Schloss und Amt mit den Dörfern Cronschwitz, Wünschendorf, Großfalka, Untitz und Zossen.

1751 hieß der Müller Gottfried Grosse. In seine Zeit fiel 1768 die Erneuerung des Mühlenwehres. Als künftiger Pächter kam Meister Johann Christian Keller 1774 in Frage. Fünf Jahre später erreichte Friedrich Poser, inzwischen Pächter, die Aufrechterhaltung der Zwangsgerechtigkeit der Schlossmühle gegen das Dorf und Vorwerk Zossen. 1788 erlosch das Justizamt Mildenfurth und schloss sich dem Amt Weida an. Das Unbehagen gegen den Mahlzwang setzte sich wie ein roter Faden auch 1789 unter dem Pachtmüller Christian Schmutzler fort. Widerspruch gegen die aus vermeintlichem Recht beanspruchte Befugnis, sämtliches Getreide beim Schlossmühlenpächter Gottfried Müller zu Mildenfurth mahlen zu lassen, trat 1795 offen zutage. Obwohl es gestattet war, Bier für die Mahlgäste auszuschenken, ersuchte die Gemeinde Zossen 1803–05 um Aufhebung des Mahlzwanges. Als

Mildenfurth um 1950

Lohn für seine Arbeit behielt der Müller den 16. Teil eines Scheffels, der 1,03 hl beinhaltete. Da das Getreide nach dem Mahlen sein Volumen veränderte, traten Unregelmäßigkeiten auf. Doch sollte man *„sein Licht nicht unter den Scheffel stellen!"*

Das Gut Mildenfurth stand 1808–28 unter Leitung von August Gottfried Schweitzer. Die über 1000-jährige Dreifelderwirtschaft löste er durch eine geregelte Fruchtfolgewirtschaft ab. Kartoffelanbau, Merinoschafzucht und Simmentaler Höhenfleckvieh bereicherten seine Landwirtschaft. In der Mühle wurde 1808 Johann Gottlieb Dix als Erbpachtmüller geführt. Immer wieder zog die Umgehung des Mahlzwanges durch Bauern aus Zossen Beschwerden nach sich. Johann Gottlieb Dix errichtete nach einem Konzessionsgesuch neben seiner Mahl- und Schneidemühle eine Ölmühle, um die reiche Rapsernte des Gutes verarbeiten zu können. Sein Sohn, der ebenfalls Joh. Gottlieb hieß, übernahm 1810 das Anwesen. Als 1813 das Wehr erneuert werden musste, Scheune und Kellerhaus entstanden, verschuldete sich der Müller beträchtlich. Auch das weitere Bestehen des Königreiches Sachsen hing nach dem Befreiungskrieg 1813–15 am seidenen Faden, sodass das Amt Weida mit dem Neustädter Kreis dem Großherzogtum Sachsen-Weimar-Eisenach zugeschlagen wurde. Das Großherzogliche Kammergut Mildenfurth kam 1828 durch Pachtverträge für über 100 Jahre in die Hände der verschwägerten Familien Klein und Sturm. Es entstand eine äußerst gepflegte Anlage rund um den Gutshof.

1828 kam der 23-jährige Müllergeselle Karl Gottlob Büchner (1805–1865), Sohn des Kleinbernsdorfer Müllers Johann Michael Büchner (1777–1851), nach Mildenfurth. Nach alter Tradition der wandernden Müllerburschen setzte er seinen Stock auf die dritte Stufe der Treppe, grüßte den Müllermeister und bat um Arbeit. Mit diesem Schritt über die Schwelle der Schlossmühle bahnte sich die lange Sesshaftigkeit des Müllergeschlechtes Büchner in Mildenfurth an. Seine Vorfahren ließen sich bis 1660 in die Mühle Waltersdorf verfolgen. 1832 heiratete Gottlob Büchner die Müllerstochter Christiane Dix in der Veitsberger Kirche. Damals bestand die Schlossmühle Mildenfurth aus einer Getreidemühle mit zwei Mahlgängen, einer Schneidemühle und einer Ölmühle. Drei Wasserräder sicherten den selbständigen Antrieb ab. Den Mahlzwang, der in Preußen 1810 aufgehoben wurde, beendete Sachsen 1838. Erst um 1848 ging die Schlossmühle in persönliches Eigentum der Büchners über. Ernst Büchner (1839–1887) wurde 1860 Nachfolger seines Vaters als Mühlenbesitzer. In seinen letzten Lebensjahren konnte er noch die großen Zuchtviehauktionen beobachten, die der Gutsverwalter Otto Sturm veranstaltete. Der Großherzog von Sachsen-Weimar besuchte aus diesem Anlass mehrmals Mildenfurth. Schon im Alter von 20 Jahren musste Otto Büchner (1868–1922) 1888 als Schlossmüller antreten. Im Verlauf des 1. Weltkrieges (1914–1918) wurden Getreide und Mehl zur Mangelware. Das Brot kam nur rationsweise über den Ladentisch. 4500 Menschen starben im Herbst 1918 im thüringischen Raum bei einer Grippewelle. Nach Kriegsende dankte der Weimarer Großherzog Wilhelm Ernst als erster Thüringer Herrscher ab. Sein fürstliches Kammergut Mildenfurth wurde Staatsgut, mit dem die Mühle weiterhin zusammenarbeitete. Mühlenbesitzer Ernst Büchner (1895–1952) hatte die väterliche Mühle in der Inflationszeit 1922 geerbt. Die althergebrachte Technik bot pro Wasserrad etwa sieben PS an Leistung. Seine Aufgabe war es, nun die Modernisierung einzuleiten. Durch die Umstellung auf Turbinenantrieb wurde ab 1934 die Wasserkraft besser genutzt. Die Turbinenlaufräder erzeugten 35 PS. Diese Kräfte konzentrierten sich auf die Mahlmühle, die neben den beiden Steinmahlgängen noch drei doppelte Walzenstühle mit Plansichter, eine komplette Reinigungsanlage sowie mechanische Nahfördermittel besaß. Die Öl- und Schneidemühle beendeten die Arbeit. Ein Mehrfamilienhaus entstand. Inmitten des 2. Weltkrieges wurde 1941 Rolf Büchner geboren, mit dem diese Müllergeneration endete.

Nach der Kapitulation erfolgte die Aufteilung Deutschlands in vier Besatzungszonen. In der sowjetischen Zone verfiel aller Großgrundbesitz über 100 Hektar der Enteignung. Nach der Verordnung der Landesverwaltung Thüringen über die Bodenreform vom 10. September 1945 gehörte dazu auch das Staatsgut Mildenfurth mit seinen 194 ha großen Flächen. Etwa 1/3 der Bevölkerung setzte sich aus Flüchtlingen und Vertriebenen aus den Ostgebieten zusammen, die alle untergebracht werden mussten. Als der Müllermeister Ernst Büchner 1952 zu früh verstarb, vollbrachte seine Witwe Elisabeth B., geborene Frohns (1906–1972), eine große Leistung, indem sie die Meisterprüfung ablegte und die Mühle weiterführte. Da in der DDR Partei und Regierung die genossenschaftliche Bewirtschaftung der Ländereien festlegte, kam die Mühle Mildenfurth zur LPG Zossen und wurde ab 1960 für die Mischfutterproduktion benötigt. Schließlich kaufte die Landwirtschaftliche Produktionsgenossenschaft „Ernst Thälmann" Zossen 1963 das gesamte Anwesen. Die Müllermeisterin Elisabeth Büchner arbeitete bis zu ihrem Renteneintritt als Leiterin der Mühle und wurde 1968 von ihrem Sohn Rolf Büchner, ausgebildeter Diplomingenieur, abgelöst. Mit einer täglichen Kapazität bis zu zehn Tonnen konnten riesige Viehherden versorgt werden. In den Jahren 1975–80 errichtete die LPG moderne Siloanlagen, denen einige Nebengebäude des Vierseithofes weichen mussten. 1978 stand die Ablösung des Wasserkraftantriebes durch Elektroenergie an. Das Mahlen des Mischfutters übernahmen zunächst Schrotgang und Walzenstühle, die 1976 durch Hammermühlen ersetzt wurden.
Die alten Klostergebäude hingegen machten nicht den besten Eindruck und mussten im Erdgeschoss als Lagerräume, ja sogar als Bierabfüllerei, herhalten. Das obere Stockwerk stand bis 1964 als Altersheim zur Verfügung. Mildenfurth als Musensitz und Wirkungsstätte von Malern, Bildhauern und Schriftstellern, sowie der Ausbau des Tonnengewölbes als Gaststätte, sind um 1980 Vorhaben geblieben. Mit der Wiedervereinigung Deutschlands 1990 und der Einführung der freien Marktwirtschaft bildete sich aus der ehemaligen LPG die Agrargenossenschaft Osterland e.G. Zossen, Sitz Köckritz, der die Mühle unter Führung von Rolf Büchner angehörte. Das Mischfutterwerk wurde 1993 modernisiert und der Einbau einer computergesteuerten Misch- und Dosiertechnologie vollzogen. Diese automatische Produktionsanlage versorgte täglich 1200 Rinder und 670 Mastschweine. Der Ausstoß belief sich um 1995 auf acht bis zehn Tonnen Mischfutter pro Tag, davon zwei Tonnen für den Verkauf an private Kunden. Die großen Viehbestände sicherten die Auslastung und den Absatz der Produkte des Mischfutterbetriebes. Wie jedoch 1999 zu erfahren war, schloss die Mühle Mildenfurth am 30. Juni ihre Pforten. Rolf Büchner ging in die Arbeitslosigkeit.
Als Rest aus der Vergangenheit verläuft hinter dem Fachwerkbau des früheren Mühlenwohnhauses jener verwucherte Mühlgraben, der schon vor Jahrhunderten mit der Kraft des Wassers *„der ältesten Maschine der Menschheit"* verhalf, *„das Korn zu dem kräftigen Brot"* zu mahlen. Für die Zukunft wäre vorstellbar, dass neben dem Klostergebäude ein Mühlenmuseum mit sich drehendem Wasserrad Besucher aus nah und fern anlocken könnte. Den über 100 Mühlen, die es einst an der Weida und ihrem Einzugsgebiet gegeben hat, stände ein solches Denkmal wohl zu.

Quellen und Literaturangaben:
siehe Verzeichnis Nr. 7, 17, 18, 23, 27, 34, 56, 99, 102, 146 sowie Auskünfte durch persönliche Gespräche mit Rolf Büchner, letzter Müller in Mildenfurth, und die zur Verfügung gestellte „Stammfolge der Familie Büchner" mit Angaben zur Mühlengeschichte von Albert Trauloff, Zossen

Die Müller in der Mühle Mildenfurth

Kloster Mildenfurth		
Klostermühle	erwähnt ab 1260	keine Müller namentlich bekannt
Rittergut Wallenrod	erwähnt ab 1544	
Jagdschloss Mildenfurth	erwähnt ab 1617	
Schlossmühlenpächter		
Jacob Faßmann	erwähnt	lt. Kirchenbuch Veitsberg;
Zimmermann u. Müller	1610–1648	D. Linsel, Dieblich
Martin Hase	1648–1649	lt. ebenda
Christoph Nitzsch	1652–1654	lt. ebenda
Hans Schieferdecker	1660–1661	lt. ebenda
Adam Beer	1669	lt. ebenda
Hans Hempel	1682–1685	lt. ebenda
Andreas Hesselbarth	1690	lt. ebenda
Hans Prüfer	1699–1703	lt. ebenda
Hans Christoph Prager	1707–1713	lt. Kirchenamt Weida;
	geb. 1675	Prager, Bayreuth
Christoph Roländer	1711–1720	lt. Kirchenbuch Veitsberg
Georg Windisch	1720–1724	lt. ebenda
Gottfried Grosse	1751	lt. Albert Trautloff, Zossen
Johann Christian Keller	1774	lt. ebenda
Friedrich Poser	1778	lt. ebenda
Christian Schmutzler	1789	lt. ebenda
Gottfried Müller	1795	lt. ebenda
Johann Gottlieb Dix	1808	lt. ebenda
Johann Gottlieb Dix (Sohn)	1810–1832	lt. ebenda
Großherzogliches Kammergut	erwähnt ab 1815	
Joh. Karl Gottlob Büchner	geb. 1805 gest. 1865	lt. ebenda
Mühlenbesitzer		
Ernst Büchner	geb. 1839 gest. 1887	lt. ebenda
Otto Büchner	geb. 1868 gest. 1922	lt. ebenda
Staatsgut Mildenfurth	erwähnt ab 1920	
Ernst Büchner	geb. 1895 gest. 1952	lt. Rolf Büchner, Zossen
LPG Zossen	erwähnt ab 1960	
Elisabeth Büchner (Witwe)	1952–1968	lt. ebenda
Rolf Büchner	1968–1999	lt. ebenda
Agrargenossenschaft Zossen/Köckritz	erwähnt ab 1990	
Ende des Mahlbetriebes	30.06.1999	lt. ebenda

Mildenfurther Mühle, 1912

Mühle Mildenfurth – Ende des Mahlsbetriebes

Mühle Mildenfurth, 1998

Weidamündung in Wünschendorf/Veitsberg

Ausklang an der Weidamündung

Im Quellgebiet der Weida begann unsere Wanderung und an ihrer Mündung in die Weiße Elster soll sie enden. Entlang der Klostermauer führt die Wegstrecke vorbei an gepflegten Eigenheimen geradewegs hin zur Straßenbrücke, die den Fluss zwischen Mildenfurth und Veitsberg überquert. Die Weida fließt ihre letzten 500 m der Mündung entgegen. Oben am Hang empfängt uns inmitten uralter Kulturlandschaft die Veitskirche, zu deren Besichtigung wir uns angesagt haben. An dieser Stelle beherrschte vor über 1000 Jahren eine Burganlage den Landstrich zwischen Elster und Weida. Sie diente zur Festigung der Macht des Kaisertums der Ottonen in der Mark Zeitz. Die Burgkapelle, die im Jahre 974 gegründet worden sein soll, war der Ursprung der heutigen Kirche zu Sankt Veit. Das spätgotische Hauptportal enthält die Jahreszahl 1466 und wurde Mitte des 16. Jahrhunderts vom aufgelösten Kloster Mildenfurth umgesetzt. Einmalig sind die beiden farbigen Glasbilder aus der Zeit der Kirchenweihe um 1168/70, die in einem Chorfenster über der Cronschwitzer Empore eingelassen sind. Die heutige äußere Ansicht der Kirche entstand nach dem 30-jährigen Krieg. Schon der Gründer der Weidaer Altstadt, Erkenbert II., den alte Schriften als *„graff Eckeberth"* nannten, fand die Veitsberger Burg als unbewohnbar vor. Sein aus dem Unstruttal bei Mühlhausen stammendes Geschlecht *„de Withaa"* brachte den Namen Weida für Stadt und Fluss hierher. Das frühdeutsche Wort *aha* und das lateinische *aqua* benennen das Wasser. Nach Sprachwissenschaftler Heinz Rosenkranz blieb der frühgermanische Name *Milde* für den Weidafluss im Ortsnamen Mildenfurth bewahrt. Zur Zeit der sorbischen Besiedlung hieß der Fluss *„Mosilwita"*. Beachtenswert ist, dass es nördlich der Unstrut bei Querfurt ebenfalls ein mühlenreiches Flüsschen namens Weida gibt.
Betrachten wir nun die Wünschendorfer überdachte Holzbrücke, von der die Mündung der Weida flussabwärts zu entdecken ist. Die 70 m lange Brücke wurde 1786 aus mächtigen Balken zu einem Meisterwerk der Holzbaukunst zusammengefügt. Ihre Vorgänger rissen Hochwasser und Eisschollen weg. 1851 warnte der *„Großherzogliche Sächs. Director"* Hugo Müller aus Neustadt die Passanten vor dem gleichzeitigen Befahren mit mehr als einem beladenen Wagen, da man dadurch eine Strafe von 20 Silberlingen vermeiden könne. Heutzutage belasten täglich Fahrzeuge in ziemlichen Mengen die denkmalgeschützte Brücke. Um näher an die Weidamündung heranzukommen, benutzten wir einen Steg über den Fluss und erhaschten einen Blick, wie sich die Weida angesichts der historischen Holzbrücke und des im Hintergrund emporstrebenden Turmes der Veitskirche mit der Weißen Elster vereint.
Die Topographische Karte des Landesvermessungsamtes verzeichnet für diesen Punkt 207 m über dem Meeresspiegel. Nach etwa 57 km beendet sie hier ihren Lauf, um ihn in der Weißen Elster, der Saale und der Elbe bis in die Nordsee fortzusetzen. Aus einer Höhe von fast 500 m ü. NN kommend, mündet sie hier in Veitsberg zirka 290 m tiefer in einen größeren Fluss. Daraus lassen sich pro Flusskilometer rund 5 m Gefälle errechnen, also legt das Wasser 200 m zurück, um einen Meter tiefer zu gelangen. Die Mühlenbauer vergangener Zeiten nutzten dies aus und bauten über 30 Mühlen an der Weida, darunter meist Mahl- und Schneidemühlen, aber auch Hammerwerke, Papier- und Schleifmühlen. Durchschnittlich nach 1,6 km hätte der Wandersmann oder Müllerbursche die nächste Mühle vorgefunden.
Im Erscheinungsjahr dieses Buches galt unsere besondere Hochachtung dem einzigen an der Weida noch tätigen Müller, dem unermüdlichen Hartmut Oertel in Unterreichenau. Er blieb seinem Handwerk ebenso treu wie die Müller der Rothenmühle/Weida an der Auma, der Pöllwitzmühle an der Triebes und der Leubamühle in Naitschau. Mit dem traditionellen Müllergruß „Glück zu!" und einem fröhlichen „Gut Fuß!" soll unsere Mühlentour durch das Weidatal ausklingen und gleichzeitig anregen, schon morgen diese Route neu anzugehen. – Hartmut Oertel starb 61-jährig am 25. Oktober 2005. Wir können ihn in seiner Mühle nicht mehr besuchen. Auch in der Leubamühle stehen die Räder inzwischen still.

Quellen und Literaturangaben:
siehe Verzeichnis Nr. 7, 18, 27, 50, 63, 108 sowie Auskünfte durch persönliche Gespräche mit Charlotte und Edgar Schulze vom Verschönerungsverein Wünschendorf

Das Talsperrensystem an der Weida

Talsperre Zeulenroda	Weidatalsperre
Vorsperre Riedelmühle	Vorsperre Pisselsmühle
	Ausgleichsbecken

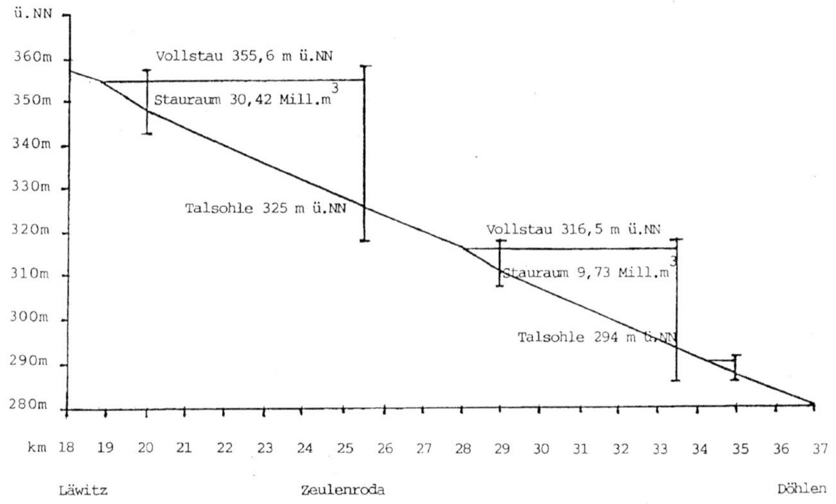

Sperrentyp: Steinschüttdamm mit Lehminnendichtung	Sperrentyp: Betongewichtsstaumauer mit Bruchsteinverblendung
Höhe des Staudamms: ab Gründungssohle 40,90 m ab Talsohle 33,25 m	Höhe der Staumauer: ab Gründungssohle 32,5o m ab Talsohle 24,50 m
Kronenlänge: 307,00 m Kronenbreite: 6,00 m	Kronenlänge: 166,68 m Kronenbreite: 3,50 m
Bauzeit: 1968 - 1975	Bauzeit: 1949 - 1956

Nutzung:

Die Talsperren an der Weida versorgen das Ostthüringer Gebiet mit Trinkwasser. Das Rohwasser wird aus der Weidatalsperre in das Aufbereitungswerk Dörtendorf gepumpt. Die Vorsperre Pisselsmühle sorgt für die Vorreinigung des Wassers. Das Ausgleichsbecken Bermichsmühle regelt den gleichmäßigen Ablauf des Wassers in den Unterlauf der Weida.

Die Talsperre Zeulenroda liefert Rohwasser für die Weidatalsperre. Die Vorsperre Riedelmühle garantiert die erste Vorreinigung einschließlich des Sedimentrückhaltes.

Ferner gibt die Talsperre Lössau aus dem Einzugsgebiet der Wisenta durch einen Überleitungsstollen Rohwasser in die Weida ab.

Die Talsperre Hohenleuben staut die Leuba an und leitet Wasser zur Niedrigwasseraufhöhung in den Unterlauf der Weida.

Insgesamt beträgt die Jahreskapazität des Talsperrensystems 31 Millionen m^3 Trinkwasser.

Die Lage der Weidamühlen

nach Meeresspiegelhöhe und lfd. Flusskilometern

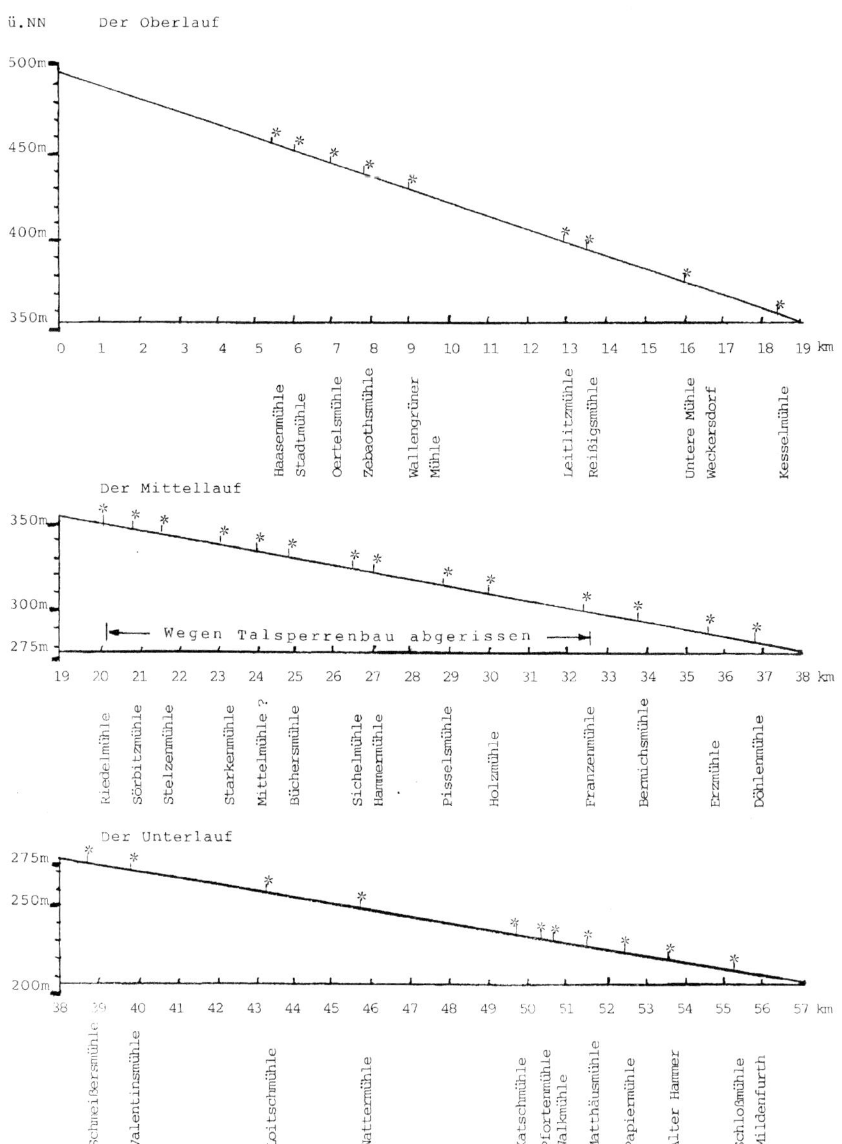

Quellen- und Literaturverzeichnis

1. Abicht, Ronny: Zur Geschichte unserer Heimatorte: Weckersdorf; in: Volkswacht 03.06.1989
2. Arzberger, Dieter: Mühlen im Sechsämterland; Verlag G. Arzberger, Selb-Oberweißenbach 1988
3. Autorenkollektiv: Unser Heimatkreis Zeulenroda; Pädagogisches Kabinett Zeulenroda 1957
4. Autorenkollektiv: Plauen u. das mittlere Vogtland; Akademie-Verlag Berlin 1986
5. Autorenkollektiv: Wanderheft 21, Greiz-Zeulenroda; VEB Touristverlag 1989
6. Autorenkollegium: Talsperren in Thüringen; Thüringer Talsperrenverwaltung 1993
7. Autorenkollegium: Wo das Vogtland begann; Vereine Weida u. Wünschendorf; Druck: Emil Wüst u. Söhne, Weida
8. Barth, Helmut: Die Wüstungen der Landkreise Greiz und Schleiz; 1949
9. Bauch, Stefan: Mühlenerfassungsbogen: Erzmühle; Thür. Landesverein für Mühlenerhaltung und Mühlenkunde e.V.
10. Behr, Otto: v. Dobeneck; in: Reußischer Anzeiger, Heimblätter 1912/44
11. Beierlein, Paul Reinhard: Die Geschichte der Windmühlen des Vogtlandes; Dresden 1936
12. Beierlein, Paul Reinhard: Die Mühlen des Vogtlandes 1683; Dresden 1936
13. Bock, Karl: Die Mühlen des mittleren Weidatales; in: Jahrbuch „Unser Vogtland" 1983
14. Böhm, Bernhard: Wanderbuch des Sächsischen Radfahrerbundes; Leipzig 1910
15. Brandt, Andreas: ABM-Chronik Döhlen; 1995
16. Brückner, Georg: Volks- und Landeskunde des Fürstentums Reuß jüngere Linie; Gera 1870
17. Diezel, Rudolf: Das Prämonstratenserkloster Mildenfurth; Verlag W. Biedermann, Jena 1937
18. Eichhorn, Herbert: 800 Jahre Kloster Mildenfurth; Thür. Landesamt für Denkmalpflege 1993
19. Ev.-Luth. Pfarramt Langenwolschendorf: Recherchen Pfarrer Hilberg; Kirchenbuch Weckersdorf
Einsichtnahme Kirchenbuch L.-wolschendorf bei Pfarrer Meyer
Einsichtnahme Kirchenbuch K.-wolschendorf bei Pfarrer Meyer
Einsichtnahme Kirchenbuch Pahren bei Pfarrer Nestle
20. Ev.-Luth. Pfarramt Döhlen: Einsichtnahme Kirchenbuch Döhlen bei Pfarrer Kummer
21. Feustel, Karl: Die Leitlitzmühle; in: Reußischer Anzeiger, Heimbl.1937/10
22. Findeisen, W.: Im Schutze der Burg; in: Neueste Nachrichten, 1984
23. Francke, Heinrich Gottl.: Berichte zur Orts- u. Kulturgeschichte der Stadt Weida; 2. Heft: Die Mühlen; Verlag H. Aderhold, Weida 1920
24. Gemeinde Läwitz: Festschrift 750 Jahre Läwitz; 1987
25. Gemeinde Pahren: Pahren – historischer Überblick; 1988
26. Gemeinde Weißendorf: Lageplan Sichelmühle; 1911
27. Gemeinde Wünschendorf: Prospekte 1971-1996
28. Gerisch, Heinz: Weidaer erfand die erste Papiermaschine; in: Volkswacht 1973
29. Gläser, Siegfried: Zur Geschichte unserer Heimatorte: Oberreichenau; in: Volkswacht 1987
Mühlen klappern nicht mehr; in: Thüringenpost 1992
30. Gläser, Siegfried: Die Stadtmühle von Pausa; in: Ostthür. Zeitung 1992
Das Klappern der Mühlen verstummt; in: Thüringenpost 1992
Mühlen auf Hügeln u. an Bachläufen; in: Plauener Zeitung
31. Gläser, Siegfried: Zur Geschichte unserer Heimatorte: Unterreichenau; in: Volkswacht 1989
Zebaothsmühle – Opfer der Flammen; in: Plauener Zeitung
32. Gläser, Siegfried: Die Wallengrüner Mühle; in: Plauener Zeitung, Thüringenpost
33. Gläser, Siegfried: Treuhand- und VEB-Epoche der Büchersmühle; Manuskript
34. Gleisberg, Herrmann: Das kleine Mühlenbuch; Sachsenverlag Dresden 1956
35. Hanft, Heinrich: Das Dorf Läwitz und seine Lehnsverpflichtungen; in: Jahrbuch Museum Hoh.-Reichenfels 1956
36. Hanft, Heinrich: Zur Kesselmühle; Manuskript

37. Hänsel, Robert: Einwohnerlisten; in: Reußischer Anzeiger, Heimbl.1937/2
Einwohnerverz.1675; in: Reuß. Anzeiger, Heimbl.1944/12
Schmelzhütte Weckersdorf; in: Reuß. Anzeiger, Heimbl.1941
Glashütten im reuß. Oberland; Oberland-Verlag Schleiz 1925

38. Hänsel, Robert: Holzmarkt Köthenwald; in: Reuß. Anzeiger, Heimbl.1937/5
Lehnbuch der Röder; in: Reuß. Anzeiger, Heimbl. 1944

39. Hänsel, Robert: Türkensteuer 1594; in: Reuß. Anzeiger, Heimbl.1938/10

40. Hänsel, Robert: Straße Auma-Zeulenroda; in: Reuß. Anzeiger, Heimbl.1937/6
Windmühlen Zeulenroda; in: Reuß. Anzeiger, Heimbl.1928/11

41. Hänsel, Robert: Das Rittergut Weißendorf;
in: Jahrbuch Museum Hohenleuben-Reichenfels 1956
Aus dem Archiv des Weißendorfer Rittergutes;
in: Reußischer Anzeiger, Heimblätter 1912/31
v. Kauffung; in: Reußischer Anzeiger, Heimblätter 1914/23
v. Zehmen; in: Reußischer Anzeiger, Heimblätter 1914/4

42. Hänsel, Robert: Bergbau im Kreis Zeulenroda;
in: Jahrbuch Museum Hohenleuben-Reichenfels 1953
Bergbau in der Umgebung Zeulenrodas;
in: Reußischer Anzeiger, Heimblätter 1912/11

43. Häßner, Kurt: So war es einst – Stadtchronik Weida I und II;
Kulturförderverein Weida e.V. 2007/08,
Druck: Emil Wüst & Söhne, Weida

44. Hauer, Dieter: Die Katschmühle; Heimatgeschichte 1993 KB Gera e.V.

45. Hauer, Dieter: Die Mühle im Sand; Heimatgeschichte 1994 KB Gera e.V.

46. Hauer, Dieter: Pfortenmühle-Prasse; Heimatgeschichte 1997 KB Gera e.V.

47. Hauer, Dieter: Papier, Papier; Heimatgeschichte 1999 KB Gera e.V.

48. Hegen, Herbert: Lehnspflicht in Staitz, Göhren-Döhlen; in: Aumatalbote 1999

49. Hegen, Herbert: Ortschronik von Steinsdorf; Gemeinde Steinsdorf 1995/96

50. Heller, Paul: Die Kirche St. Veith zu Wünschendorf;
Evangelische Verlagsanstalt Berlin 1985

51. Hetzer, Kurt: Sorgenvolle Tage 1806; in: Neue Zeulenrodaer Zeitung 1966

52. Hey, Gustav: Die slawischen Siedlungen im alten Vogtland;
in: Unser Vogtland, Gera 1897

53. Hilbert, Erhard: 30 Jahre Weidatalsperre Bermichsmühle;
in: Heimatkalender Bezirk Gera 1986
725 Jahre Staitz; Gemeinde Staitz 2008

54. Hildebrand, Ralf: Zeittafel zur Ortsgeschichte Weckersdorf;
in: Lindenblätter 2017
Langenwolschendorf in der 1. Häfte des 17. Jahrhunderts;
in: Jahrbuch Museum Hohenleuben-Reichenfels 1994

55. Hiller, Robert: Die Stadt Pausa und ihre nächste Umgebung;
Verein für Ortskunde Pausa, 1890

56. John, Jürgen/ Autorenkollegium: Geschichte in Daten – Thüringen;
Koehler & Amelang, München-Berlin 1995

57. Jonscher, Reinhard: Kleine thüringische Geschichte;
Jenzig-Verlag G. Köhler, Jena 1993

58. Junghänel, Martin: Die Weidatalsperre; Päd. Kabinett Zeulenroda 1960

59. Junghänel, Martin: Ortsgeschichte Staitz –Wirtschaftl. Entwicklung 1795-1860;
in: Jahrbuch Museum Hohenleuben-Reichenfels 1959

60. Kessler, Hans Joachim: Das thüringische Osterland; Verlagshaus Thüringen 1996

61. Kinne, René: Repgows Sachsenspiegel; in: Mitteldeutsche Zeitung 1997

62. Kirchner, Annerose: Der Traum vom endlosen Papier; in: Ostthür. Zeitung 1996

63. Klein, Sven: Zur Geschichte des Vogtlandes im 12. Jahrhundert;
in: Jahrbuch Museum Reichenfels-Hohenleuben 1995

64. Krick, Hans-Joachim: Zur Geschichte unserer Heimatorte: Wenigenauma;
in: Volkswacht 1989

65. Krick, Hans-Joachim: Maße und Gewichte; in: Ostthür. Nachrichten 1990

66. Kronfeld, Friedrich: Landeskunde Großherzogtum Sachsen-Weimar-Eisenach;
Weimar 1879

67.	Kühne, Friedrich Wilh.:	Heimatklänge aus dem Weidatal; Verlag Bernhard Sporn, Zeulenroda 1932/39
68.	Lange, Roland:	Quellmulde – Ursprung der Weida; in: Volkswacht 1970
69.	Lange, Roland:	Die Aumaische Straße; in: Zeul. Nachrichten 1992/18 Die Wasserversorgung Zeulenrodas; in: Jahrbuch Museum Hohenl.-Reichenfels 1971
70.	Lange, Roland:	In wenigen Jahren unter Wasser; in: Volkswacht 1970 Vorort Alaunwerk; in: Zeul. Nachrichten 1995/1, 2 Zeulenrodaer Flur; in: Zeul. Nachrichten 1994/8 Zeulenrodaer Spaziergänge; in: Volkswacht 1981
71.	Läsker, Wilhelm:	Papiermühlen in Ziegenrück; Wasserkraftmuseum1987
72.	Liebold, Emil:	Heimatliche Plauderei; in: Reuß. Anzeiger, Heimbl. 1942/2
73.	Lemcke, Paul:	Führer durch Zeulenroda; Verlag Gustav Merseburger, Zeulenroda 1905
74.	Mast, Peter:	Thüringen – Die Fürsten u. ihre Länder; Styria Graz 1992
75.	Meier, Martina:	Oertelsmühle 200 Jahre alt; in: Plauener Zeitung 1994
76.	Müller, Herbert:	Das Gasthaus „Zum Lamm"; in: Volkswacht 1983
77.	Museum Weida/ Osterburg:	Prospekte 1979-1999 und Museumshefte 1983-1984 Kleiner Burgführer 1990;
78.	Naumann, Günter:	Sächsische Geschichte in Daten; Koehler & Amelang, München-Berlin 1994
79.	Oberreuter, August:	Bemerkenswertes aus dem alten Zeulenroda; in: Reußischer Anzeiger, Heimblätter 1937/21 Die Namen Metz und Metzner; in: Reußischer Anzeiger, Heimblätter 1944/13
80.	Oberreuter, August:	Gasthof Weißendorf; in: Reuß. Anzeiger, Heimbl. 1942/4 Die Reformation; in: Reuß. Anzeiger, Heimbl. 1942/4
81.	Oberreuter, August:	Die Riedelmühle; in: Reuß. Anzeiger, Heimbl. 1944
82.	Oberreuter, August:	Die Starkenmühle; in: Reuß. Anzeiger, Heimbl. 1944
83.	Oberreuter, August:	Die Stelzenmühle; in: Reuß. Anzeiger, Heimbl. 1944
84.	Oertel, Hartmut:	Die Obere Mühle von Unterreichenau; Manuskript Familienchronik;
85.	Oertel, Heinrich:	Weckersdorfer Ortschronik brachte Licht ins Dunkel; in: Volkswacht 1981
86.	Oertel, Gerhard:	Mühlendenkmal Stelzendorf; in: Volkswacht 1984 Uralter Menschheitstraum; in: Ostthür. Zeitung 1995 Geschichte unserer Heimat: Stelzendorf; in: Volkswacht 1988
87.	Oertel, Gerhard:	Geschichte unserer Heimat: Pahren; in: Volkswacht 1987
88.	Oertel, Gerhard:	Geschichte unserer Heimat: Silberfeld; in: Volkswacht 1987
89.	Oettler, M.:	Des Fortschritts Mühlen mahlen gründlich; in: OTZ 1991
90.	Pöhler, Werner:	Wüstung „Altes Schloss" bei Dörtendorf; in: Jahrbuch Museum Hohenleuben-Reichenfels 1995
91.	Prüfer, Werner:	800 Jahre Steinsdorf-Beilage zur Ortschronik; Gräfenbrück 2009
92.	Querfeld, Werner:	Älteste Erwähnungen der Orte des Kreises Zeulenroda; in: Jahrbuch Museum Hohenleuben-Reichenfels 1976
93.	Querfeld, Werner:	Die Greizer Stadtmühle; in: Jahrbuch Museum Hohenleuben-Reichenfels 1957
94.	Raab, Curt von:	Das Amt Pausa bis 1569 und das Erbbuch 1506; Altertumsverein Plauen1904
95.	Raab, Curt von:	Regesten zur Orts- u. Familiengeschichte des Vogtlandes; Altertumsverein Plauen 1898
96.	Radig, Werner:	Die Burgwälle der Kreise Greiz und Zeulenroda; in: Jahrbuch Museum Hohenleuben-Reichenfels 1956
97.	Rat des Kreises ZR:	Interessantes aus dem Kreis Zeulenroda; 1979
98.	Rat des Kreises ZR:	Wanderführer des Kreises Zeulenroda; 1954
99.	Reinhold, Frank:	Mühleninspektion im Neustädter Kreis 1682; in: Schriftenreihe AMF 1995
100.	Reinhold, Frank:	Die Nattermühle im Wandel; in: Heimatbote Greiz 1995

101. Reinhold, Frank: Orte des Kreises Zeulenroda im Handregister Weida 1721; in: Jahrbuch Museum Hohenl.-Reichenfels 1986
Orte des Kreises Gera-Land im Handregister Weida 1721; in: Museum der Stadt Gera 1988

102. Reinhold, Frank: Weida im Jahre 1721; Museum der Stadt Gera 1985
Das Amt Mildenfurth im Jahre 1721; in: Heimatkalender Bezirk Gera 1988

103. Rocktäschel, Willy: Geschichte unserer Heimatorte: Quingenberg; in: Volkswacht 1987

104. Rocktäschel, Willy: Die Sichelmühle; in: Ostthür. Zeitung 1992

105. Rocktäschel, Willy: Ein aufschlussreicher Fund; in:Volkswacht 1954
Spielt dasWetter verrückt? in: Ostthür. Zeitung 1994

106. Rocktäschel, Willy: Die Bermichsmühle; in: Ostthür. Zeitung 1992

107. Rosenkranz, Heinz: Die Kartoffeln in Thüringen; in: Reuß. Anzeiger, Heimblätter 1944/15

108. Rosenkranz, Heinz: Ortsnamen des Bezirkes Gera; Kulturbund Greiz 1982

109. Rudolf, Michael: Burgen, Schlösser und Herrensitze im Vogtland; Verlag Weißer Stein Greiz 1991

110. Scharf, Otto: Das Zeulenrodaer Alaun- und Vitriolwerk; in: Reuß. Anzeiger, Heimblätter 1927/16

111. Scharf, Otto: Von Zeulenrodaer Wind- und Wassermüllern; in: Reuß. Anzeiger, Heimblätter 1929/23-24

112. Schmidt, F.L.: Stadtgeschichte Zeulenroda; Verlag August Oberreuter, Zeulenroda 1935/53

113. Schmidt, F.L.: Kleines Wanderheft: Zeulenroda; VEB Bibliographisches Institut Leipzig 1954

114. Schmidt, F.L.: Die Riedelmühle; in: Volkswacht 1964

115. Schmidt, F.L.: Die Sörbitzmühle; in: Volkswacht 1964

116. Schmidt, F.L.: Die Starkenmühle; in: Volkswacht 1964

117. Schmidt, F.L.: Als die Büchersmühle noch Ausland war;
Wo die Urgroßväter gondelten; in: Volkswacht 1964

118. Schmidt, F.L.: Denkmalliste Kreis Zeulenroda; in: Jahrbuch Museum Hohenl.-Reichenfels 1955
Rittergut Weißendorf; in: Reuß. Anzeiger, Heimblätter 1944/13

119. Schmidt, Gerhard: Das Amt Weida - seine inneren Verhältnisse 1411-1618; Territorialkundearchiv Gera 1950

120. Schneider, Walter: Älteste Familiennamen aus dem Lehnsbuch des Dom.-klosters Weida; in: Die Thüringer Sippe, 1941

121. Scholz, Heidrun: Stadtführer Zeulenroda; Fremdenverkehrsverein 1997

122. Schramm, Rudolf: Die Wunderblume vom Röschnitzgrund (Sagen); Kulturbund Greiz 1979

123. Sieber, Horst: Die Eisenbahn Weida-Zeulenroda-Mehltheuer; Verlag Rockstuhl, Bad Langensalza 1998

124. Spoer, Gertraude: Geschichte der Papierherstellung in Weida; in: Heimatbote Greiz 1993/10-12

125. Sporn, Fritz: Singende klingende Heimat; Verlag Bernhard Sporn, Zeulenroda 1936

126. Stadtarchiv Zeulenroda:
Zeulenrodaer Tageblatt vom 28.10.1886;

127. Zeulenrodaer Tageblatt vom 26.06.1884;

128. Archivalien, Flurbuch 1851;

129. Reuß. Blätter 1872; Zeulenrodaer Tageblatt 1884;
Reußischer Anzeiger, Heimblätter 1944/12;

130. Dressel: Grundriss Zeulenrodaer Flur 1692;

131. Tageblatt: 1907/265, 1918/238, 1924/100, 1928/181;
Reuß. Anzeiger: 1928/210, Heimbl. 1936/3, 1943/9;

132. Lehnbuch der Quingenberge 1546-1610;
Tageblatt/Wochenblatt 1866, 1870, 1893, 1924;

133. Zins- und Geschossregister 1579;
Reuß. Anzeiger, Heimbl. 1931/20-22, 1943/9, 1944;
Tageblatt/Wochenblatt 1859, 1863, 1882, 1903;
Zeulenrodaer Kreisblatt 1878;

134. Reußischer Volksbote 1925;

135. Amt Weida, Urkunde 30. Juli 1717, AS/A7 26, 133/1;
Zeulenrodaer Tageblatt 1860/37, 1900/1;
Reuß. Anzeiger, Heimbl. 1932/7 (Geraische Zeitung);
Einwohnerbücher Zeulenroda 1904, 1925, 1931, 1948;
Akte Sandmahlwerk Alaunwerk;

136. Gerichts- und Lehnbuch v. Dobeneck/v. Kauffung;
Tageblatt 1928/16, 1928/20,23, 1926/120, 1852/15, 1852/5;
Reuß. Anzeiger, Heimblätter 1929/16, 1933/23, 1937/24;
Volkswacht 07.06.1957, 13.06.1957, 10.08.1957;
Einwohnerbuch Landkreis Greiz 1949;

137. Gerichts- und Lehnbuch v. Dobeneck;
Thüringer Staatsarchiv Greiz (Justiz): Akten 1838;
Tageblatt 1866/14, 1870/44, 1871/54, 1925/210;
Reuß. Anzeiger, Heimbl.1936/10; Volkswacht 28.04.1966;

138. Gerichts- und Lehnbuch v. Kauffung, v. Zehmen 1630-95;
Amt Weida, Urkunde 30. Juli 1717, AS/A7 26, 133/1;
Zeulenrodaer Tageblatt 1924;

139. Gerichts- und Lehnbuch Weißendorf;
Amt Weida, Urkunde 30. Juli 1717, AS/A7 26, 133/1;

140. Reuß. Anzeiger, Heimblätter 1925/6, 1927/7;
Amt Weida, Urkunde 30. Juli 1717, AS/A7 26, 133/1;

141. Tageblatt 1929/107; Triebeser Zeitung 1937;
Reuß. Anzeiger, Heimbl. 1938/7, 1939/15, 1944/13;
Amt Weida, Urkunde 30. Juli 1717, AS/A7 26, 133/1;

142. Amt Weida, Urkunde 30. Juli 1717, AS/A7 26, 133/1;

143. Amt Weida, Urkunde 30. Juli 1717, AS/A7 26, 133/1;
Volkswacht 29.09.1954;
Volkswacht 23.05.1957, 09.08.1957;

144. Amt Weida, Urkunde 30. Juli 1717, AS/A7 26, 133/1;
Zeulenrodaer Tageblatt 1856/36;

145. Amt Weida, Urkunde 30. Juli 1717, AS/A7 26, 133/1;
Zeulenrodaer Tageblatt 1890/280, 1909/15;

146. Reuß. Anzeiger, Heimblätter 1929/16;

147. Stave, Gabriele: Glück zu! Brockhaus 1984

148. Steinmüller, Gustav: Der 30-jährige Krieg in Kirchenbüchern;
in: Reuß. Anzeiger, Heimblätter 1937/15-24

149. Stemler, Joh. Gottlieb: Geschichte von Zeulenroda; Neustadt/Orla 1840

150. Stolzenberger, Peter: Auszüge aus dem Sterberegister Pausa; Urkunden;
Recherchen des Pausaer Heimatvereins e.V.

151. Theilig, Wolfgang: Die Weida als alter Grenzfluss; in: Volkswacht 1983

152. Theilig, Wolfgang: Die Besetzung Zeulenrodas durch die Rote Armee;
in: Karpfenpfeifer 1996/2

153. Thiele, Günter: Mühlenerfassungsbogen Nattermühle; TVM e.V.

154. Thür. Staatsarchiv Greiz: Einsichtnahme in Materialien HAS
bei Ralf Hildebrand, Zeulenroda;

155. Trebge, Friedr.-Wilh.: Einblicke – Rückblicke; Stadtverw. Hohenleuben 1992
Kemenate der Schmeißersmühle; in: Thüringenpost 1991
Valentinsmühle bei Schüptitz; in: Thüringenpost 1994

156. Trebge, Friedr.-Wilh.: Georg Kresse, der Bauerngeneral;
Museum Hohenleuben-Reichenfels 1996

157. Trebge, Friedr.-Wilh.: Kleine Chronik der Nattermühle; nach Manuskript
von Frau M. Seidel-Francke; Leubatalanzeiger 1994/10

158. Tschirpe, Susanne: 1. Thüringer Planetenweg Auma-Zeulenroda;
Schulförderverein „Franz Kolbe“ Auma e.V. 1997

159.	Vöckler, Rudolf:	Das Weidatal und seine Mühlen; Manuskript 1961 Die Hammermühle; in: Volkswacht 1959
160.	Wagenbreth/ Autorenkollegium:	Die Geschichte der Getreidemühlen; Verlag für Grundstoffindustrie Leipzig/Stuttgart 1994
161.	Wagenbreth/ Steiner:	Geologische Streifzüge; VEB Verlag für Grundstoffindustrie 1982
162.	Waldmann, Karl:	Die Wasser- u. Windmühlen um Pausa; in: Greizer Heimatkalender 1957
163.	Weber, Rolf:	Naturschutzgebiet „Pausaer Weide"; in: Thüringenpost 1996
164.	Weidaer Zeitung:	Reste eines Eisenhammers; Pressemeldung 10.09.1928
165.	Weiser, Christian:	Ortsfamilienbuch des Kirchspiels Göhren-Döhlen; Rudolstadt 2015
166.	Weiser, Helmut:	100 Jahre Mehltheuer-Weidaer Eisenbahn; RBD Erfurt 1983
167.	Weiss, Volker:	Müller und Müllerssöhne; Verlag Degener Neustadt 1996
168.	Wetzig, A.:	Angebotskatalog Maschinenfabrik Wetzig; Wittenberg 1937
169.	Wolf, E.:	Familiengeschichtliches Nachkommen Nicol Heselbarths; Manuskript um 1940
170.	Zörner, Max:	Führer um Weida – Weidaer Perlen; 1932

Wasserrad der Riedelmühle im Freigelände des Wasserkraftmuseums Ziegenrück

Dank für die Unterstützung

Der Erstdruck dieses Buches wurde durch die digitale Aufbereitung des Textes dankenswerterweise durch Herrn und Frau Kirsten vom Thüringer Landesverein für Mühlenerhaltung und Mühlenkunde e.V. gefördert. Weitere praktische Unterstützung leistete Herr Stefan Bauch, Geschäftsführer des TVM (e.V.).
Besonderer Dank gebührt auch dem damaligen Bürgermeister der Stadt Zeulenroda, Herrn Frank Steinwachs, dem Städt. Museum und dem Stadtarchiv Zeulenroda, dem Fremdenverkehrsverein „Vogtland-Ferienland Thüringen" e.V. und dem Landratsamt Greiz.
Nachfolgende Auflagen wurden durch vielfältige Hinweise und Ergänzungen zahlreicher Heimatfreunde ermöglicht. Dieser guten Zusammenarbeit aller Beteiligten, einschließlich des Verlages Rockstuhl, gilt mein herzlichster Dank.

Fotonachweis

Nachfolgende Heimatfreunde und Hobbyfotografen haben freundlicherweise Aufnahmen zur Verfügung gestellt:

G. Barth (178); K. Bock/Sammlung (78, 84, 85 u.); R. Büchner (227 o.); H. Dölz (120 u.); E. Grünler/Sammlung (55, 85 o., 112 u., 113, 130); E. Haase (18 u.); M. Heymann (104 o.); F. Hausold (62 Ansichtskarte); W. Kittelmann (121 o., 138, 167 u.); B. Krehl/Kühne (171); G. Ludwig (71 o.); H. Müller (223); P. Oettel/Hößelbarth (144 u., 145 o.); R. Pohl/Sammlung (115, 144 o., 145 u., 162 o., 190 o. Ansichtskarten); W. Rocktäschel (104 u., 151, 162 u., 211); Ch. Schulze (97, 100, 101); G. Thumser (6, 7); R. Vöckler (34 u., 88 o., 120 o.); A. Werner (5); L. Zimmermann (58, 59)
Folgende Fotos und Skizzen stellte G. Steiniger (Autor) zur Verfügung: (4, 6, 7, 12, 13, 25, 26, 34 o., 35, 46, 47, 50 o., 51, 52, 54, 66 u., 67, 71 u., 75, 88 u., 89, 102, 105, 152, 153, 163, 167 o., 170 u., 179, 182, 183, 190 u., 191, 196 o., 208, 209, 210, 227 u., 228, 230, 231, 237)

Ferner beteiligten sich:
Pausaer Heimatverein e.V.: P. Stolzenberger/Sammlung (16, 18 o., 18 u., 19, 31);
IG Denkmalschutz Weida/Kulturbund Gera e.V.: D. Hauer/Sammlung (203, 218);
Kulturförderverein Weida e.V.: R. Benad (213 Etikett); K. Häßner (196 u., 197);
Weißendorf Gemeindeamt: H. Michel (112 Skizze);
Zeulenroda Städt. Museum/Sammlung, Urheber unbekannt: (50 u., 66 o., 108, 121 u., 139, 142, 170 o.);
Zeulenroda Stadtarchiv: (128) sowie Urkundenausschnitte (125, 189) und Zeitungsmeldungen;
Weitere Urkundenauszüge aus Privathand

(o. = oben / u. = unten)

Foto: Käßmann

Kurze Lebensgeschichte des Autors

Günter Steiniger, Jahrgang 1935, wurde in Zeulenroda/Kreis Greiz geboren. Nach dem Schulbesuch erlernte er in seiner Vaterstadt, die damals „Stadt der Kunst- und Wertmöbel" genannt wurde, zunächst den Beruf eines Möbeltischlers. 1957 begann er sein Studium am Institut für Lehrerbildung in Weißenfels, welches 1960 mit gutem Erfolg abgeschlossen wurde. Als Student lernte er seine zukünftige Frau kennen, gründete eine Familie, hat zwei verheiratete Töchter, einen Enkelsohn und eine Urenkelin. Von 1960 bis 1992 arbeitete er als Lehrer in seiner Geburtsstadt Zeulenroda. Während der Freizeit wirkte er aktiv im Kulturbund und trat 1978 dem hiesigen Wanderverein bei. Vor über 50 Jahren begann er als Hobbyfotograf mit seiner Bildersammlung aus dem Weidatal. Besonders angetan hatten es ihm jene Wassermühlen, die beim Bau der Talsperre Zeulenroda versinken sollten. In der Vorruhestandszeit und den ersten Rentnerjahren setzte Günter Steiniger den Gedanken in die Tat um, der etwa 800-jährigen Technik- und Kulturgeschichte der Mühlen des Weidatales in Form eines Buches für immer ein bleibendes Denkmal zu schaffen.

Ein weiteres Buch von Günter Steiniger.

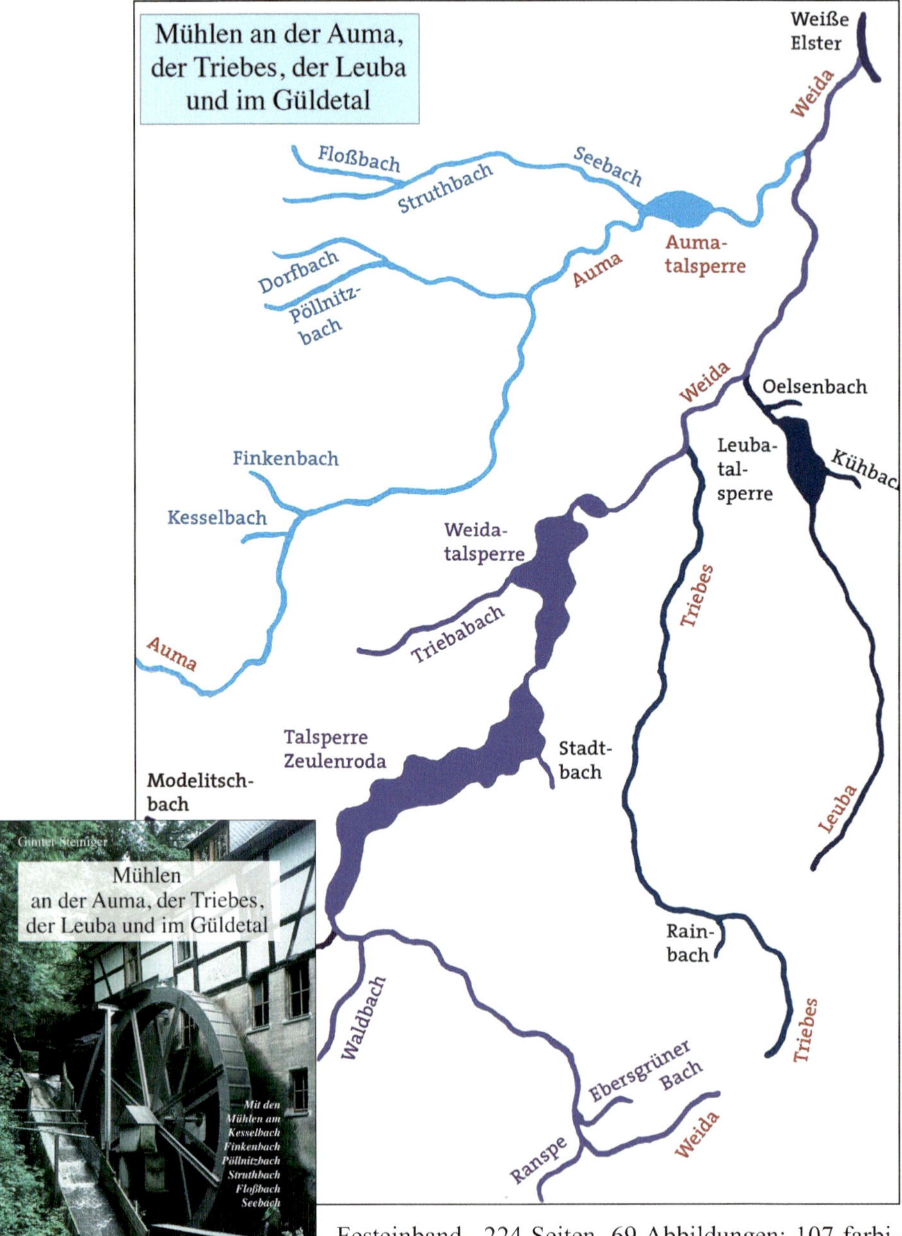

Festeinband., 224 Seiten, 69 Abbildungen: 107 farbige und 39s/w Fotos, 2 s/w und 9 farbige Zeichnungen, 6 Landkarten und 6 Tabellen.

ISBN 978-3-95966-480-6